科学之光
LIGHT OF SCIENCE

科学文化经典译丛

美苏科技交流史

美苏科研合作的重要历史

FROM PUGWASH TO PUTIN

A CRITICAL HISTORY OF US-SOVIET SCIENTIFIC COOPERATION

[美] 格尔森·S.谢尔　著

洪　云　蔡福政　李雪连　译

罗兴波　审译

中国科学技术出版社

·北　京·

图书在版编目（CIP）数据

美苏科技交流史：美苏科研合作的重要历史 /（美）格尔森 · S. 谢尔著；洪云，蔡福政，李雪连译 .—北京：中国科学技术出版社，2022.1
（科学文化经典译丛）
书名原文：From Pugwash To Putin: A Critical History of US–Soviet Scientific Cooperation
ISBN 978-7-5046-9330-3

Ⅰ. ①美… Ⅱ. ①格… ②洪… ③蔡… ④李… Ⅲ. ①科学技术—国际交流—技术史—美国、苏联 Ⅳ. ① N097.12 ② N095.12

中国版本图书馆 CIP 数据核字（2021）第 245073 号

总 策 划	秦德继
策划编辑	周少敏 徐世新 李惠兴 郭秋霞
责任编辑	郭秋霞 李惠兴 汪莉雅
封面设计	中文天地
正文设计	中文天地
责任校对	邓雪梅 吕传新
责任印制	马宇晨

出 版	中国科学技术出版社
发 行	中国科学技术出版社有限公司发行部
地 址	北京市海淀区中关村南大街 16 号
邮 编	100081
发行电话	010-62173865
传 真	010-62173081
网 址	http：//www.cspbooks.com.cn

开 本	710mm × 1000mm 1/16
字 数	306 千字
印 张	21.5
版 次	2022 年 1 月第 1 版
印 次	2022 年 1 月第 1 次印刷
印 刷	河北鑫兆源印刷有限公司
书 号	ISBN 978-7-5046-9330-3 / N · 287
定 价	98.00 元

译 序

2020 年 7 月，习近平总书记在给国际热核聚变实验堆（ITER）计划重大工程安装启动仪式的贺信中指出："国际科技合作对于应对人类面临的全球性挑战具有重大意义。"携手深化国际交流合作，以科技创新推动可持续发展，是破解全球性问题的迫切需要，符合全球科技界的新期待。

第二次世界大战之后，"杜鲁门主义"的出台标志着美国与苏联这两个超级大国关系的破裂和冷战的全面开启。70 余年后的今天，在知识经济全面崛起的现代国际社会，国际竞争也空前激烈，中美之间的竞争也较为显著突出。中美关系牵动着世界发展的走向，影响着国际关系的平衡，如何实现两国关系持续稳定与恒久和平，事关两国人民福祉，事关世界和谐稳定。

本书在中美关系发展的新进程中得以翻译出版，可以说是恰逢其时，在面临百年未有之大变局之际，总结回顾 20 世纪美苏两国在冲突对立的情况下谋求科研合作的历史具有一定的现实意义。在这一段曾经被遮蔽的历史中，许多史实不为世人知晓，同样是波谲云诡、惊心动魄。翻开每一页，都可以看到书中受访者、项目参与者、政界高层等不同人物和各种历史事件在不同程度下交织融合，透过薄薄的纸张，仿佛可以一窥半个世纪前的风云变幻、亲历其中的波澜曲折。

该书兼具学理性与可读性，在给读者带来最大程度的流畅阅读体验的同时，又在书中充分展现了作者对于科学专业知识、机构组织体系、历史事件评价、国家政治系统等各个领域的独到见地与深入剖析，且书中时间线索清晰、数据表格严谨、引述资料丰富、引证规范可信，具有较高的学术研究价值。

正如 2021 年 9 月 10 日，习近平主席在与美国总统拜登的电话中指出，“中美分别是最大的发展中国家和最大的发达国家，中美能否处理好彼此关系，攸关世界前途命运，是两国必须回答好的世纪之问。中美合作，两国和世界都会受益；中美对抗，两国和世界都会遭殃。中美关系不是一道是否搞好的选择题，而是一道如何搞好的必答题。”悟已往之不谏，知来者之可追。美苏两国的对立合作史已渺然远去，但其留下的经验教训却根植于国际社会的脉搏，脉动着长久温热的血液。或许我们需要再次回溯这段历史，以期解开国家间零和博弈、僵化停滞的国际关系症结，重新创造“解冻”的历史。

本书的译者洪云教授长期从事教育国际交流工作，她能够驾轻就熟地把握原作内容与精神，做到“信”“达”“雅”。在新一轮全球化背景下，该书中文版的出版可以拓宽中文读者的视野。特别是在中美关系日趋复杂的背景下，在百年未有之大变局的历史转折期，为未来中美关系健康有序发展及中美科技人文交流持续稳定开展提供了一个有益的历史参照。

是为序。

贵州大学党委书记

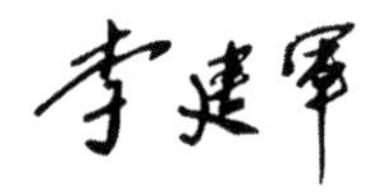

2021 年 11 月

致 谢

我不是一名科学家，当然也没有接受过自然科学的科研训练，但矛盾的是，我获得学位的学科仍被冠以"政治科学"的名号。我之前并没有接触过与现在科学教育有关的工作，因此也在从中学习。我要感谢我有幸共事过的科学家们，他们分别是：美国国家科学院（US National Academy of Sciences，NAS）的成员；美国国家科学基金会（National Science Foundation）的专职人员；还有苏联各地区及其解体后继承国的科学家们，感谢他们允许我参访他们的实验室，并回答了我的采访问题。我还要感谢美国和其他各国的科学家们，感谢他们对我参与项目的管理与监督给予的大力支持。

我谨在此特别感谢一位杰出的科学家，他是亚历山大·米哈伊洛维奇·戴克内（Aleksandr Mikhailovich Dykhne）院士，遗憾的是他已辞世。他是科学界的伟人，人们都亲切地称其为萨沙（Sasha）。[1] 不仅如此，他无可挑剔的品格得到了所有熟识者由衷的尊敬。这一点在我这里也得到了证明：我们的俄罗斯同事坚持认为，只有萨沙才能使我们难以管控的两国专家小组秩序井然，让我们其中一项竞争激烈的比赛有条不紊地进行下去。除此之外，他还格外热情友善、谦虚恭敬，而且乐于助人。不过，他无法容忍蠢笨之人。谨以此书纪念萨沙。而我职业生涯中为数不多的遗憾之一，就是未能向萨沙传达我对美国棒球运动的正确看法——这点我负全责。同样，对于书中可能出现的任何事实及诠释的错误，我也承担全部责任。

洛伦·R.格雷厄姆（Loren R. Graham）是麻省理工学院（Massachusetts Institute of Technology）科技与社会项目（Science, Technology, and Society Program）中科学史的荣誉教授，兼任哈佛大学（Harvard University）俄罗斯和欧亚研究戴维斯中心（Davis Center for Russian and Eurasian Studies）的副主任。多年以来，他一直是我的灵感源泉，是我的良师益友。在他的不断鼓励下，这本书才得以问世。洛伦1972年的著作《苏联科学与哲学》（*Science and Philosophy in the Soviet Union*）[2]对我的学术发展起了重要作用。当时我正在为撰写我的论文而研究南斯拉夫实践派的马克思主义哲学家，这篇论文则是基于另一位已故的政治历史学家罗伯特·C.塔克（Robert C. Tucker）的理论而写成。塔克是我主要的论文指导老师，还有我的第二位指导老师——性子刚硬的斯蒂芬·F.科恩（Stephen F. Cohen）[3]。在我决定以管理科研合作项目为职业后，洛伦和我的工作时常会有交汇，尤其是我们在美国民用科技研究与发展基金会（US Civilian Research and Development Foundation for the Independent States of the Former Soviet Union，CRDF；现为全球民用研究和开发基金会，CRDF Global）中基础研究和高等教育计划（the Basic Research and Higher Education Program）的合作。与如此杰出的学者“共事”（如果这个说法恰当的话），并能与他畅谈他对俄罗斯、科学和生活的看法，确实是一件令人兴奋的事。同时，他也一直鼓励我去追求自己的学术兴趣。在美国，我们没有像俄罗斯和德国那样传统的科学家或学者学派，但如果我们有，那应该会是地位同等重要的格雷厄姆科学史学派。

我之所以能够进行大量的采访，得益于约翰·D.和凯瑟琳·T.麦克阿瑟基金会（John D. and Catherine T. MacArthur Foundation）的慷慨解囊，他们通过全球民用研究和开发基金会的一项特别旅行和学习补助金来资助我。基金会一直是与俄罗斯进行科学和学术合作的重要民营支持者，愿意承担宏大的战略计划（特别是在研究和教育方面），在许多领域都取得了成果。而这本书中任何意见、发现和结论或建议仅代表作者本人的观点，并不一定反映约翰·D. 和凯瑟琳·T. 麦克阿瑟基金会的看法。在此，我不仅要表达我个人的感激之情，同时也要由衷地钦佩基金会的远见卓识，把精力投入到这广阔的领域中来。

此外，我还要感谢两个朋友，如果没有他们，我可能没法协调我在格鲁吉亚和乌克兰的采访，他们还帮助我进行后续的通信工作：一位是在乌克兰国家科学院磁性研究所（Institute of Magnetism of the National Academy of Sciences of Ukraine）工作的维克托·洛斯（Viktor Los）。许多年前，在他还担任乌克兰驻华盛顿大使馆科学专员的时候，我见过他。还有一位是在格鲁吉亚研究发展基金会（Georgian Research and Development Foundation）工作的海伦·吉奥尔加泽（Helen Giorgadze），这一基金会由全球民用研究和开发基金会创立，并成为那个美丽国家具有竞争力的基金会的典范。我深深地感谢他们给予我极为宝贵的帮助。

承蒙62位杰出人士包涵，我才得以采访他们并完成此书。他们的姓名就列在附录中。他们都是一样的平易近人、坦诚率真，而且非常乐意分享他们的经历，并希望这些经历可以带来更为广泛长远的益处。虽然访谈本身通常不超过一个小时，但参与者需要额外耗费大量时间来准备讨论并审阅我发给他们供其批准的摘录，这些摘录有时会比较冗长。是他们的述评，而非我的文字，让这项研究变得独一无二、富有洞见、真实可靠，且有时甚至显得生动有趣的。他们的证言记录了一项宏伟的历史性事业。我衷心希望这本书可以作为丰富的史料，让其他人充分理解并反思和评价。采访中引用的一些段落很长，但我保留了尽可能多的文本，因为每个人给出的细节中往往内涵丰富，赋予了受访者的言语以特殊的含义。

我也感谢那些对我的手稿发表评论或建议的人，他们分别是：默里・费什巴赫（Murray Feshbach），洛伦・R. 格雷厄姆（Loren R. Graham），埃里克・格林（Eric Green），迈贾・库克拉（Maija Kukla），约翰・马林（John Malin），诺曼・纽瑞特（Norman Neureiter），已故的小亚瑟・E. 帕迪（Arthur E. Pardee Jr.），彼得・雷德威（Peter Reddaway）和瓦列里・索弗（Valery Soyfer）。我在印第安纳大学出版社（Indiana University Press）的策划编辑珍妮卡・贝恩斯（Jennika Baines）则负责督促我把文本整理出版。

言语不足以表达我对家人最为深切的感激之情。我的妻子玛芝莉・利文・谢尔（Margery Leveen Sher）是我一生挚爱，也是我在这世界上最好的领路人、批评者、编辑和朋友。关于生活，我从我的孩子们拉比・杰里米・D. 谢尔（Rabbi Jeremy D. Sher）和亚当・利文・谢尔（Adam Leveen Sher）那里学到了一些最为宝贵的经验，他们用自己的实际行动教会我珍惜发生在自己和别人身上出人意料的事情。还有一些朋友和同事，我也从他们的建议中获益良多，但由于人数繁多，在此不一一列举，但我对他们永怀感恩。

综上所述，我对作品中可能出现的任何错误、误解、曲解等承担全部责任。

注　释

[1] 详见许多优秀同行在 Alfimov，et al. 2005 中给出的优异评价。

[2] 格雷厄姆，1972。

[3] 论文后来在 1977 年以谢尔的名字发表。

目　录

第三部分 总 结

引　言

美国和苏联之间的科研合作不仅充满了科学性，也富于戏剧性。这是一个与杰出科学家有关的故事，他们来自美苏两国，有着共通的语言——科学。在他们看来，这次合作是绝佳的机会，借此契机，两国科学家们不仅可以增进科学知识，而且可以借由他们有限的努力，在恐怖对抗的世界中实现全球和平。这也是一个与各国政府有关的故事，各国政府寻求人文交流来创造共同利益，同时在国际事务、国际安全和经济福祉等领域相互竞争，谋求优势。这是一个有关这些内在驱动力如何互相巩固、互相促进，并且偶尔产生矛盾的故事。但是这次合作却也使理想主义蒙羞，同时，由于国家利益、国际冲突以及公众对合作目标和方法的误解（有时这种误解是刻意为之），理想主义受到了严酷的打击。

与其他生动的故事一样，这次合作主题丰富，次要情节也同样精彩。其中一个主题是“开放”社会和“封闭”社会之间的竞争。这样的描述并不完全准确，因为没有一个社会是完全开放或完全封闭的。[1]关于两个超级大国之间的科研合作，最流行的观点之一是在科学、技术和军事的竞争中封闭的社会将取得胜利。但这是事实吗？苏联真的利用其科学项目的合作让美国一败涂地吗？美国真的为苏联这个对手提供了可乘之机来窃取自己的机密，同时又让苏联能够隐藏自己的秘密机构而不被美国发现吗？难道美国真的为了全球和谐这种不切实际的愿景，或是为了作为交换，只是为了让苏联在其他领域承担责任，而将美国最宝贵的技术财富和盘托出？这本书中将会提供直接、第一手的证据，让读者对这段历史有一个清晰的认知，以上疑问也将迎刃而解。

另一个主题则是“科学无国界”的概念，当论及科学家的工作以及他们在国际舞台中所扮演的角色，我们经常能从科学家们自己口中听到这句话。但这句话真的对吗？是否因为现代科学就实验和证明的方法以及标准达成了一致（从这个意义上讲，科学确实是一种通用语言），但从更大的意义上，科学家便有权认为自己可以不受凡俗规约的限制？或者只有科学没有了边界，没有了国界与系统性的障碍时，才能达到最佳的状态，从而实现完美与顺畅自由的交流而不受任何限制？尽管在许多重要的方面，美苏两国科研合作的历史表明了科学家们对自由且透明交流的热切投入，但它也表明，使科学家产生分歧的政治、文化因素，甚至可能是语言的差异经常以新颖的洞见和方法充实科学的内在。

这也是一个关于国际科研合作的伟大实践的故事。作为一种历史现象，在第二次世界大战后的两个超级大国之间开展由政府驱动的双边科研合作，可以说是闻所未闻、史无前例。这意味着两个主要国家之间有目的的双边科研合作的理念首次被奉为公共政策，并得到了大规模的实施。几个世纪以来，科学家们为追求科学真理展开了合作，他们经常四处旅行，在彼此的实验室里工作，毫无拘束，并在科学会议上分享自己的见解和成绩。大多数时候，他们会成为亲密无间的好友。然而，这是第一次正式的双边科学合作项目，由政府作为外交政策事项而创建。在这个重要意义上，它是所有现代双边科研合作的开端。这种新的科研合作形式从一开始就是人为的，尽管这实际上是两个互为对手的超级大国间科学家们能够合作的唯一方式。即使是从数量上看，这次合作所涉及的科学家的数量、巨大的规模、投入的资源，所处理问题的深度和广度，以及在这些努力上两国的政治参与度，都可以说是前所未有并且不太可能再现。

这是涉及多方面的多次尝试，每一个尝试都与时代背景相对应。关于这些尝试，我们还不知道其最终结果，甚至也不清楚应该用什么标准来衡量结果。但是自冷战白热化时期以来，已经过去了 60 年，而此次尝试正是发起于这个时期。时过境迁，我们现在可以回溯过去，看看我们从中学到了什么。

历史上关于美苏两国科研合作的优秀学术研究有很多[2]，而我写此书的目标则有些许不同。我是为了讲述这段历史，讲述其中的超凡成就，而这段历史，我主要是从 62 位曾经向我讲述过的人那里听来的。他们是来自美国和苏联的科学家，他们负责科研合作项目在政府和非营利组织间的设计和运作；同时也兼任外交官，为实现国家外交政策的目标而努力。[3]有时我会在这段历史中插叙一些故事，这些故事来自我自己 40 年的经历，这 40 年间，我曾担任过该项目在政府部门与非营利领域中的管理人和领导者。我非常幸运，能够采访那些见证了整整 60 年的美苏科研合作的当事人。追溯到最早期，科学家们在 1959 年就在苏联进行长期互访交流。这样来看，它也是十分重要的历史记录。正是这些故事中的故事使得这本由亲历者口述的历史性书籍无可替代、独一无二，同时也使得研究与撰写这本书的过程充满了乐趣。

这是一本关于科学的书，但它不是一本纯粹的科学书。这本书讲的是国际关系，但不会深入研究国际关系理论，尽管书中也严厉批评了其中最流行的一个理论。它是一部独特而重要的科学研究的历史书，但它不是一部古典科学史。这本书包含了方方面面的科学研究，我希望这些领域内的专家能够对这本书产生兴趣。不过，这本书也是为普通读者而写，他们对引人入胜且取材自真实事件的故事而深感兴趣。最重要的是，这本书取材于这些领域杰出人士的个人记忆与述评，他们自己的经历也会对讲述这段历史起到实质性的帮助作用。虽然书中有一些关于技术问题的讨论，(我认为有必要撰写这部分内容，以便阐明某些成果的重要性，特别是一些科学上的发现）一般读者可能会略读这部分内容，不过仍然可以认识到讨论这些技术问题的重要性。[4]

本书的第一部分，即从第 1 章到第 4 章，追溯了“二战”后美苏两国间科研合作的历史。这部分内容的前面有一个时间轴，以供读者参考。我并没有对这些事件进行枯燥的叙述，而是力图概述这些项目发展过程中的主要思想和目标，并且有幸记录了许多真实人物的个人回忆。

书的第二部分，即第 5 章到第 11 章。在这部分内容中，我们深入研究了这段历史见证者的内心世界——他们是如何参与到这次科研合作中的，理由为何？他们遇到了什么问题，取得了哪些成就？苏联是如何进行科学研究的，美国从中学到了什么？在第三部分中，我试图回答以上这些问题，并说说我对这次合作中吸取到的经验教训的看法。

接下来，让我们继续这个故事。

格尔森 · S. 谢尔

2018 年 5 月 21 日著于美国华盛顿特区

注 释

[1] 用社会学家马克斯 · 韦伯（Max Weber）的话来说，它们不仅是制度的“理想类型”，而且是社会组织所依据的思想和文化的“理想类型”。

[2] 就国家科学体系的研究而言，俄罗斯和苏联科学肯定是世界上被广泛研究的国家之一。在本文中，我只引用了一些人最新的研究成果：Balzer and Sternheimer 1989；Graham 2016；Graham 2013；Graham and Dezhina 2008；Schweitzer 2013；and Soyfer 2002.

[3] 在有关苏联的采访中，我去了乌克兰和格鲁吉亚。但我没有去俄罗斯，尽管这样做无疑可以促进我的调查研究。在将近三周的时间里，我与那些在苏联

前后时期与美国同事积极合作的科学家会面，也会见了苏联解体后与我共事过的前政府官员。然而，早些时候，在给俄罗斯的朋友（是一些我熟识的人，我与他们共事也有许多年了）写信时，我感觉到一些苦恼。他们要么一反常态，没有回应，要么就是出人意料，比如一位受采访者一开始同意了可以至少做一次视频采访，却在采访后告诉朋友说我的提问可能太过敏感。这让我和我的朋友都感到很奇怪，因为问题本身十分中立，没有倾向性，例如："你是如何参与美国的双边科研合作的，原因是什么？""合作情况如何？""根据你最初的期望，你会如何看待这段合作经历？""你印象最深的一次经历是什么？"随后，我给那位受访者写了一封安抚信，并试图安排一次讨论。但他再也没有回信。为了有所补偿，我采访了几位生活在美国的俄罗斯科学家；此外，乌克兰和格鲁吉亚的科学家的经历在某些程度上也帮助填补了一些研究空白。虽然我很遗憾，在著书过程中没能去俄罗斯一趟。

在 62 名受访者中，有 37 名科学家、14 名政府官员、6 名非营利组织管理者、3 名商人和 2 名学者。其中 35 人来自美国、27 人来自苏联（其中包括 11 名乌克兰人，10 名格鲁吉亚人，6 名俄罗斯人）他们居住在俄罗斯或是美国（后者是移民，他们曾在俄罗斯工作过很长时间）。

[4] 关于词语用法的一些简要说明：我用"苏联"这个词，简称"FSU"，既指苏维埃社会主义共和国联盟，也指 1991 年后从这个帝国解体后的独联体国家。我有时会同时使用"Russian"（或是"Ukrainian"）和"Soviet"这两个词，看起来好像是可以互换的，在一开始可能会让读者感到困惑；实际上，我故意用这些词，不是用来指代地理意义，而是指历史背景。例如，当谈到科学中保密的作用时，我会用"Soviet"这个词；另外，当谈到俄罗斯在科学方面的传统时，我会用"Russian"。这个传统早于苏联时期，它根源于俄罗斯帝国。在音译俄语名字和其他单词时，我默认使用标准的科学音译系统。比如在该系统中，名称"**Ивановский**"译为"Ivanovskiy"，以"skiy"结尾。对于那些已经在英语中普遍使用的姓氏，比如"**Достоевский**"，我使用的是标准的英语用法——即"Dostoevsky"（陀思妥耶夫斯基）不做修改。提到美利坚合众国时，我会用缩写"US"作为形容词来修饰政府和个人，如"US scientists"（美国科学家），其中可能包括政府和非政府的科学家，虽然有时我也使用"American"，用来指美利坚合众国，不是指代整个西半球；论及美国政府实体时，除非直接引用，我一般会明确指出它们。

第一部分

时间轴

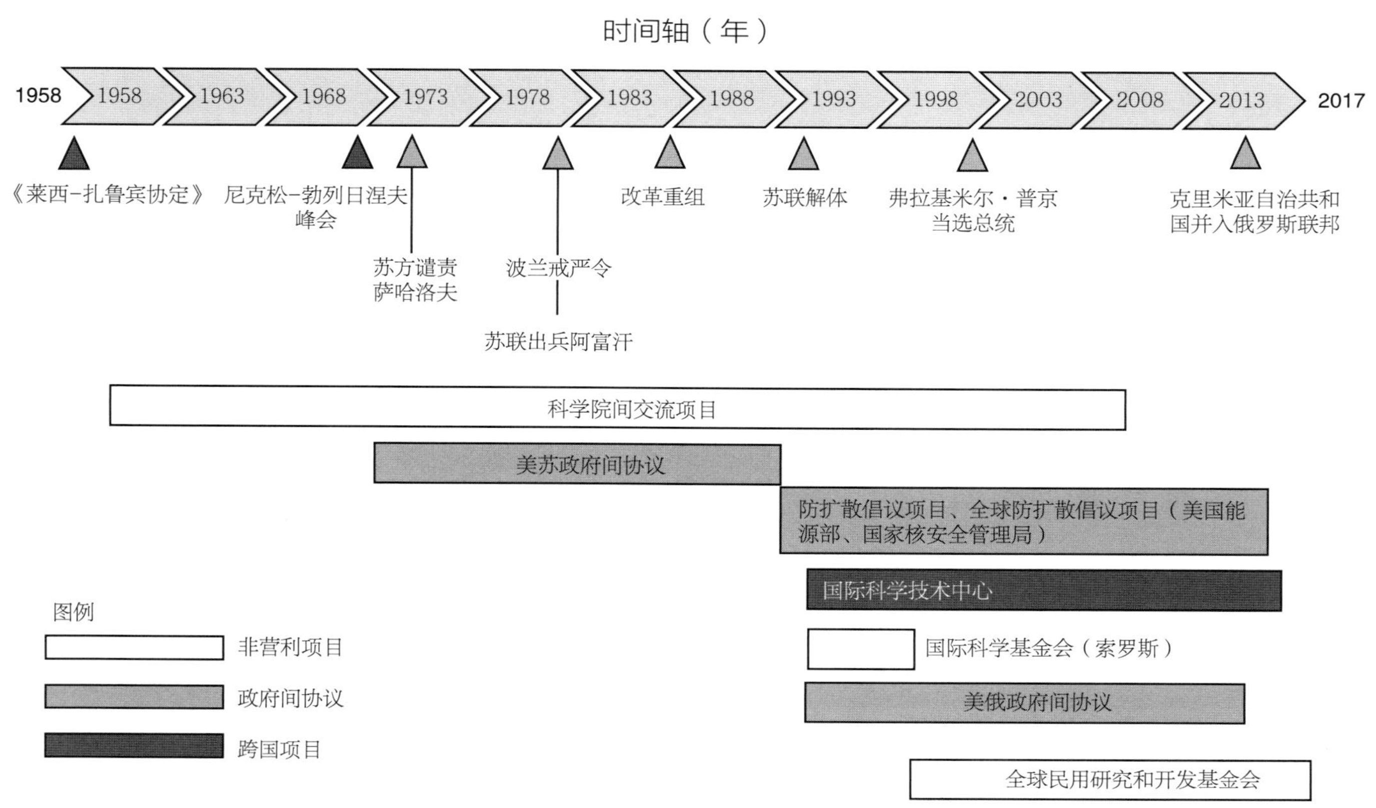

时间轴（年）

1958 1958 1963 1968 1973 1978 1983 1988 1993 1998 2003 2008 2013 2017

《莱西–扎鲁宾协定》

尼克松–勃列日涅夫峰会

苏方谴责萨哈洛夫

波兰戒严令

苏联出兵阿富汗

改革重组

苏联解体

弗拉基米尔·普京当选总统

克里米亚自治共和国并入俄罗斯联邦

科学院间交流项目

美苏政府间协议

防扩散倡议项目、全球防扩散倡议项目（美国能源部、国家核安全管理局）

国际科学技术中心

国际科学基金会（索罗斯）

美俄政府间协议

全球民用研究和开发基金会

图例

非营利项目

政府间协议

跨国项目

1

深度冷战与交流项目

帕格沃什精神·“解冻”和人造卫星

美苏之间科研合作的故事并不始于某项计划，而是源于一项共识：战后两个超级大国的科学家发展了人类历史上最具破坏力的武器，他们有责任确保这些武器不被滥用以至殃及人类自身。这项共识被称为“帕格沃什精神”（Spirit of Pugwash），帕格沃什是加拿大新斯科舍省（Nova Scotia）的一个村庄，在那里大亨赛勒斯·伊顿（Cyrus Eaton）拥有一栋避暑别墅。1957 年，来自美国、苏联和其他 8 个国家（日本、英国、加拿大、澳大利亚、奥地利、中国、法国和波兰）的 22 位杰出科学家在那里汇聚一堂，共同探讨核武器对人类造成的威胁。[1] 早在 1955 年，这样的会议就已促成并召开，在那次会议中拟定了一份《罗素－爱因斯坦宣言》（*Russell-Einstein Manifesto*），在这份宣言中，11 位签名者中有 10 位是诺贝尔奖获得者，包括伯特兰·罗素（Bertrand Russell）和阿尔伯特·爱因斯坦（Albert Einstein）。爱因斯坦则是在去世前几天签署了这份宣言。

然而，无论是《罗素－爱因斯坦宣言》还是帕格沃什精神，都不是解决这些严肃关切问题的首次尝试。爱因斯坦和罗伯特·奥本海默（Robert Oppenheimer）等科学家一直忧心忡忡，担心原子武器所具有的潜在破坏性会对人类自身构成严重威胁。1945年，伊利诺伊大学（University of Illinois）的尤金·拉宾诺维奇（Eugene Rabinowitch）与海曼·戈德史密斯（Hyman Goldsmith）一起创办了颇具影响力的《原子科学家公报》（*Bulletin of the Atomic Scientists*），旨在教育公众知悉核战争的危险性。拉宾诺维奇还参与了曼哈顿计划（Manhattan Project）①，他也是帕格沃什会议的关键人物，并成了帕格沃什科学与世界事务会议继续委员会（Continuing Committee for the Pugwash Conferences on Science and World Affairs）的创始成员。[2]

帕格沃什运动的背后是一种理想：科学家与其他知识分子肩负着特殊的责任，要把他们参与的活动引导到和平的道路上。科学家非常清楚自己在制造新武器中所扮演的角色，并且这种新武器有可能毁灭人类。因此，科学家认为要与高层决策者建立直接的沟通渠道，敦促高层决策者利用科学知识产生效益，而非造成灾难。20世纪50年代末，帕格沃什精神凝聚了美苏两国的顶尖科学家。该活动创造了一项共识，即这两个超级大国之间的对话与合作事关和平共处和全球安全。在一定程度上，帕格沃什精神与美国的一些政策倡议相融合，如“利用原子能计划”（Atoms for Peace Program），以及两国外交官之间讨论关于建立民间文化和科学“交流项目”。这些项目在20世纪50年代后期得以创立。

20世纪50年代初，在苏联内部，情况也发生了变化，尽管一开始没那么明显。约瑟夫·斯大林（Joseph Stalin）于1953年3月5日去世。但除了那些最热切的苏俄政体研究专家外，对所有人来说，局势似乎很平静，

① 曼哈顿计划是第二次世界大战期间研发出人类首枚核武器的一项军事计划，由美国主导，英国和加拿大协助进行。

苏联共产党（Communist Party of the Soviet Union，CPSU）的执政也好像完好无损，即使是在伟大的“Vozhd”（意为领袖，斯大林众多英雄称号之一）去世后也是如此。

1956 年 2 月，苏共第二十届党代会结束了这一平静的局面。会上，赫鲁晓夫对斯大林进行了谴责，言辞之犀利，让党内领导人都为之震惊。然而就在三年前，赫鲁晓夫和全国人民还一起对斯大林的逝世深表哀悼。在赫鲁晓夫的演讲中，他还提出“和平相处”的理念[3]，并在苏联社会发起了一项影响深远的“解冻”，为多方面的和解与冲突铺平了道路，例如：遣返古拉格集中营①的囚犯、文化上的缓和、与中国的冲突，以及 1957 年苏联共产党内部发生的变化，直至 1964 年赫鲁晓夫下台。

赫鲁晓夫在 1956 年的演讲也给了西方国家一个信号，让他们看到了国际关系缓和的可能性。因此，现在我们可以严肃地讨论在美苏之间建立正式的文化关系[4]。1956 年夏天，美国总统德怀特·戴维·艾森豪威尔（Dwight D. Eisenhower）会见了一群来自不同领域的民间团体，讨论两国之间进行民间交流的可能性。这一进程在 1956 年 9 月的一次会议上达到高潮，艾森豪威尔于此次会议正式宣布了民间交流项目（People-to-People Program）。当他解释对该项目的设想时，他说：“如果我们假设所有人都渴望和平，并想从这个假设中获利，那么问题就变成了人们该如何聚到一起，并且抹消政府的干预，（如果避过政府确实必要的话）同时找到多种方法来让人们可以逐步相互学习。”[5]

这一理念为后来的人文交流项目奠定了基础。另一个早期出现的术语“公民外交”（Citizen Diplomacy）也描述了同样的概念，并且一直沿用至今。近百年来美国国际教育研究所（Institute of International Education）

---

① 劳动改造营管理总局，简称古拉格，是 1918 年至 1960 年间苏联政府国家安全部门的一个下属机构，负责管理全国的劳改营。古拉格是苏联的国家政治保卫总局、内务人民委员部的分支部门，执行劳改、扣留等任务。

一直是国家管理人员交流的领导者，据其所述：“公民外交包含两个看似迥然不同的概念：一是公民，指的是通过个人努力为自身利益服务的普通公民；二是外交，包括国家间的合作框架。”总的来说，公民外交是指个人可以参与的一系列行为与活动，有助于加深个人和社区之间的联系，推进公共外交目标的实现。因此，公民外交是公共外交不可分割的一部分。[6]

《丑陋的美国人》（*The Ugly American*）作为20世纪50年代末广受欢迎的图书之一，无论是有意还是无意，都把公民外交的理念带到了公众的视野中来。书中描写了美国外交官在国外（在此书中指东南亚）的情景，他们的生活和工作形成了鲜明的对比。书中美国外交官对当地条件视而不见，充满轻蔑。只有少数“普通”美国公民来到这些国家，在乡村实地工作，倾听居民的想法和需求，学习他们的语言和文化。虽然书名里“丑陋的美国人”看起来指的是后者（如书中所描绘的那样，他们的外表并不体面），但相反，真正“丑陋”的是当地美国大使馆那些外表光鲜亮丽的外交使团，因为他们不当的行为和对当地人民和文化的不尊重，让他们变得丑陋无比。书中有一位虚构的菲律宾国防部长向派驻到一个虚构邻国的美国大使说了一句话：“大使先生，但愿您原谅我这种说法，在自然状态下，普通美国人才是一个国家的最佳大使。他们不多疑，渴望分享他们的技能，而且慷慨大方。但是大多数美国人出国后只能算‘二等公民’，连普通美国人都算不上。”[7]

可以想象，在部长将美国外交官和那些度假游客定性为“二等”时，大使会有什么样的反应。但是这些话却忠实地诠释了艾森豪威尔所说的让普通公民作成为公民大使，从而抹消政府的干预。正是因为他相信普通美国人的善良，使其公民外交的想法有了依据。

1957年10月4日，苏联发射了一颗人造卫星①，使西方世界大为震惊，也让他们清醒地认识到苏联所具备的强大科技实力。与苏联原子弹和氢弹的研发不同，人们普遍认为这二者的研制只不过是苏联通过间谍活动复制西方设计仿造而成。然而，对于人类历史上绕地运行的第一颗人造卫星来说，它的突然问世却没有任何先例可供借鉴。从这颗人造卫星上，美国可以清楚地看到，苏联就其科技实力，尤其是其工程能力而言，总归还是一个令人敬畏的强国。苏联人造卫星的发射实际上是20世纪下半叶两场竞赛的开端，即太空竞赛与导弹竞赛[8]。美国科学家此时则疏于填补其知识的沟壑，对于苏联研究机构的情况所知寥寥，因此对于苏联科学方面的研究，以及俄语的学习成了国家安全层面的问题。

《莱西－扎鲁宾协定》

1958年1月27日，美苏签订了《美利坚合众国和苏维埃社会主义共和国联盟关于文化、技术和教育领域交流的协定》。该项协定主要由两位谈判代表签订，分别是美国总统艾森豪威尔负责东西方交流事务的特别助理威廉·斯特林·伯德·莱西（William S. B. Lacy）和苏联驻美大使乔治·尼古拉耶维奇·扎鲁宾（Georgi N. Zarubin）。这项协定后来被称为《莱西－扎鲁宾协定》。[9]

《莱西－扎鲁宾协定》（*The Lacy-Zarubin Agreement*），通常简称为《莱西－扎鲁宾》或是《文化交流协定》是所有国际合作形式的一项重大革新。耶鲁·瑞奇蒙德（Yale Richmond）在美国国务院文化局（State Department's Bureau of Cultural Affairs）监督美苏合作项目数十年之久，

① 指的是“斯普特尼克”1号，是第一颗进入行星轨道的人造卫星。在苏联于1957年10月4日于拜科努尔航天中心发射升空。由于这时正值冷战，“斯普特尼克”1号人造卫星毫无先兆而成功的发射，震撼了整个西方，激起美苏两国之后持续20多年的太空竞赛，成为冷战的一个主要竞争点。

正如他在早期交流项目中强调的那样，“对于美国，这样的协定是史无前例的。”[10] 第二次世界大战后，他解释说，美国曾单方面资助并管理过与德国和日本的交流项目，目的是加速这些国家民主化进程，但项目中正式双边关系与政府间合作的概念却是新颖的[11]。此外，美国非营利组织和私营部门也参与了该项目，涉及的领域包括科技、广播、电影、青年、教育、表演艺术、体育以及旅游业。在某些情况下，这些活动几乎完全是自筹资金和自行管理的。瑞奇蒙德问道：“那么，为什么这样的协议具有必要性呢？”“简单来讲，”他接着说，“是因为苏联领导人想要达成这项协议，并使其成为交流的条件。”[12] 简言之，这或许为了满足苏联的一些想法。在苏联，所有进行交流的领域都是由国家资助和控制的。

在这一框架下所开展的活动安排组织十分严密。“交流”这个词让我联想到精心规划的交易，事实上与间谍活动并无二致。通常，这些交流活动以人或人·月为计量单位开展。[13] 协议中规定，项目的基本原则是平等、互惠和互利。

美国和苏联政府的政策目标在某些方面相似，而在另一些方面则截然不同。在他对这一时期的全面研究中，瑞奇蒙德描述如下：

> 正如美国国家安全委员会指令（NSC 5607）所述，美国的目标是通过增强人民和机构之间的联系，来拓宽并加深与苏联的关系；让苏联人参与共同活动，养成与美国合作的习惯；给予苏联以更为广阔的视野来看待世界和自己，从而结束苏联的隔离状态和内向倾向；接触苏联的制度和人民，增进美国对苏联的了解；并从文化、教育、科技等领域的长期合作中获益。
>
> 苏联在交流中的目标并未公开阐明，但从对它们如何进行交流的一项研究中可以推断出，其目标可能包括以下内容：获取接近美国科学技术的机会，并了解有关美国这个主要对手的更多信

> 息。通过让美国人参与双边活动来支持苏联与美国平等的观点；宣扬苏联是一个和平大国的观点，寻求与美国进行合作；展示苏联人民的成就；缓解苏联学者、科学家、表演艺术家和知识分子积压已久的对国外旅行和交流接触的需求；并在苏联艺术家的国外演出中赚取外汇。[14]

《莱西－扎鲁宾》经过多年的重新谈判、微调和修订，直到 1991 年苏联解体，它都是美苏所有主要文化和科学交流与合作活动的外交和法律基础。它为大批的人文活动制定了框架，随后此领域每项重要政府间协议中都引用此正式框架协议作为议定书。这些活动不仅包括社会科学和人文科学领域的科学技术和学术研究，还包含了其他不计其数的活动，包括著名的艺术表演，巡回展览（包括在莫斯科举行的那场著名的美国国家博览会，该展览举办场所就是尼克松与赫鲁晓夫于 1959 年进行的“厨房辩论”① 的所在地），还有专业人士和普通民众的交流。所有这些活动都是在《莱西－扎鲁宾》谨慎界定的范围内开展的，因为这项协定并无先例，所以具有政治敏感性。

交流项目

甚至在 1958 年《莱西－扎鲁宾》签署之前，美国学术界就看到了与苏联在“解冻”时期进行专业交流的机会。1956 年 2 月，赫鲁晓夫公开评价斯大林，开启了“解冻”进程。就在当月，一群美国学者成立了校际旅行津贴委员会（Inter-University Committee on Travel Grants，IUCTG），

① 厨房辩论指 1959 年 7 月在莫斯科举行的美国国家展览会开幕式上，46 岁的美国副总统理查德·尼克松和 65 岁的苏联共产党第一书记兼苏联部长会议主席的尼基塔·赫鲁晓夫之间的即兴交流。

以促进美苏之间的学者交流[15]。在福特基金会（Ford Foundation）的资助下，该交流项目允许人们在两个国家进行长达一个月的访问，但必须持有“游客”签证。《莱西－扎鲁宾》使这些互访能够在一个更加正式和适当的框架下进行，为交流访问者提供特别签证，并实行“接待方付款”政策，这也大大简化了财务安排。

《莱西－扎鲁宾》一经生效，美国国务院就要求校际旅行津贴委员会开展正式的交流项目。1968 年，校际旅行津贴委员会将这些项目移交给新成立的国际研究与交流委员会（International Research and Exchanges Board，简称 IREX）。校际旅行津贴委员会和国际研究与交流委员会项目是持续时间最长的交流或合作项目，甚至在苏联解体后依然存在，最终于 2015 年终止。随着这些专门面向科学技术的项目的出现，国际研究与交流委员会的重点逐渐转移到人文科学与社会科学领域上来，并将其范围扩大到其他各个国家。因此，其非凡的历史超出了该书撰写的能力范围，在此无法将其穷尽。[16]

1958 年，在苏联人造卫星引起巨大冲击之后，自然科学才加入到一系列交流计划中来。正是在这种背景下,《莱西－扎鲁宾》呼吁由美国国家科学院和苏联科学院（Academy of Sciences of the USSR，ASUSSR）组织一次科学交流访问计划[17]。美国国家科学院时任院长德特勒夫·布朗克（Detlev Bronk）于 1958 年参加了《莱西－扎鲁宾》的讨论，他于 1959 年初再次会见了苏联科学院的代表，并于当年 11 月与苏联科学院时任院长亚历山大·尼古拉耶维奇·涅斯梅亚诺夫（A. N. Nesmeyanov）签署了第一份详细的科学院间交流协定[18]。到 1977 年，大约有 350 名美国科学家与大约同等数量的苏联科学家参与了这个项目，这个发展步调又持续了好几年[19]。此外，从 1960 年代中期开始，这一模式拓展到与东欧各国科学院的交流之中。1972 年莫斯科首脑会议（Nixon-Brezhnev Summit）开启了缓和时代，此前几年中，科学院间项目是准允两国科学家互访的主要正式机制，在某些情况下，两国科学家还可以进行专业合作。

科学院间项目是美国与苏联，以及与后来的俄罗斯之间最持久的科学交流项目，总共开展了 30 年。由美国国家科学基金会（National Science Foundation）资助的科学院间项目于 20 世纪 80 年代开始失去支持，当时罗纳德·里根（Ronald Reagan）总统治理下的美国与苏联的关系跌入了历史低谷，该项目最终于 2009 年终止。然而在这一时期，科学院间的交流持续发挥着尤为重要的作用，虽然不比以往，但仍然是两国科学家以个人名义追求其科学利益的双边交流媒介，具有系统性和国家层面的意义，而且无可替代。

尽管这些交流项目在促进两国科学家与学者之间的专业联系方面发挥了巨大的作用，但它们也并非毫无弊端。当时最饱受诟病的一个主要问题是该项目程序繁杂，与科学家之前在世界各地来去自由、不受拘束的以往大相径庭。在两个特定国家之间展开的正式双边科研合作，往往受到谨慎协商的外交协定的约束，自然也就与科学家们以往的体验格格不入。规范美苏文化和科学交流的《莱西 - 扎鲁宾》条款与科学家们的惯常标准有着根本性的区别。这些条条框框僵化死板、程序固定，具有高度限制性。条款规定了一切内容——从合作领域到访问的次数和持续时间、财务和法律框架等。

对于美国学者和科学家来说，他们对这种情况极其不适应，他们习惯了自己安排各项事务，并认为这是自己的传统权利且可以方便快捷地完成任务。相比之下,《莱西 - 扎鲁宾》却有着明确的限制规定，令美国科学家感到沮丧和反感。印第安纳大学的罗伯特·伯恩斯（Robert Byrnes）教授是校际旅行津贴委员会的联合主席，他曾经抱怨说，两国交换学生就像交换“很多袋粮食”一样。[20]

至于科学院间项目，管理两国科学院交流事务的《莱西 - 扎鲁宾》对项目规定事无巨细，其附录甚至详细地列出了苏联和美国科学家在对方国家的每个学科中所期望进行的“理想”访问。美国科学家还是一样，觉得这种繁文缛节极其麻烦，不近人情。事实上，即使是在赞助机构——美国国家科学院和苏联科学院之间，也存在较大差异。这二者都是受人尊敬的机构，而它们的成员都是由各科学院所直接选举产生的杰出科学家。事实上，正是这一特点使得苏联科学院与其他苏联机构截然不同，这也是其在苏联成为一个独特的自治机构的主要原因。

除了上述特点一致以外，他们之间的差异也十分明显。美国国家科学院实质上是在亚伯拉罕・林肯（Abraham Lincoln）总统任内成立的一个著名科学机构，其职责是就科技引进问题向政府提供建议。另一方面，苏联科学院是在彼得大帝（Peter the Great）（作为俄罗斯科学院）的领导下成立的。它由约瑟夫・斯大林进一步发展为苏联主要科研机构，拥有数百家研究所。斯大林之所以这么做，部分原因是他不信任大学，将它们贬低为仅仅开展教学活动的机构[21]。美国国家科学院是一家非营利性机构，除了其维持研究小组和撰写报告之外，几乎没有任何经营活动，尽管某些特定研究经费主要来自政府支持，但总体而言其财务状况是独立的。它的主要作用是为美国政府提供客观独立的建议。相比之下，苏联科学院是一个庞大的运行系统，虽然表面上是独立的，但却由政府直接资助，其经费主要用于军事研究。1991 年苏联解体后，它也受到广泛批评，被视为俄罗斯联邦（Russian Federation）最大的财产所有者。

两所科学院之间的这种不一致使美国科学家对交流项目的安排感到不满。1962 年 2 月的《原子科学家公报》上，科学院间项目的第一位美国国家科学院管理人劳伦斯・米切尔（Lawrence Mitchell）承认，对于像美国国家科学院这样的机构来说，该项目的框架是“不同寻常的”。米切尔还说，尽管如此，美国国家科学院还是同意了该交流项目，“希望通过该项目增加两国的交流……会让两国科学家们能够随意互访的那一天更快到来，并使其成为国际科学界的惯例。”[22]

由美国国家科学院成员和麻省理工学院教授卡尔·凯森（Carl Kaysen）主持的美国国家科学院对科学院间交流计划的重要审查“凯森小组报告”指出，“科学院间交流项目的制度化从实行之初就产生了严重的问题，这些问题往往会抑制美方目标的实现和方法的实施。问题不单是科学院和麻省理工学院作为机构来说结构相当不对称，而且该项目交流科学家的方式也很奇怪。项目中准许访问的领域，其访问期间不去考虑由谁来访问，谁来接待来访者，诸如此类的方式，都与工业发达国家的科学家进行交流所采用的方法完全不同。”[23]

这些观点都很有道理。对于那些习惯与同事一道在国外自由地旅行和结交朋友的美方科学家来说，交流项目程序繁琐、僵化死板，效率低下且公式化，使他们感到厌恶。而且在这种情况下，他们很少有机会访问苏联，反之亦然。其中一个关键问题是签证的发放。由政府制定的严格配额制度和官僚监督机制，以确保利益安全性和对称性，从而对美国科学家有一定的限制。这些都是对来自“工业发达国家”的科学家原本不需要的真实而合理的担忧。

作为20世纪70年代科学院间项目的项目官员，我曾经开玩笑说，我是一个被美化了的旅行代理人，负责为苏联科学家制定行程，并保证这些行程安排得到国务院的批准。我也代表外宾与东道主进行书信往来和谈判，向来自苏联和东欧的游客解释旅行支票的陌生概念，为美国科学家们处理好出国前事宜，还为他们处理好在陌生国家生活出现的紧急情况。但我也想说，如果科学家在两国之间旅行变得容易，他们就不再需要像我这样的人了。同理，从宏观的视角来看，以下论述也无疑是正确的：如果交流项目涉及的两个国家不是深陷冷战深渊的苏维埃社会主义共和国联盟与美利坚合众国，它们就不需要烦琐的正式协议来实现自由科技交流和人员流动，而自由的科技交流和人员流动本就是科学家们的正当权利。

注 释

[1]“About Pugwash” 2015.

[2] Grodzins and Rabinowitch 1963.

[3] 详见赫鲁晓夫 1959 年对“和平共处”概念的评论。人们普遍认为，在苏共第二十届代表大会上，他首次使用了该概念。

[4] 一般来说是处于这个时期，详见 Richmond 2003，Richmond 2013，and Byrnes 1976.

[5] D. Eisenhower 1956.

[6] Bhandari and Belyavina 2011，3.

[7] Lederer and Burdick 1958，108.

[8] 有关苏联人造卫星影响的详细研究，请参阅 Brzezinski 2007.

[9] 有关全文，请参阅“Text of Lacy-Zarubin Agreement，January 27，1958.”

[10] 瑞奇蒙德，2003，16.

[11] 然而，正如迈克尔·戴维－福克斯（Michael David-Fox，2012）在其关于两次世界大战期间访问苏联的西方参访者的研究中所写的那样，有充足的证据表明，苏联人从 20 世纪 30 年代开始就十分热衷于正式的交流项目。一方面，该计划越正式、越精密，就越容易控制。如戴维·福克斯所述，这些项目施行于 20 世纪 30 年代，由于其目的是向西方支持者展示苏联“一国社会主义”的成就，所以谨慎的控制至关重要。这种对控制的热忱也无疑是后来苏联在其人文学科与自然科学中倾向实行正式且高度结构化的交流项目的一个因素。

[12] 瑞奇蒙德，2003，16.

[13]“人·月”是指一个人在一项特定活动中于一个月内所花费的时间。

[14] 瑞奇蒙德，2003，17.

[15] 以下叙述主要基于瑞奇蒙德，2003，22-23.

[16] 就我来说，我的整个职业生涯之所以能取得这些成就，在很大程度上要感激普林斯顿大学（Princeton University）的艾伦·H. 卡索夫（Allen H. Kassof）教授。他是国际研究与交流委员会的常任理事，同时也是我的社会学研究生教授，曾经建议我考虑在美国国家科学院的交流项目中寻求工作岗位。

[17]《莱西－扎鲁宾协定》第九节。

[18] 关于 1959 年科学院间交流协定的文本可参阅史怀哲，2004，104-12.

[19] Lubrano 1985，54.

[20] 瑞奇蒙德，2003，24.

[21] 有关这个故事，请参阅 Graham 1977.

[22] Mitchell 1962，17.

[23] Review of U.S.-USSR Interacademy Exchanges and Relations，41.

2

缓和政策 与大规模协议签订的繁荣时期

1972 年 2 月，继美国总统理查德・米尔豪斯・尼克松（Richard M. Nixon）访华后不久，同年 5 月 22 日至 30 日，在莫斯科，苏联共产党总书记列昂尼德・伊里奇・勃列日涅夫（Leonid I. Brezhnev）与尼克松举行了同样意义非凡的首脑会议。通过此次会晤，尼克松和勃列日涅夫开创了美苏关系的缓和时代。正是在这个时期，两国科技合作得到了显著的发展。[1]

这是科学合作的新时代，它背后的理念与之前的时代大不相同。如我们所见，艾森豪威尔总统强调了人文交流的重要性，以使公民个人能够"跨越"甚至"避开"政府，并进一步了解彼此。然而，尼克松总统的工具性思维，加上国务卿亨利・基辛格（Henry Kissinger）的大力协助，本质上是把科技合作当作外交政策的直接工具。1972 年年末，基辛格在美国参议院外交委员会（Senate Foreign Relations Committee）宣称，这些协议主要是出于政治上的目的，而不是为了科学交流。他声称，在 1972 年之前，"当时既没有努力促成科学技术方面的合作，文化交流也比较少。其结果就是既没有实际明确的合作诱因，也没有对侵略行为的惩罚。今天，通过我们的努力，甚至在医学研究或环境保护等看似无关政治的领域，我们可以与苏联人民一道，在造福两国人民的同时，对全人类做出贡献。此外，我们还产生了制约因素。”[2]

在这最后一句话中，我们可以了解到科学与外交政策之间在接下来的20年内关系一直模糊不清的根源所在。科学和外交政策变得密切相关，不仅在于科学和科学家可以帮助外交官寻求解决国际性问题的方案，而且也因为科学作为外交政策的软实力，可以激励外交中的良好作为，并惩罚其中的不端行为，恩威并施，以期待用这样的“胡萝卜加大棒”政策带来转变。此外，在一定程度上，美苏政府间的科技协定是其后许多类似协定的范本，其宗旨的模糊性和潜在的混淆性潜移默化渗透到了公众对于科学与外交之间正确关系的认知之中，其中也包括科学界对此的认知。在本书结尾处，我将回到这一中心问题上再作讨论。

基辛格和尼克松为限制苏联而设计的具体手段中，最为突出的是一系列重要协议。其中最引人注目、最令人记忆深刻的是1972年5月26日在莫斯科首脑会议上签署的《战略武器限制条约》(*Strategic Arms Limitation Treaty*，*SALT*)。不过，科技合作也是本次会议讨论和实施的一个主要议题。

诺曼·纽瑞特是当时美国总统行政办公室(Executive Office of the President)中科技办公室(Office of Science and Technology，OST)的一名政策顾问[3]，科技办公室非正式的称呼为白宫科学办公室(White House Science Office)。纽瑞特回忆说，10年前(1961年)，约翰·菲茨杰拉德·肯尼迪总统(John F. Kennedy)在白宫为日本首相举行的晚宴上：

> 他举杯祝酒，并提议设立三个委员会：一是内阁一级的经济委员会，二是由大学产生的学术委员会和联合科学委员会。美国有史以来首次由总统提议设立联合科学委员会，并利用科学来助

推国际参与。美国驻日本大使赖肖尔（Reischauer）就美国和日本学术界之间“对话破裂”的问题写过一篇观点尖锐、言辞犀利的文章，而联合科学委员会的提议则是肯尼迪总统对该问题的回答，意即促成美国和日本科学家之间的科学合作。联合委员会则在几个月内就制定了合作的组织方案和细节。[4]

此后不久，纽瑞特受聘于美国国家科学基金会，负责管理由此产生的与日本的政府间双边科研合作项目，这一经历给他留下了深刻的印象。据他所述，与日本签订的协议成了10年后美国向苏联示好的前奏，美国希望借此修复与苏联的关系。1971年，纽瑞特讲述道：

亨利·基辛格一直在向美国政府的若干机构征求关于与苏联开展科研合作的意见。关于这一点，我并不清楚。我的上司——尼克松总统的科学顾问兼科技办公室主任爱德华·戴维（Edward David）也未曾知晓。当时的目标是找寻方法，让美苏两国能够在一些和平的科学活动中开展合作。那时候，我们也不知道两国计划在1972年的某个时候举行一次首脑会议。巧合的是，大约在一年前，我曾提议建立一个美苏科研合作联合委员会（Joint Committee on Scientific Cooperation）——类似于我前面提到的美日合作模式。我认为美国和苏联之间应该多一些和平性质的科研合作的机会。花费了将近一年的时间，通过一切批准，最终才使得该想法得以落实，它包括了一揽子提案，这些提案于1972年5月召开的莫斯科峰会上由美方向苏联提出并得到了苏方一致同意。[5]

纽瑞特提议与苏联签订科技协议，部分是由于1971年基辛格的访华活动。根据纽瑞特的说法，在那次访问之前，拟定与中国科学合作一揽子项目可以说令人印象深刻。

1972年年初，在与尼克松总统的国家安全顾问亨利·基辛格的一次会面中，我的上司——科技办公室主任兼科学顾问爱德华·戴维被告知，总统正计划秘密访问中国。除了外交讨论之外，他还希望向中国提供一些比地缘政治重新定位更重要的东西——一些更实际、更具体的东西。他说，也许一些科研合作的提议将向中国表明我们对持久合作的认真态度。他希望很快就能有一套科学合作倡议可以带到中国进行商议。爱德华·戴维让我立即着手这项工作，几天后就需要开展，当然，这个计划不能告诉任何人，必须严格保密。

当时在美国国家科学院成立了一个委员会，叫作中国学术交流委员会（Committee for Scholarly Communication with the People's Republic of China），成员有安妮·凯特利（Anne Keatley），现在是安妮·索罗门（Solomon）。它是由美国国家科学院的外交秘书哈里森·布朗（Harrison Brown）创建的。他积极热情、具有远见卓识。他们已经为这样一个良机筹备了近5年。与安妮以及白宫科技办公室工作人员中的十几位专家一起工作，我们整理出可以向中方提出的合作倡议多达40多种。[6]

结果虽然平淡无奇，没有编入另一个7年的正式协议，但却有了重大突破。为基辛格工作也令人难以忘怀，纽瑞特继续说：

为亨利·基辛格工作是一段特殊的经历。通常，你会在早上交一份文件，然后在一天快结束的时候，他会告知你这份文件写的不好，需要重新写。所以你得工作大半个晚上，第二天早晨上交新的稿件，但在下午5点左右又会听到他跟你说这份文件仍需修改，诸如此类，时有发生。在这样的交稿与反馈重复好几次之后，文件终于符合要求，我也不用再改稿子了。

我们的文件在北京会议上如何使用、如何讨论，我们从未收到过相关的报告。但是，当看到两国在访问结束时签署的正式文件《上海公报》(*Shanghai Communique*)时，我们感到实际上我们取得了巨大的成功。以下是最终正式文本中的相关段落:“双方就扩大两国人民之间的了解达成共识。为此，双方讨论了科学、技术、文化、体育、新闻等具体领域的交流合作，在这些领域中，两国人民之间的接触和交流将对双方产生助益。双方承诺为进一步促进此类接触和交流提供便利。”

这三言两语、字里行间显示出我们双方所取得的重大胜利，同时也表明了科研合作是两国促进交往的有效手段。然而，双方的交往依然显得相当缓慢。[7]

尼克松政府将政府间科研合作视为修复与其他国家关系的工具，这种理念已成为其思维模式。与艾森豪威尔政府的交流项目相比，这一项目包含的理念与美国政府的外交政策有更直接的联系，且更有裨益。艾森豪威尔政府的交流项目则更强调顺畅的人文交流，并且将其视为增进双方相互了解的手段。如前所述，1972 年晚些时候，基辛格雄心勃勃地向美国国会阐述了开展此项合作的基本出发点，超越了艾森豪威尔总统提出的人文交流的愿景，基辛格称其将产生“制约因素”[8]。这个基本出发点显然含有政治性，而且原则上要与苏联政府的具体行动相挂钩，这在当时十分重要。很快，国会和政府围绕该合作的出发点展开了争论，一方支持基于科研目标展开合作，另一方支持基于政治目标展开合作。多年来，科学和外交政策之间的矛盾对立在多种不同的时代背景下都有所体现。在我看来，这仍然是最根本的问题之一，所有政府出资的科研合作项目都在努力解决这两者间的矛盾，而且在未来也必须解决这个问题。

1972 年 5 月召开的莫斯科首脑会议上，两国领导人签署的第一份双边协议不是科技协议，而是《美苏环境保护合作协议》（*US-USSR Agreement on Cooperation in the Field of Environmental Protection*），签署时间是 1972 年 5 月 23 日，就在峰会开始后的一天。随后两国很快签署了《医学和公共卫生双边合作协议》（签署于 1972 年 5 月 23 日），《科技合作协议》（签署于 1972 年 5 月 24 日）与《太空协议》（签署于 1972 年 5 月 24 日）[9]。这 3 项行政协议无需参议院批准，在接下来的两年里又有 8 项协议予以扩充，每一项协议都与每个国家的一个任务机构有关，由此形成一个包含 11 个正式项目的密集网络（见表 2.1），主要由两国政府资助和管理。

表 2.1 美苏科技协议

领域	签署日期	美国行政机构	苏联行政机构
环境保护	1972 年 5 月 23 日	环保局（Environmental Protection Agency）	国家水文气象和自然环境治理委员会（State Committee for Hydrometeorology and Control of the Natural Environment）
医学和公共卫生	1972 年 5 月 23 日	卫生教育福利部（Department of Health, Education and Welfare）	卫生部（Ministry of Health）
科学技术	1972 年 5 月 24 日	国务院（Department of State）	国家科学技术委员会（State Committee on Science and Technology, SCST）
太空	1972 年 5 月 24 日	国家航空航天局（National Aeronautics and Space Administration）	苏联科学院（USSR Academy of Sciences）
农业	1973 年 6 月 19 日	农业部（Department of Agriculture）	农业部（Ministry of Agriculture）
运输	1973 年 6 月 19 日	运输部（Department of Transportation）	运输部（Ministry of Transportation）

续表

领域	签署日期	美国行政机构	苏联行政机构
世界海洋研究	1973年6月19日	国家海洋和大气管理局（National Oceanic and Atmospheric Administration）	国家科学技术委员会（State Committee on Science and Technology）
和平利用原子能	1973年6月21日	原子能委员会（Atomic Energy Commission）	国家原子能利用委员会（State Committee for the Utilization of Atomic Energy）
能源*	1974年6月28日		
人工心脏研发	1974年6月28日	卫生教育福利部（Department of Health, Education and Welfare）	卫生部（Ministry of Health）
房屋及其他建筑	1974年6月28日	住房及城市发展部（Department of Housing and Urban Development）	

*我一直无法确定签署这份协议的美苏行政机构。该协议的签署早于美国能源研究与开发管理局（Energy Research and Development Administration，ERDA）的成立日，它是美国第一个民用能源机构。能源研究与开发管理局后来与联邦能源管理局（Federal Energy Administration）合并，成立了美国能源部。苏联的行政机构可能是能源部，但遗憾的是，我找不到任何文件来证实美国或苏联签署该协议的相关行政机构。

总的来说，这些协议的行政机构涉及11个美国政府领导机构和其对应的苏联政府部门及国家委员会，负责为其相关活动提供资金并确保活动的顺利执行，当然其中还包括许多的机构以及其他政府机构的支持。数千名科学家参与其中，他们来自政府实验室、大学还有私营部门。除科技协议以外，每项协议都由一个双边联合委员会监督，该委员会由相应任务机构的秘书或部长担任主席，任务机构又是各个协议的行政机构。

科技协议是这种模式的一个例外。该协议由一个联合委员会管理，委员会则由美国总统的科学顾问及苏联国家科学技术委员会主席共同管理。美国国家科学基金会和苏联国家科学技术委员会是美苏该项协议的行政机构，但美国科技协议的行政秘书隶属于国务院，而相比之下，其他协议的行政秘书则由相关任务机构的人员担任。

这种反常现象引起了国会的关注，因为它似乎是建立在政治基础上，而非科学基础之上。1976 年，美国众议院国内外科学规划与分析小组委员会（the House Subcommittee on Domestic and International Scientific Planning and Analysis）就美苏政府间协议的现状举行了新一轮听证会[10]。1972 年，基辛格曾在这个小组委员会前作证，阐述了他对该协议之所以能产生“制约因素”的理由。基辛格对这些项目的“工具性”政治观点使委员会感到不满，因此，委员会在一开始就明确表示，评估交流的标准必须基于科学交流的目的，而不是出于政治考虑：

> 建议 1：……《科技合作协议》（*The Cooperative Agreements in Science and Technology*）最初是为政治目的而订立的，目的是缓和美苏之间的紧张局势同时促进国际关系。然而，在实现这些目标以及在促进科技在两国共同问题上的应用方面，这些协议成功与否，最终将取决于它们给美苏带来了多大的助益。因此，应当评估这些协定在多大程度上有助于实现和促进新兴实用科技的平等互惠交流[11]。

在科学利益方面，小组委员会成员对合作是否能带来科学上的助力表示怀疑，但多数人还是对此持开明的态度。众议员詹姆斯·康兰（James Conlan）直截了当地向苏联联合委员会问询其是否规定了合作的主题。总统科学顾问古伊福德·斯蒂沃（Guyford H. Stever）则是提及了双方的良好意愿作为回应：“显而易见，双方都有良好的意愿，且态度严肃认真，想通过共同努力来取得成效。从积极的方面来说，合作成果虽然并不显著，但却有实实在在的进步。”[12]然而，尽管这种回答模棱两可，不着要点，还是有证据可以证明两国有清晰明确的互利关系，而且合作也对美国有具体助益。这次合作的创举是阿波罗－联盟测试计划（Apollo-Soyuz Test Project）①。（然而，这是一种障眼法，因为阿波罗－联盟测试计划实际上根本就不是太空协议的一部分。事实上，这根本不是一个联合研究项目，而是一个合作工程的伟大成就。然而，这项计划盛极一时，为公众所熟知，这一点在国会听证会上往往显得比这项计划的精准定位更为重要。）小组委员会还列举了三项在效益方面"前景大好"的具体协议：《科技协议》（在电冶金和材料学以及催化化学工作小组方面成效尤为显著）、《世界海洋协议》及《环境保护协定》。委员会报告中提到了几点主要收益，如获得了以前无法获得的苏联先进技术（例如特殊金属和化学工艺方面的技术）和宝贵的地球物理学数据（地震、污染及气候变化）。然而，报告中也提到了苏联对重要数据有所隐瞒，比如农业方面的数据。来自美国农业部的见证人评论到：

> 整个协议中最为棘手的主要问题，就是苏联人至今未能提供有关主要农产品的产量、利用率和对外贸易额的现有数据和预期数据（即预测估计数值）。苏联拒绝向美方提供上述数据，因此从农业和与农业有关的领域来看，到目前为止，苏联从协议中获得的利益超过了美国所获得的利益。协议相关活动中的失衡还未发展到美国无法接受的程度，但美方对此保持警惕。[13]

美国运输部的声明也持保留意见，在运输部门的合作中，苏联先天就有随意获取美方信息的优势："我们发现，与苏联人表面声称的情况相反，在某些领域苏联看似落后于美国，但反而我们希望从他们的经验中获益（例如，磁悬浮技术研究）。为了最大化促进合作关系，我们需要更多关于

① 阿波罗－联盟测试计划是历史上第一次由两个国家合作的载人航天任务，由美国和苏联于1975年7月执行。

苏联的信息。在大多数情况下，我们必须依赖他们提供的可用信息。他们获取我们的信息相较于我们获取他们的信息来说显得更容易，因为美国的许多新闻都由媒体公开报道。”[14]

小组委员会的结论是，每个工作组的项目应至少每年进行一次审查，“资源应进行集中，投入到具有更大潜力获得有意义的科技回报的项目。这样的倾向可以确保有价值的项目不会受到次要项目的影响。”[15]同样，这里也没有提到任何相互对立的政治利益。

理解这一点很重要，因为在1991年之前的政府间协议中，美国国会授权和任务机构的拨款才是推动项目落实的引擎。美国国务院本可以提出平衡全球利益的总体要求，但是当涉及具体实施时，却成了研究部门和其他行政部门的责任，来证明其花费在竞赛上的支出是合理正当的。这也是小组委员会抱怨科技协议管理不当的一个关键原因，因为在所有协议中，只有科技协议的行政机构不是对其负责的任务机构。换句话说，科技协议的行政机构本该是美国国家科学基金会，而不是国务院。

尽管很难在这些正式协议中找到有关工作量和资金水平的准确数据，但由凯瑟琳·艾尔斯（Catherine Ailes）和小亚瑟·E. 帕迪（Arthur Pardee Jr.）精心汇编的科技协议下活动的统计数据具有一定指示意义。他们记录到，在该协议的11个工作组中，美国有1057人参加了合作活动，包括联合工作组会议、联合项目级会议、讲习班和研讨会、研究团队交流、长短期个人访问以及美方会议。其中，48%的人来自大学，18%的人来自政府，19%的人来自各个行业，14%的人来自非营利部门（还有1%的人属于其他地方）。[16]

作为美国科技协议的主要资助者，美国国家科学基金会于同一时期在这些活动上的花费超过2200万美元，而这只是11项协议中单一项协议的支出。此外，科技协议在10年后终止，而其他大多数协议则持续了近20年。我的印象是，与任务机构相关的其他一些协议会更加活跃。这些数据应该能让人们对这种新型合作计划浪潮中开展的活动情况有一个大致的了解。公平地说，从广义上讲，这个时期科学交流项目的规模至少比艾森豪威尔时代各个等级的科学交流项目的规模高出一个数量级。

缓和时期政府间计划的结构也与交流计划明显不同。随着缓和时期的到来，20 世纪 70 年代和 80 年代官方政府间合作计划的陆续出现，合作有了新的形式，也更为复杂了。在交流项目中，至少在美国，访问交流的倡议是由科学家个人发起的，而在政府间项目中，个人倡议似乎不太行得通了。每项政府间协定都由一个高级联合委员会或普通联合委员会负责。这些机构通常由一个任务机构负责人管理，并授权设立工作组来处理研究领域的具体问题，而工作组则概述将要进行的项目类型，并在多数情况下决定由谁来参加这些项目。一般这些机构各个级别的联席会议需要事先单独举行美方（可能还有苏方）的预备会议，而且也需要进行机构间的磋商，在上述问题上达成一致意见。这么做的结果是会议和官僚机构大幅增加，来应对这种新型、大规模且等级森严的合作模式。

新型政府间项目中，合作活动的内容和形式也有很大不同。虽然交流项目中大多数是科学家个人的访问，以互相了解或研究学习为目的；但在政府间项目中，小组会议则日渐增多。联合委员会、工作组、规划小组和研讨会一经成立，就必须开展会议。当然，由于一些新研究工作的范围之广、复杂性之大，必须开展会议进行协商，甚至了解双方在商定的学科领域能够提供的资源也成了基本需求。与此同时，与个人访问相比，这些会议需要更多的人力成本和资金成本，上述项目资金以及所需的官方支持的指数增长则反映了这种趋势。作为一名项目管理人，我是所有这些上层建筑的受益者。但我的任职时间不长，因为科技协议在 1982 年终止，以抗议苏联在国际上的“侵略性行为”，这一点我将在第 3 章中讨论。事实上，政府间的项目（尤其是高级别科技协议）是刻意设立的，以便在合作出现状况时向美方传达不满，表现得就好像这会对苏联政权有任何影响一样。

由美国国家科学基金会赞助的对美苏科技协议的详细研究表明，在该计划下进行的小组活动与个人活动的内容包括了相当大比例的计划会议和其他管理会议，而非以研究为导向的访问。在合作期间记录的 410 项活动中，有整整 37%（即 152 项活动）是在工作组、项目小组或美方主持的计划会议或其他会议。在某种程度上，这些会议有助于将精力集中在具有潜在成效和互利性质的合作议题上，且能剔除不符合这些标准的议题。[17]

按照这样，政府间项目更精细复杂、等级森严且由官方管理往往会在每个活动领域内产生繁重、形式化且成本高昂的运作模式，这种模式反映、模仿源自顶层的等级制度。总的来说，这是一种看似科学合理，实际上却非常繁琐且低效的科研合作方式。

注　释

[1] Ailes and Pardee 1986，第 1-15 页对这一时期科技协议的发展进行了独特而详尽的描述。

[2] 如 Ailes and Pardee 1986，第 11 页中所述，从表面上看，基辛格所说的“在科学技术领域没有合作”显然是不正确的。科学院间交流和学术交流已经持续了大约 15 年。从这个意义上说，基辛格的声明似乎是在误导人们相信是尼克松政府首度开始与苏联进行科研合作。然而，更重要的是，在此之前还没有在科学和技术方面进行正式的政府间合作，这在形式和意图上都是一个重大误导。

[3] 1973年，理查德・尼克松总统淘汰了科技办公室和总统科学顾问委员会（Science Advisory Committee），尼克松在辞职后并没有将科技办公室的主任小爱德华・E. 戴维替换掉。该办公室由美国国会于 1976 年重新设立为科学技术政策办公室（Office of Science and Technology Policy，OSTP）。

[4] 2016 年 1 月 11 日，诺曼・纽瑞特接受采访。他在这里指的是赖肖尔的文章《与日本对话破裂》（*The Broken Dialogue with Japan*），该文章发表于 1960 年 10 月刊的《外交季刊》（*Foreign Affairs*）上。

[5] 来自与纽瑞特的访谈。

[6] 同上。

[7] 同上。

[8] Ailes and Pardee 1986，第 11 页 .

[9] 关于科技协议的初步讨论有很多细节，这实际上是 Ailes and Pardee 1986，4-7 页所述中总统行政办公室（科技办公室和国家安全委员会，National Security Council）以及国务院的核心内容。

[10] Review of U.S.-U.S.S.R. Cooperative Agreements on Science and Technology：Special Oversight Report No. 6 1976.

[11] 同上，第 8 页。

[12] 同上，第 30 页。

[13] 同上，第 33 页。

[14] 同上，第 33-34 页。

[15] 同上，第 10 页。

[16] 这些工作组研究的是以下领域的应用：计算机管理、催化化学、电冶金和材料学、微生物学、物理学、科学政策、腐蚀、热和传质（Heat and Mass Transfer）、地球科学、高分子科学（Polymer Sciences）和科学技术信息。Ailes and Pardee 1986，41-72.

[17] 例如，在微生物学领域，美苏双方始终存在分歧，美方坚持基础研究合作（基础研究方面，苏联在很大程度上由于李森科主义（Lysenkoism）的破坏而疲软），而苏方倾向于所谓的"应用微生物学"，美国许多人认为这是生物武器的简称。讨论陷入僵局，合作活动也没有进行下去。关于李森科主义，请参阅 Graham 2016，Soyfer 2002 和 Medvedev 1969.

3

制裁与改革

在接下来的近 20 年中，缓和年代的科技合作协议是在多个领域进行合作的重要工具。此外，因具有正式、政府间性质，它们还是两个超级大国之间关系状况的晴雨表。几乎从一开始，就有严重的问题存在于协议中，并不断发酵。这些问题中，最突出的是从 20 世纪 70 年代初，安德烈·萨哈罗夫（Andrey Sakharov）所受的不公待遇。从 20 世纪 70 年代中期开始，一些犹太科学家寻求移民到以色列或其他国家，他们被称为所谓的“被拒绝移民者”（refuseniks）；从 1979 年起，苏联在国外实施了一系列“大”行为，其中包括对阿富汗发起战争、对波兰实施戒严令和击落大韩航空 007 号航班[①]等。

① 大韩航空 007 号班机遭击落事件，发生于当地时间 1983 年 9 月 1 日清晨。大韩航空 007 号班机由美国阿拉斯加的安克雷奇起飞，前往韩国汉城（今首尔）。007 号班机自安克雷奇起飞后即偏离航线，经过位于阿拉斯加、白令海以及西太平洋的多个导航点时航管均未作出警告，机长也在偏离导航点数百千米的情况下，多次向航管通报自己正常通过导航点，随即两次分别闯入苏联位于堪察加半岛和萨哈林岛的领空，遭苏联国土防空军 Su-15 拦截机拦截。由于事发时间未日出，苏方误判其为 RC-135 侦察机，在联络不果、四次空射炮击警告无效后，苏联军机于萨哈林岛苏联领空内，向 007 号班机发射两枚空对空导弹，命中一枚，此时 007 号班机偏离原定航线达 600 余千米。13 分钟后，007 号班机坠毁于萨哈林岛西南方的公海，机上所有乘客与机组员死亡。因为机上载有 16 个国家和地区的公民，此事引发外交反弹。

在 2014 年克里米亚危机爆发之前，美苏双边合作最艰难的时期是从 1979 年年末至 1984 年。这一时期则源于科学界的私人倡议和美国政府的行动。

众所周知，将人权列为美国外交政策支柱的是时任美国总统吉米·卡特。据我所知，1978 年苏联判决异议人士阿纳托利·夏兰斯基（Anatoly Shcharansky）入狱，美国政府推迟了科技合作联合委员会的高层双边会议以示抗议[1]，这也是美国首次在科学合作方面惩罚苏联违反“人权”的行径。这些抗议也只是暂时性的。凯瑟琳·艾尔斯和小亚瑟·帕迪写道：

> 1978 年 7 月，苏联宣布将开展对夏兰斯基的审判，与美苏科技合作联合委员会于莫斯科举行的年度会议同一周时间进行。这名苏联异议人士遭受了不公待遇，还有一名美国公民在莫斯科被逮捕，为表达关切，卡特总统无限期推迟了联合委员会的会议，并暂停了大多数高层官员对苏联的访问。之后，随着美苏关系的改善，这一停滞期悄然结束，联合委员会的会议也被重新提上日程[2]。

工作层面，在联合委员会的支持下，合作活动从未真正受到这些事件的干扰。然而，一年后又发生了一场危机，这场危机起源于基层。1978 年 12 月，科技协定下的美苏物理专题研究工作组在莫斯科举行会议，计划展开一项联合工作方案。该小组的联合主席是伊利诺伊大学厄巴纳分校的戴维·派因斯（David Pines）（同时也是洛斯阿拉莫斯科学实验室的一名工作人员）和时任苏联科学院空间研究所所长的罗尔德·Z. 萨格迪夫（Roald Z. Sagdeev[3]）。那是记忆中莫斯科最冷的 12 月，气温达到 -40℃，是摄氏和华氏温度的交汇点（-40℃ =-40℉）。在美国大使馆，一名海军陆战队员在清晨升旗时冻掉了耳朵[4]。两国之间的会议氛围就如同室外的气温一般寒冷刺骨。不过，讨论气氛总体是友好亲切的，而且工作组成功地商定了一项宏大且振奋的计划，计划内容是让两国和世界上一些主要的理论物理学家和天体物理学家参加联席会议。

在这些科学家中，其中一位是理论与实验物理研究所（Institute of Theoretical and Experimental Physics）的高级科学家列夫·鲍里索维奇·奥昆（Lev B. Okun），他是该研究所理论物理部的部长。作为一名粒子物理学家，奥昆是首位提出“强子”（hadron）概念的人。他是该领域公认的权威，性格刚强，有时直言不讳，与他的威望相称。他还是一个犹太人，但不是被拒绝的移民者。据我所知，他从来没有被允许离开过苏联。但是，经过美苏物理学工作组的领导人同意，1979 年 7 月，他本将成为在科罗拉多州阿斯彭物理中心举行的联合工作组会议的苏方与会代表之一。

然而，事实并非如此。随着研讨会日期临近，苏联科学院公布了苏联与会代表的名单，一位关键人物却不在名单上——列夫·鲍里索维奇·奥昆。他会在我们后面的故事中再次出现[5]。美国国家科学院负责管理物理学工作组，而我则在该工作组中担任协调员，他们向苏联科学院发送了问询电报，但毫无结果。在与美国工作组成员协商后，派因斯在最后时刻气愤难当，建议美国国家科学院主席菲利普·韩德勒（Philip Handler）取消研讨会。韩德勒曾领导美国国家科学院强烈抗议苏联对萨哈罗夫的非人道对待。韩德勒同意了该提议，研讨会被取消了，美国国家科学院也解散了物理学工作组。

至此，一项联合活动就此结束，这项活动本来有可能成为政府间科技协议中最有科学价值、最令人兴奋和最负盛名的合作。这一切完全展示了美国科学界的主动和坚持，而美国政府并没有做什么。我在美国国务院的一些朋友只是对我说了声“好样的”，这就是官方对此事的介入程度。

政治形势日益恶化，仅仅 7 个月后，美国政府就实施了新的制裁，而这次制裁是由苏联于 1979 年 12 月出兵阿富汗所引发。1980 年 1 月，时任美国总统的卡特向时任苏联最高领导人的勃列日涅夫发出最后通牒，要求苏军在一个月内撤出阿富汗，否则美国将不参赛 1980 年莫斯科奥运会。虽然卡特总统是否有权这么做尚不清楚，但抵制活动得到了美国奥委会的支持，还有许多（但并非是全部）国家也加入到抵制活动中来。但即使在这种情况下，阿富汗战争后的制裁也没有导致科学合作活动停止。相反，像以前一样，这些制裁包括禁止开展所有高层访问和计划会议等，却没有禁止基层的科学合作活动。艾尔斯和帕迪指出："卡特政府迅速采取行动，推迟了美苏科技双边协议支持下举行的高级别会议。随后，根据这项科技协议开展的所有联合活动都由国务院逐项审查。这实际上是回到了原来的状态，因为所有活动都是逐项例行审查的[6]。"

双边科技协议下的项目仍在继续，这些项目由我负责，负责机构是美国国家科学基金会[7]。科学院间交流等著名的非政府间项目也继续进行。事实上，国会为这些由国家科学基金会管理的合作项目的大额拨款（超过 300 万美元）也在持续进行，这些拨款项目于当年晚些时候续期。尽管如此，对阿富汗事件的制裁还是传递了一个重要信息，就政府资助的项目而言，即使是科学合作也不属于受保护的范畴，尽管科学界的许多人则认为，科学合作不应有国界之分。

因此，美国对于苏联审判夏兰斯基、"迫害"萨哈罗夫以及出兵阿富汗等行径的抗议，虽然引起了公众的骚动，也使得美方采取了一些象征性行动，诸如临时禁止高层会晤和访问等，但在我所处的世界一隅，几乎没有任何实际效果。我不禁想知道，怎样做才能引发严肃重大的制裁，正如亨利·基辛格在 1972 年所说的一样，使政府间计划成为"制约因素"。[8]

最终，里根政府实施了具有约束力的制裁，不过也并不始终如一。1981 年 12 月，苏联在波兰实施戒严令，以镇压由莱赫·瓦文萨（Lech Wałęsa）领导的工人罢工运动，该运动逐渐受到以红衣主教嘉禄·若瑟·沃伊蒂瓦（Karol Wojtiła）为代表的天主教会的支持，嘉禄也就是后来的教皇约翰·保罗二世（Pope John Paul II）。因此，里根政府决定取消原定于1982年续签的所有正式政府间科技协议（或许还有其他协议）。其中包括科技、能源和太空方面的协议。

然而，有趣的是，有两项在1982年续签的协议自动续期了，分别是医学与公共卫生协议以及环境保护协议。显然，这些协议更受保护，因为它们适用的领域相对而言较为温和，与政治因素关联较小。其他三个协议则显得不是那么幸运，因为种种原因，这三个协议会更为脆弱。

科技协议必定根基不稳，因为美国政府的许多人，包括来自行政部门和国会部门的人员，都认为这项协议对于美国科学来说只亏不赢，并且可能为苏联打开了接近美国敏感技术的后门。然而出乎意料的是，政府间的空间协议也可以拿去牺牲，因为两国之间大多数宏大的太空合作（例如阿波罗－联盟测试计划）独立于这些出于政治目的的高层双边协议。而就能源协议来说，它很可能在里根政府中失宠，因为里根政府原则上反对在资助新研究方面介入过多，特别是在可再生资源方面的研究。能源协议也和上述两个协议境况相似，它不同于《和平利用原子能协议》，能源协议显然与双边关系更为密切，而且无论如何不会在1982年续签。此外，1983年，美国决定不再延长运输合作方面的协议，以此回应1983年9月1日苏联在萨哈林岛上空击落大韩航空公司007航班的事件。根据耶鲁·瑞奇蒙德的说法，“到1983年年底，在11项合作协议下的交流人员数量已经下降到1979年的20%左右的水平。”[9]

约翰·齐默曼（John Zimmerman）当时是美国国务院苏联事务部的外交事务官员，他对那段时间记忆犹新：

> 苏联于1981年12月对波兰实施戒严令之后，白宫取消了所有与苏联的双边项目。所以当我刚上任处理与苏联的科学和文化交流事务时，我花了大量的时间来为这项决定收拾残局，其中包

括与苏联商议把能源协议下合作所需的一台设备归还美国。这台设备是用于磁流体动力学合作实验的大型磁铁，作为归还这些设备的回报，苏联索要的是消费类科技产品（如录像机和家用电影摄影机）。虽然这听起来很简单，但这些谈判还是让我和各部门人员忙得焦头烂额。[10]

然而，里根政府与苏联科研合作的奇特故事并未就此结束。1983年3月8日，里根公开宣布苏联为“邪恶帝国”。[11]但就在几个月后，远在1985年米哈伊尔·谢尔盖耶维奇·戈尔巴乔夫担任苏联共产党总书记之前，政府官员就在考虑如何恢复两国关系。甚至有证据表明，里根本人也改变了主意。齐默曼说：

1983年9月，苏联击落了大韩航空007号班机，这一事件我记得非常清楚，因为事件发生后我们所有苏联事务部的工作人员都在操作中心工作，而且好像一天24小时连轴转没有休息。在1983年年末或1984年年初，我做了一个决定，如果我们要缓和两国关系，可以从科学和技术方面着手，如果我们不能恢复这方面的关系，根据煤矿中的金丝雀①逻辑推断，其他更复杂领域的关系也就没有什么希望去挽回了。所以，我写了一系列的备忘录向白宫声明，如果白宫有兴趣向苏联发出信号，至少恢复科学技术方面的合作关系，我们可以做以下几件事。

苏联事务部门的负责人是托马斯·西蒙斯（Thomas Simons），他与杰克·马特洛克大使、国家安全委员会、副助理国务卿马

① 煤矿工人过去带着金丝雀下井。这种鸟对危险气体的敏感度超过人类。如果金丝雀死了，矿工便知道井下有危险气体，需要撤离。在此指的是借两国科技领域关系是否能够缓和来推断其他领域改善关系的可能性。

克·帕尔默（Mark Palmer）以及助理国务卿理查德·伯特（Richard Burt）一同努力，将我的备忘录推上了行政管理系统的高层。我的一些提议很快就被否决了；然而，那些与科技交流项目有关的提议都反响不错，并且从上面反馈过来的信息是："给我们更多具体的方案。"

我记得我为所有协议的恢复合作都提出了建设性的步骤。这些措施进行得极其低调，但据我所知，第一夫人和国家安全委员会顾问巴德·麦克法兰（Bud McFarlane）表明希望政府在与苏联关系的恢复进程中至少取得了一些进展，而这些措施似乎对这一进程有所帮助。整个过程以里根总统 1984 年 6 月的一次演讲而宣告结束，他宣布恢复美苏在科技领域的关系。我从他的演讲初稿中摘录的一些文字在编辑过程中保存了下来，但真正令人欣慰的是，若是时机合适，一个普通的文职人员也可以对美国的外交政策产生影响。[12]

的确，这是一个独特的历史时刻，名人和政治最有力地交织在一起，虽然很少有人意识到这一点。尽管里根在公开场合言辞强硬，但其实他已经改变了主意。齐默曼继续说："此刻，总统本人的表态说明双边关系正在开始转变"：

里根就军备控制发表了电视讲话，讲话的草稿已在美国国务院苏联事务部门间传阅。我记得，托马斯·西蒙斯和马克·帕尔默是最初的起草者。然而，当总统发表演讲时，他添加了一段显然是他亲笔写的短文，讲的是一对美国夫妇和一对苏联夫妇在公交车站偶遇的故事。故事中，两对夫妇正在寻找避雨的地方……这个故事并不精彩，但他要传达的信息却很明确。在他看来，尽管我们的政治制度有所差异，但在个人层面上，共同的人性让我们团结在一起。话虽如此，我和我的同事都很震惊总统会对苏联传达这样一种“前瞻性”的看法。当然，我们中没有人有胆量在他的讲话中插入这种性质的观点。[13]

1984年1月16日，就在大韩航空公司007号班机事件发生几个月后，里根在白宫东厅发表了这段讲话：

二十多年前，肯尼迪总统表明了一种态度，此表态在今天仍旧影响深远。他说：“我们要关注我们的差异，但也更要关注我们的共同利益和解决分歧的途径。”

这些差异指的是政府结构和理念上的不同。共同利益则与世界各地人们的日常生活息息相关。假设在我看来，伊万和阿妮娅可以与吉姆和萨莉在同一个屋檐下躲避暴风雨，他们之间也没有语言障碍，可以相互认识且毫无阻碍。那么他们接下来会讨论各自政府之间的差异吗？或者他们会聊起关于自己孩子的点滴，分享彼此的生活吗？

在他们道别之前，他们可能已经聊过了彼此的愿景和爱好，聊他们对子女的期望，还会聊维持生计的问题。当他们分道扬镳的时候，也许阿妮娅会对伊万说：“她人还不错，还会声乐教学。”吉姆也会和萨莉聊起伊万欣赏他老板身上的什么品质，讨厌他老板身上的什么缺点。他们甚至可能决定好不久以后在晚上聚一聚吃个晚饭。最重要的是，他们也会证明人类不会发动战争。

人们希望在一个没有恐惧和战争的世界里把自己的孩子抚养长大。除了维持生计之外，他们还想拥有一些美好的事物，来让生活充满意义。他们想学习某项技艺或是从事某项职业，让他们得到满足感与价值感。他们的共同利益跨越了所有的界限。[14]

亨利·威廉·布兰德斯(H. W. Brands)曾为里根写过传记，他为齐默曼对里根在苏联问题上立场的看法提供了权威的确证。里根对于苏联问题上的态度并不是绝对负面的。布兰德斯写道："里根没有算计些什么，但他很精明。"换句话说，里根在对苏联问题上保持强硬姿态的同时，也已经察觉到变革的时刻即将到来。根据布兰德斯所述：

> 其他政府会让不同的人来唱白脸和红脸……里根则同时扮演两种角色，在言语上激进，在行动上却温和。他在电视摄像机前猛烈抨击苏联背信弃义的行径，态度也十分严肃认真。但他对苏联采取的实质性措施却非常温和。他只是暂停了俄罗斯航空公司在美国的着陆特权，并推迟了一些美苏双边协议的谈判。但除此之外，一切如常。
>
> 这一举措成效十分显著。里根重申了美国在道德高地对苏联的要求，这在政治上对他自己有利，也对美国有利。但里根一直认为，苏联领导人更注重行动而不是言辞。里根为今后的谈判留出了大门。[15]

因此，虽然里根对苏联的态度强硬，但他对其所采取的行动却截然不同。显然，里根非常希望把苏联带到谈判桌前，讨论军备控制问题。1985年，他在雷克雅未克峰会(Reykjavik Summit Meeting)① 上会见了苏共总书记戈尔巴乔夫，两国关系再次开始解冻。在尚存的双边项目中，两国继

① 雷克雅未克峰会是1986年10月11日至12日在冰岛首都雷克雅未克举行的美国总统罗纳德·里根与苏联共产党总书记米哈伊尔·戈尔巴乔夫的首脑会议。谈判最终失败，但是所取得的进展最终促成了1987年美国和苏联之间的《中程导弹条约》的签署。

续科研合作，发展迅速。国家科学基金会之类的机构中，即使一些特殊项目和相关的专项基金被中断，科学家个人的合作仍然不受影响（通常是通过他们的标准研究基金获得资助）。

到 1987 年，两国的政治关系已经得到了充分的改善，国家科学基金会和国务院甚至有机会协商发起一项新的政府间基础科学研究协议，以取代 1972 年的科技协议。作为国家科学基金会的高级项目负责人，我亲自参加了 62 次跨部门会议。会议由科学技术政策办公室主持，为在美方取得共识，这些会议必不可少。我还参与了与苏联就达成该协议进行的所有谈判。在最后一刻，由于时任总统的科学顾问威廉·R. 格雷厄姆（William R. Graham）持反对意见，协议签署的过程有一些曲折，他试图在签署协议的当天妨碍签署程序。格雷厄姆坚持要再次讨论“基础研究”的定义，而这个问题美苏双方在长达一年的谈判中一直争论不休。所幸这个问题已经正式解决了，至少我们是这么认为的。

美国政府内部在最后一刻僵持不下，代表团团长理查德·J. 史密斯（Richard J. Smith）因此被传唤至国家安全委员会，他当时是国务院负责海洋和国际环境与科学事务的助理国务卿。在听取了科学技术政策办公室工作人员和美国贸易代表办公室的意见并进行了反驳后，史密斯毅然开始了签署协议的程序。[16] 几天后，他回忆道，国务卿乔治·舒尔茨（George Shultz）写信给他说：“事实上，一些机构在他们已经同意（签署协议）之后退出，这就是他们的问题，而非我们的问题。”[17] 新的基础科学研究协议最终由两国外交部部长签署，我又回到了国家科学基金会，负责管理美苏科学合作。我不知道这种混乱在国际谈判中发生过多少次，即使我参与过多次与苏联的谈判，也从来没有见过这样糟糕的混乱局面。

同样，1987 年 4 月，两国政府同意签署《关于为和平目的探索和利用外层空间的合作协议》，以此填补太空合作领域的空白。此前，在 1972 年召开的莫斯科首脑会议上签署的《太空协议》被取消（于 1982 年被里根政府取消），因此导致这一合作领域产生了空白。正如苏珊·艾森豪威尔（Susan Eisenhower）对美苏太空合作所描述的那样，到此时，两国关系已充分解冻，太空合作已重回谈判桌。[18]

在那些动荡的年代里，当国际关系恶化时，是外交政策使得正式的科学合作项目落地，而这些项目有时也会在不久之后成为改善两国关系的领头羊。无论如何，它们似乎并没有在苏联的行为中构成“制约因素”，[19]而此前亨利·基辛格于1972年在国会上却宣称这些合作项目可以在任何方面制约苏联的行为。当这些合作项目被当成“棍棒”来惩罚不良行为时，却只不过是轻微的警告，不痛不痒。这些合作项目随着两国关系的解冻而重新开展。实际上，是苏联国际行为的改善使这些合作项目得以开展，并非后者的开展迫使前者改善其行为。在戈尔巴乔夫的领导下，苏联改革前景黯淡，即将面临崩溃，这也使得两国合作项目有了重新开展的诱因。虽然没有人注意到，但基辛格主义已经彻底失去了可信度，即使是这样，基辛格主义仍然在决策者、立法者、外交官和其他人的观念里根深蒂固，影响深远。人们对科学合作通常抱有过高的政治期望，其实际效益却往往达不到期望值，因而二者之间产生了脱节。这种脱节是我在政府内外工作数年中遇到的最大的职业性危害之一。它并不始于基辛格，当然也非以他为终点，但他的从政生涯极为清晰地将这种危害展现了出来。

注 释

[1] 夏兰斯基移民到以色列后更名为纳坦·夏兰斯基（Natan Sharansky）。

[2] Ailes and Pardee 1986，第34页。被捕的美国人是万国收割机公司的雇员弗朗西斯·杰伊·克劳福德（Francis Jay Crawford）。苏联当局指控他违反货币法。这是预料之中的报复行为，在美国以间谍罪逮捕了两名在新泽西的苏联雇员之后，苏联外交部长安德烈·葛罗米柯（Andrey Gromyko）对此作出了报复，详

见 Maggs 1986 与 Gwertzman 1978。

[3] 萨格捷耶夫后来娶德怀特·艾森豪威尔总统的孙女苏珊·艾森豪威尔为妻，并于20 世纪 80 年代后期移居美国，并与马里兰大学帕克分校建立了联系。

[4] 我以美国行政协调员的身份随物理工作组前往莫斯科。我以前从未有过在鼻子上长冰柱的经历，希望以后再也不要发生了。

[5] 请参阅第 4 章标题为《一封信引发的雪崩》的部分。

[6] Ailes and Pardee 1986，第 34 页。

[7] 1979 年 10 月，我从国家科学院转到了国家科学基金会的国际项目部门。

[8] Ailes and Pardee 1986，第 11 页。

[9] Richmond 1987，第 78 页。

[10] 2015 年 9 月 30 日，与约翰·齐默曼的访谈。

[11] Reagan 1983.

[12] 齐默曼的访谈。

[13] 同上。

[14] Reagan 1984.

[15] Brands 2015，423.

[16] 整个事件记录在 Smith 2009，第 81-84 页。

[17] 同上，第 84 页。括号中的内容是史密斯插入的。

[18] 详见 S. Eisenhower 2004，第 18-20 页。也请参阅 Albrecht 2011，89-91 页。

[19] Ailes and Pardee 1986，第 11 页。

4

陨落之后：新时代，新方法

1991 年 12 月 26 日，苏维埃社会主义共和国联盟正式宣告解体，正如俄罗斯总统普京所说，这是“20 世纪最大的地缘政治灾难”。[1] 苏联突然消失在历史的尘埃中，极大撼动了俄罗斯和其他苏联加盟共和国的科学技术发展。[2] 苏联科学界以任何标准衡量都是世界上规模最为庞大的科学界，[3] 到 1991 年为止，拥有超过 150 万名科学家和工程师，[4] 囊括数千个隶属于政府部门和科学院的科学研究机构。在苏联解体后，整个科学界突然间被切成了 16 个独立的部分。

1991 年苏联解体后，科研体系陡然崩塌。几十年来，军事科研经费一直是科研体系的支柱，如今却几乎在一夜之间完全枯竭，让成千上万名科学家无所适从，面临艰难残酷的抉择：要么继续坚持科学研究，如果这样，他们就必须思考如何依靠微薄的收入（一般而言，不超过 20 美元一个月的收入）和物物交换来维持生计；要么就选择移民，加入到已经历时多年的“人才流失”的队伍中去，特别是犹太血统的科学家更应如此。确实有许多人选择了后者，但从长远来看，他们设法在国外建立了牢固的业内联系，可以说是为数不多的幸运儿。然而，更多的科学家选择了“国内移民”，即完全放弃科学。一些人利用自己的数学才能找到了银行和金融行业的高薪工作，但绝大多数人从事的是收入微薄的工作，比如驾驶出租车和公交车、看守仓库等。

这场危机不仅对普通群众影响巨大，也对科研机构贻害无穷。所有研究机构部门，先前满是为研究而忙碌的科学家和技术人员，现在空无一人，像是鬼城一般。不过随着时间的推移，一些科研人员突然想到可以将弃置的场地租给商业企业来赚取收入。这种迫不得已而采取的“聪明”做法，导致研究机构在 20 年内瓦解。然而科研机构和科学家自己也很难投入商业活动，并迅速将工作重心转到赚取资本上来，这完全是另一码事。实际上这也毫无可能。这方面的经验和人才有着根本性的缺失，因为他们被苏联由计划经济支撑、军事驱动的科研体系自上而下所压制。[5]

苏联解体后的科学界犹如涸辙之鲋，陷入了窘困境地。西方政府担心那些曾在秘密研究机构研发过大规模杀伤性武器（包括核武器、化学武器和生物武器）的科学家们可能会把他们研究过的技术出售给危险政权或恐怖组织。对一些人来说，还有一个道德和文化层面的问题，即俄罗斯历史上的一大“瑰宝”——知识分子面临着突然灭绝的境地。在俄罗斯国内外，许多人都认为，这样的人和其科研态度可以为新兴俄罗斯的民主社会提供核心支持。然而，由于苏联解体，意识形态强制力消失，粗糙的市场法取代了政府对经济的独裁，这些因素导致科学界突然陷入贫困之中，而这贫困在现实社会中几乎摧毁了所有特权优待或崇高使命。这是一种耻辱与贬损，而现在的重心仅仅只是为了谋生存。

与此同时，西方国家在科学技术等领域的合作战略也将发生巨大变化。苏联从一个强大的对手一夜之间成为需要援助的对象。这种战略转变背后的动机复杂多样且迥然不同，有时甚至相互矛盾。如上所述，其中一个动机是出于对苏联规模庞大的科学机构瓦解的担忧。另一个动机则是出于对

“人才流失”威胁的担忧，这一威胁体现在两个层面上：在平民中，大批苏联科学家涌入美国的大学校园，与美国（以及其他外国）科学家争夺稀缺的工作岗位；更为棘手的是，曾研究过大规模杀伤性武器且具有才干的科学家会将其技术出卖给最佳出价者。在这两种情况下，许多人认为对于全球安全来说，帮助改善苏联解体后的国内局势显得更为可取，同时也至关重要。最后，在西方对苏联解体的欢欣鼓舞中，以美国为代表的西方世界逐渐衍生出一种观点，认为可以按照自己的形象去重建这些苏联解体后独立出来的国家，向它们注入市场经济（包括发展基于技术创新的“知识经济”）和民主制度。斯蒂芬·F. 科恩则认为这种愚蠢的假设很可能从一开始就注定要失败。[6]

简而言之，在苏联解体之后，随之而来的是平静的政治革命，是以美国为代表的西方国家与苏联持续几十年合作方式的一场革命。本章讲述了美国和苏联解体后独立出来的国家之间新出现的对科研合作目标与方法的见解，它们采取的形式相当出人意料，在之前也难以想象。

双边政府间计划以新的方式继续

1991 年之后，双边科研合作的第一个进展是努力维持正式政府间协议的框架（至少在美国和俄罗斯之间是如此），这种努力显得毫无新意。20 世纪 70 年代初，尼克松与基辛格开创的缓和时代中发起的美苏双边政府间项目重新开展，只不过主体变成了美国和俄罗斯联邦（除此之外，美国也有与苏联签署其他政府协议）。早期项目涉及的范围仍然广泛，如下可见：

•《科技合作协议》（*Agreement on Science Technology Cooperation*）（签署于 1993 年 12 月 16 日）

•《公共卫生和生物医学研究领域合作协议》（*Agreement on Cooperation in the Fields of Public Health and Biomedical Research*）（签署于 1994 年 1 月）

•《为尽量减少放射性污染对健康和环境的影响而开展的辐射影响研究合作协议》(*Agreement on Cooperation in Research on Radiation Effects for the Purpose of Minimizing the Consequences of Radioactive Contamination on Health and the Environment*)(签署于 1994 年 1 月)

•《保护环境和自然资源领域合作协议》(*Agreement on Cooperation in the Field of Protection of the Environment and Natural Resources*)(签署于 1994 年 6 月)

•《燃料和能源领域科技合作协议》(*Agreement on Scientific and Technical Cooperation in the Fields of Fuel and Energy*)(签署于 1992 年 6 月)

•《关于为和平目的探索和利用外层空间的合作协议》(*Agreement Concerning Cooperation in the Exploration and Use of Outer Space for Peaceful Purposes*)(签署于 1992 年)

•《和平利用原子能科技合作协议》(*Agreement on Scientific and Technical Cooperation in the Field of Peaceful Uses of Atomic Energy*)

•《海洋研究合作协议》(*Agreement on Cooperation in Ocean Studies*)(签署于 1990 年)[7]

这些政府间项目在戈尔 - 切尔诺梅尔金委员会相对宽松的管理下进行，该委员会一直持续到克林顿政府结束以及弗拉基米尔·弗拉基米罗维奇·普京成为俄罗斯总统为止。正如在《海洋研究合作协议》一样，一些协议下的活动进展较快，该协议下的研究议程与大规模的跨国项目相挂钩。在其他协议方面，正式协议诸如《科技合作协议》等为新型国际关系架构了桥梁，例如美国国家科学基金会就与新成立的俄罗斯基础研究基金会建立了联系。然而，在《和平利用原子能科技合作协议》中，因为两国政府多年来就如何处理事故责任及其他损害赔偿责任的问题上未能达成共识，合作进度停滞不前。这个难题使许多人迷惑不解，但有人认为，这背后隐藏着更深层次的问题。

科学院间交流项目是冷战时期科学家们往来交流的核心工具，它在冷战结束后仍持续了 18 年之久。但是，20 世纪 90 年代和 21 世纪初，国际氛围更加开放，对经由官方赞助的结构化项目而进行科学家个人访问的需求已经减退，取而代之的是通过直接性的学术任命来支持互访活动，世界上其他国家所采取的措施也是如此。到 2009 年，科学院间交流项目结束了。有人可能会说，冷战时期酝酿的仇外情绪和镇压情绪，使得备受尊敬的科学院间交流项目得以出现，而此时这两种情绪却又重新回到了俄罗斯。

在介绍本节时，我提到过，政府间协议继续开展固然重要，但却是 1991 年以后双边科研合作中最不引人注目的进展。新型合作项目各个环节都与之前大不相同：基础理念和目标、项目管理、大型的第三方项目首次亮相、资金来源和资金流动，所有这些都打破了冷战时期精心设计的模式。用一位曾经深刻经历过这两个时期的国务院科学官员的话来说，“一切都发生了天翻地覆的变化。”[8]

一封信产生的巨大影响

西方应对 1991 年后苏联科学危机的历史始于一封并不起眼的信函，该信函是由欧洲核子研究组织总干事卡洛·鲁比亚（Carlo Rubbia）写给法国总统弗朗索瓦·密特朗（François Mitterrand）的，信中表达了救助俄罗斯基础科学的迫切呼吁。就国际科研合作的历史而言，这可能是迄今为止所写的最富有经济效益的信函。

随着苏联解体，由大量军事资金支持其科学研究的科研体系也随之瓦解，不过早在大厦将倾之前，苏联科学家就已预见了不祥之兆。危机迫近，其实人人早已心知肚明。

这些科学家中就包括一群在欧洲核子研究组织工作的苏联物理学家，由著名的俄罗斯理论物理学家列夫·奥昆带领。1991 年 8 月，奥昆起草了令人印象深刻的《救助俄罗斯基础科学的呼吁》，[9] 呼吁建立一项大型应急基金，这成了 1992 年俄罗斯进行基础研究所需的资金支持（这是后话，暂且不表）。该呼吁进一步明确指出，这些资金不应该由研究所以传统方式自上而下提供，而是应通过项目化资金，依据个人工作绩效来资助研究人员。鲁比亚于 1991 年 9 月 26 日向密特朗寄送的信函中传达了这一呼吁[10]，一周后密特朗批准了其提议。伊琳娜·德芝娜（Irina Dezhina）对那段时期的历史记载中写道："不过，这件事后来在政府官僚机构中暂时被搁置了。"[11]

鲁比亚在信中指出："俄罗斯科学的贡献是欧洲乃至整个人类文化遗产的一部分……门捷列夫（Mendeleev）、巴甫洛夫（Pavlov）、罗巴切夫斯基（Lobachevski）、卡皮察（Kapitsa）、朗道（Landau）、萨哈罗夫等许多伟人的学术贡献在多个学科领域的一流学派中得到积淀。他们的消失，不仅对俄罗斯来说损失巨大，对世界科学和文化也是如此。"[12]

为了补救这一危急境况，鲁比亚继续写道："我们需要建立一个国际基金会，来资助俄罗斯科学中最优秀的领域，从而确保俄罗斯科学与西方科学合作可以成果丰硕。"[13] 信中首次提到一个新机构——一个独立的国际基金会，使其为俄罗斯科学最优秀的领域提供应急资金。使用俄罗斯一词而非"苏联"在现在看来确实听上去有些刺耳，但是在欧洲核子研究组织工作的那群俄国科学家毕竟是俄罗斯人，况且在 1991 年 9 月，未来苏联的地理划分变成了什么样子，他们完全未知也无从知晓。

尽管鲁比亚的信中没有提及资金的具体金额，但我清楚地记得当时看到了另一份文件，我认为那是在欧洲核子研究组织工作的俄罗斯科学家们最初向鲁比亚发出的呼吁的案文，其中指定了 1 亿美元的资助金额。德芝娜写道："1 亿美元这个美妙数字首次出现在该文件中，许多目睹了之后有关苏联科学家援助项目的讨论过程的人说，这一数字在讨论中被频繁提及。"[14] 在本章的下文，我们还会看到这个数字，以及其他巨额资金，这些资金之前在支持俄罗斯科学领域中并不可能出现。《鲁比亚－奥昆倡议》（以下简称《鲁比亚－奥昆》）是具有远见的历史火花，在接下来的20年中，它为苏联解体后的科学家提供了巨大支持。

许多人对与俄罗斯科研合作目的的想法发生了显著转变，从而推动了资金额度和活动质量的提升，而这一转变比资金与活动本身更为重要。理解这一点极为关键，因为在我看来，它在一定程度上解释了其中一些项目的命运。从某种意义上说，在苏联解体之前，1991 年 9 月所拟定的《鲁比亚－奥昆》就为合作项目定下了基调。这一呼吁是“为了救助俄罗斯的基础科学”而发出的紧急援助。于是便产生了这样一种观念，即西方不仅要与俄罗斯进行科研合作，[15] 而且要向俄罗斯提供援助，这符合西方的利益。我们将会看到，在后苏联时代的科学关系中，这一理念会铸就一些辉煌的成功，也会导致一些惨淡的失败。

美国政策的一项根本性调整

这一私人呼吁在国际科学界逐渐流传开来时，美国政府正在对其政策进行重新评估。1992 年年初，里根总统的科学技术顾问 D. 艾伦·布罗姆利（D. Allan Bromley）委托美国国家科学院进行了一项研究，即“思考如何保存苏联的基础科学实力”。3 月 3 日召开了一场研讨会，经过一天的讨论，约 120 名美国顶尖科学家和工程师拟定了一份最终报告，报告中提出了一系列措施，旨在支持苏联科学，关键目的有两个：建立民主制度和防止“人才流失”。寄给布罗姆利通信报告的主要内容如下：

> 经济振兴对于成功过渡到由开放稳定的市场驱动的民主社会来说至关重要，而苏联的科学家和工程师将在经济振兴过程中发挥关键作用，这符合美国的经济和安全利益，因为美国可以利用

> 其在民用领域面临的新型科学技术挑战，将苏联专家的技术才干从军事研究转移到别的领域中去。为了缩减和转移苏联对军事研发的努力，同时提高美国民营经济中的科技含量，需要同时为苏联军事科学家和非军事科学家提供新的机会，特别是提供与美国科学家合作的机会。这些合作机会还可以借由苏联的专家来拓宽美国的前沿知识，而这些前沿知识则与美国科学界和美国商界直接相关。[16]

这套目标和35年前与苏联科研合作的目标大相径庭。公平地说，美国国家科学院报告并不是用这些新目标替代互利科研合作的传统模式，相反，这是一次新目标对传统目标的覆盖。但是，这却是对美国在科研合作领域的利益和政策的重大调整。虽然报告提到了要提高所有项目的预算资金，其中也包括传统的合作项目，但报告也建议，到目前为止，所有增加部分的资金应该主要投到防止核扩散与援助项目上。[17]实际上，未来几年，几乎所有可用的新增加资金都投入到这些领域中去。[18]

实验室科学家与科学学会

当决策者考虑这些战略问题时，最先迈出一步的是科学家和科学学会，而非政府。据我所知，最先做出反应的是核物理学家，他们来自美国能源部下属的两个实验室，分别是：劳伦斯利弗莫尔国家实验室，位于加利福尼亚州；以及洛斯阿拉莫斯国家实验室，位于新墨西哥州。[19]作为美国领先的核研究和核武器实验室，这两个机构此前已经与苏联对应的机构建立了非正式的联系，这些机构包括了研究院以及原子能部的研究机构，甚至与一些所谓封闭的城市中的机构也建立了联系。

这些封闭城市中的机构是秘密设立的军事机构，其存在并未得到官方认可，以附近人口中心的名称以及以这些机构与附近人口中心的距离而命名，例如“车里雅宾斯克 72”号和“阿尔扎马斯 16”号。在这些军事机构中，对敏感问题——核武器进行了基础和应用研发。奥昆与他在欧洲核子研究组织以及美国实验室工作的俄罗斯同事之间也有可能存在个人联系。尽管如此，利弗莫尔的科学家早在 1991 年 12 月就响应了来访的俄罗斯同事的求援呼吁，用自己的个人资源为他们提供了资金援助。

此后，实验室的科学家很快成为美国政府与苏联（尤其是俄罗斯）建立联系的半官方式先锋，而这也是出于对其核武器库安全的深切担忧。洛斯阿拉莫斯实验室当时的主任西格弗里德·赫克尔（Siegfried Hecker）说：

> 在 1991 年 12 月，时任美国能源部长的沃特金斯（Watkins）海军上将与总统老布什开完内阁会议回来时说：“总统提出了他对苏联解体后俄罗斯核武器科学家潜在人才流失问题的担忧。”他继续说：“总统想知道我们要采取什么措施来挽救这一局面。”
>
> 我有一年多的时间一直在俄罗斯那边试图解决这一问题，我说：“沃特金斯海军上将，我们为什么不去问俄罗斯那边的人呢？在那边我有认识的人。你想，我是这里的实验室主任，如果我实验室的人遇到了麻烦，我会想出一些应对策略。那我们为什么不去问问他们，看看他们的想法是什么？”
>
> 那一天是 1991 年 12 月 16 日，沃特金斯回应道：“我们走吧，赶在圣诞节前解决！”[20]

赫克尔和利弗莫尔实验室主任约翰·纳科尔斯（John Nuckolls）试图通过这次访问促进美国和俄罗斯武器科学家之间的关系，这种关系逐渐发展，后来就有了广为人知的“实验室对实验室”项目（lab-to-lab）。它们在未来几年中作为科研合作以及与安全相关的合作渠道，发挥了极其重要的半独立作用，这将在本章和其他章节中进行讨论。

接下来做出回应的是科学学会。[21]其中尤其包括美国物理学会、美国天文学会以及美国数学学会，这些学会从会费、会员直接捐赠以及外界捐款（包括艾尔弗·斯隆基金会、美国国家科学基金会以及乔治·索罗斯）中筹集了大量资金。德芝娜的报告显示说，通过这种方式，美国物理学会筹集资金130万美元，美国天文学会筹集资金大约40万美元，美国数学学会也筹集了大约40万美元资金，以支持救助俄罗斯科学。这些学会还成立了国家及国际科学家委员会，接受各界的援助资金提案，择优选用，同时向数千名苏联科学家提供每月30—100美元不等的资助。他们还将这些资金用于其他用途，例如购买电脑和分发期刊。

美国科学学会的这项史无前例的工作十分引人注目，不仅因为其筹集的资金以及为苏联同僚带来的助益，还因为这项工作的方式。在此之前，竞争性资助的概念在苏联科学领域没有任何意义，因为研究资金一直是自上而下分配的。从这些学会的援助工作开始，“Грант”（英文“grant”）这个词就出现在了俄语中。不仅如此，捐助者还竭尽全力确保基金数额不会因税收或贪污而减少。在免除税收方面，他们获得了俄罗斯政府的许可，一开始只是非正式的允诺，后来在税法中正式将外国科研经费的税收免除了。这项免税政策始于1992年，促使各个学会募集约200万美元的紧急捐助，并在未来20年惠及了所有科学援助工作，也为国际项目开展铺平了道路，给俄罗斯和苏联其他加盟共和国带来了数十亿美元的资金支持。这项政策就从这时开始了。

在那些动荡的早年，将资金从一个地方转移到另一个地方也远非一件简单的事情。首先，很显然，出于对正式的扣缴税款程序和贪污现象的担忧，这些资金不能通过俄罗斯的研究机构分配。据闻，一开始，一些学会的美国科学家，甚至是美国国家实验室的科学家，会把二十美元面额的现金放在袜子里偷偷带走。（即便美国物理学会因此建立了正式的银行程序）[22]随着时间的推移，规模更大、更为正式的项目开始出现，开发出自己精心设计的管理系统，并选定俄罗斯当地的银行与之合作，将资金直接交付给受助者。那时候，这些学会和其他组织经常借助这些渠道来划拨资金与递交其他类型的资助。

科学学会的创举，为随后开展的更大规模的援助与合作项目奠定了重要基础，其历史意义之重大，怎么估量也不为过。这些科学学会在苏联各个加盟共和国首创并实施了由研究者发起的竞争性科学资助基金；它们为外国科研资助撬开了一个小小的税收洞口，却未曾料想这一洞口成了一道闸门，为援助与合作项目注入了大量资金。科学学会的工作充分说明，有必要建立正式的财政与行政系统，以可靠、负责和透明的方式提供资金等援助支持。

在上述个人和团体倡议开展的同时，鲁比亚和奥昆提出的具有重要意义的倡议也处于讨论之中，该倡议提议将调拨 1 亿美元基金来援助俄罗斯科学家。到 1992 年年初，该倡议细分为至少四个独立的分支，每项分支的资金为 2500 万美元到 1 亿美元不等。

按时间顺序，《鲁比亚 - 奥昆》的首个实际成果产出于 1992 年 2 月所召开的一次会议，即美国国务卿詹姆斯 · 贝克（James Baker）与俄罗斯联邦总统鲍里斯 · 叶利钦举行的会议。出于对俄罗斯的军事机密有可能泄露给"第三世界"国家的担忧，[23] 美国提议成立一个多边机构，其资金来自美国（2500 万美元）、欧盟（2900 万美元）以及日本（1700 万美元）。1994 年，国际科学技术中心在此基础上成立。

这里需要注意的是，《鲁比亚 - 奥昆》并没有提及任何类型的军事或核研究。它明确指出以美国国家科学基金会通常资助的基础科学研究为导向，而以更加"应用性"的研究为导向。然而，在俄罗斯和美国，基础研究领域和国防研究领域的理论物理学家之间的关系密不可分，建立了特别活跃的信息和关注渠道。因此，我们有理由假设，而且我当时也持有这种观点，即政府和学术界普遍认为，西方国家提供的大规模支持是为了缓解因苏联科学体系崩溃而引发的各种危机。

1992 年 2 月，俄罗斯科学院院长尤里・奥西波夫（Yuriy Osipov）到访美国加州众议院议员乔治・布朗（George Brown）的办公室，《鲁比亚 - 奥昆》的第二项分支开始了。布朗是众议院科技委员会主席，同时也是国际科学合作的热切倡导者。奥西波夫呼吁美国政府设立一项援助基金。布朗是一位炉火纯青、成效卓著的立法者，他于 3 月 24 日推行了 HR 4550 法案，授权成立一项“具有捐赠性质、非政府、非营利的基金会，以此鼓励和资助美国和俄罗斯、乌克兰、白俄罗斯以及苏联的其他加盟共和国之间的合作研发项目。”[24] 该法案要求在 1992 年、1993 年、1994 年和 1995 年财政年度各拨款 5000 万美元。于是《鲁比亚 - 奥昆》第二项分支就此产生。一年后，根据这项法案成立了美国民用科技研究与发展基金会，即现在的全球民用研究和开发基金会。

接着，在 1992 年夏天，法国总统密特朗在回复鲁比亚和奥昆写给他的信时，承诺法国会向一个新的国际组织捐款 2700 万美元[25]，这个国际组织后来陆续有其他欧盟国家加入，促进与苏联科学家合作国际协会就此成立。[26]

1992 年 12 月，美国慈善家和金融家乔治・索罗斯宣告了《鲁比亚 - 奥昆》最后一项分支的到来。索罗斯在 9 月份大赚一笔，净收入将近 10 亿美元，他决定将一部分收益捐给一项基金，以援助苏联的科学事业与科学家。这就是国际科学基金会的起源，该基金会资金最初定为 1 亿美元，在其短暂的运作期限内（1993—1996 年），为俄罗斯（约占其资助资金的 80%）和苏联其他加盟共和国的科学领域提供了超过 1.4 亿美元的捐助和基础设施支持。

如果我们简单地计算一下本节中提到的原始数据，我们会发现，从鲁比亚和奥昆在信中呼吁筹集 1 亿美元的基金开始，短短一年时间里，相关资金投入与正式的立法授权迅速增长，几乎是这项基金数额的4倍，以此解决苏联解体引发的科学界危机。这些项目都得到了落实，尽管其中一些（例如美国民用科技研究与发展基金会）未达到最初预期的水平。但是久而久之，这些日积月累的努力所带来的影响是空前深远的。

除此之外，机构主体的数量和性质也发生了巨大变化。在冷战时期，美苏之间的科学关系是由一个半私有的机构——美国国家科学院主导的；而在缓和时期，庞大的政府机构也参与其中；苏联解体以后，个人、科学学会、大型非营利组织和跨国公司的活动则开始激增。这一分层效应在本书第1章中进行了说明，它不仅体现了援助努力和资金水平的巨大突破，而且还表明了美国在这段历史中与苏联科研合作的参与度。

项目背后的理念也在各个时期发生了显著变化。在20世纪50年代和60年代，艾森豪威尔的愿景是让普通公民跨越政府，更好地理解彼此及其社会。在20世纪70年代和80年代，即缓和时代，尼克松与基辛格希望利用科学合作来影响苏联的国际行为，这种理念成了美国高级政府官员思想的基础。1991年以后，项目主要的模式是提供援助，既可以防止大规模杀伤性武器的扩散，也可以在苏联的土地上播下自由和民主的种子。从整体看，所有这些项目似乎都有一个共同的目标，那就是使世界局势变得更加安全。但是仔细考量，会发现这些活动的形式和内容各不相同。

在下一节中，我将详述美国与俄罗斯的主要科研合作项目以及援助项目。每一个项目都采用了全新的方法，将大量资金用于处理新的情况。我花了一些篇幅来描述这些项目的情况，因为据我所知，其他印刷出版的书籍中从未讨论过类似内容。在某些案例中，比如美国民用科技研究与发展基金会，任何类型的公共史料都从未对其进行过详细描述。

新型项目的兴衰

国际科学基金会

1992 年感恩节前夕，我受国家科学基金会召集，到美国科学促进会（American Association for the Advancement of Science）参加一个会议，听一位我从未听说过的金融家和慈善家乔治·索罗斯演讲。他大胆而富有远见地描述了他的愿景：为苏联最优秀的科学家提供大规模的紧急资金支持。

出于我一贯的做法，我毫不客气地打断了他，有些怀疑地问他打算为此投入多少钱。“一亿美元，”他回答道，于是我就闭嘴了。12 月 9 日，他在莫斯科举行的新闻发布会上宣布他的新项目——国际科学基金会正式成立。那个月晚些时候，在庄严的美国国家科学院大会堂，索罗斯找到我，并提议让我暂时在国家科学基金会休假，去担任其基金会的首席运营官。我目瞪口呆，小声咕哝道：“嗯……好吧，我不胜荣幸。”就这样，我开启了自己职业生涯中最为传奇动人的全新篇章。

然而，如果知道救助俄罗斯科学界根本不是索罗斯的主要目标，许多人会感到惊讶。他于 2000 年 4 月在《纽约书评》上发表了一篇精彩的文章，[27] 文中写道，他的主要目标远比这深远得多。事实上，救助其科学更像是一个临时目标，而非根本目的。当时，索罗斯对“强盗资本主义”在俄罗斯的出现深感忧虑。他曾试图说服国际货币基金组织拨出 150 亿美元的贷款，为俄罗斯政府向数百万俄罗斯退休工人支付欠下的养老金，当时这笔养老金相当于每月分期向每位工人支付 8 美元，但这项尝试以失败而告终。他在 2000 年写道：“我的提议没有得到认真考虑，因为它不符合国际货币基金组织的运作模式。所以我开始向大家证明，国外援助可以发挥作用。”[28]——通过设立国际科学基金会。“我支持科学家的理由很复杂，”

他继续写道，“我想证明外国援助可以取得成功。我之所以选择科学界作为示范领域，是因为我可以取得国际科学界成员的支持，他们愿意为评估研究项目贡献时间和精力。但是紧急援助的分配机制本就可以为退休人员和科学家提供帮助。”[29]

索罗斯承认，还有其他一些原因，与科学家们为帮助自己的同僚的出发点类似，比如保护优秀的传统知识以及独立不同的思想，还有避免核战争爆发。[30]但是，绝非后见之明，这些也并不是索罗斯创建国际科学基金会的核心目标。

据我所知，索罗斯建立国际科学基金会还有一项尚未言明的原因，那就是他厌倦了世界各国政府开空头支票，对苏联的科学家提供紧急援助一事只是口头承诺却不采取实际行动。但是索罗斯没有袖手旁观，毕竟 1 亿美元不是他凭空想象出来的。该项基金自提出以来已有大约一年之久，最初是由鲁比亚发起的。虽然索罗斯个人可能不知道《鲁比亚 - 奥昆》这份文件，但他的一些随行科学家肯定知道。同样，在 1992 年年初，美国国会议员乔治·布朗发起了一项关于“美俄”（Amerus）基金会[31]的立法，该基金会将在 4 年内得到 2 亿美元的慷慨资助。但无论是在俄国政府还是美国政府，这种倡议都没有在极其紧迫和敏感的形势下产生任何切实的效果。

在这种情况下，索罗斯创立的国际科学基金会作为慈善基金会最重要的角色之一，完美诠释了如何在政府不能或不愿干预的情况下介入解决紧迫的社会问题。在 20 世纪 80 年代，索罗斯就曾在南非协助解决过社会问题，当时他创办的开放社会研究所是反种族隔离运动的主要资助者之一。随着苏联共产主义的式微，索罗斯意识到有必要在这些国家建立并巩固民生社会，使其成为支撑民主的关键支柱。于是他随即让开放社会研究所在苏联和东欧推进这一任务进程。国际科学基金会复制了开放社会研究所的运作模式，不过援助范围换成了科学领域，这对于索罗斯来说是前所未有的经历。他却似乎常常对此感到不太自在，因为我不止一次听他抱怨，说资助科学应该是政府的工作，而不应该由慈善机构越俎代庖。实际上，苏联科学界的资金危机（尤其是在俄罗斯）已有了走出低谷的迹象（这也大部分得益于他自己的努力），他就终止了国际科学基金会的大部分主要援助项目，并重返到他真正热爱的工作上去——对民生社会的支持。

国际科学基金会最为著名的项目可能是紧急拨款项目，该项目富于创新意义。这一项目的负责人是亚历山大·戈德法布（Alex Goldfarb），他设计了一个简单、快速、科学化的指标，来直接授予这些资助：所有仍然居住在苏联各加盟共和国的科学家，只要能在国际同行评议的文献中发表至少三篇科学论文，就可以获得500美元的资助。1993—1995年，国际科学基金会总共颁发了26145项此类资助金，再加上表彰集体成就的相关资助，总额超过1500万美元。这些快速拨款对于西方来说不过九牛一毛，但在苏联经济崩溃之际却发挥了巨大的经济杠杆作用，足以支撑整个家庭一年的开支，而此时大多数苏联科学家从他们的研究所获得的月薪是20美元左右，或者根本没有薪资。

索罗斯的紧急拨款项目若是没有坚持留在科学界而是移步国外，那么结果就会大不一样。据德芝娜所说，在这一时期，科学界最大的损失是科学家们“国内移民”转而从事其他职业造成的人才流失，而非“移民出境”导致的损失，因为通过后者这种方式，仅有少数科学家有幸与国外建立了联系。[32]对于更多科学家而言，糊口谋生的唯一选择是国内移民，离开他们的研究所去从事低端但有报酬的工作。在快速发展的科学世界里，即使是暂时的缺席，也意味着科学家会无望再有学术造诣，不再有发表科学著作的机会，而且往往再也不会重回科学界发光发热。

使得索罗斯基金会有别于其他基金会的一个重要特点是其始终坚持对科学质量标准和衡量标准进行严格创新。这对于一个通过自上而下的计划经济体系来提供研究支持的国家科学系统而言是一项巨大变革。此外，与我所知的其他西方科研资助项目相比，索罗斯基金会的每个主要项目都应用了不同的方式来提供资助。紧急拨款项目应用了科学计量学的严格定量方法，向受助的科学家提供快捷的小额拨款。由瓦列里·索弗（Valery Soyfer）独立开展的国际索罗斯科学教育项目则重点关注俄罗斯成绩斐然的大学教授和高中教师，同时也为学生提供小额的奖金。“索罗斯奥林匹克竞赛”赞助了 80 多万名学生以及一些教育月刊。教授与教师多年度的补助金则是依据学生对其教师教学质量的调查评估来发放，每月从 250 美元到 500 美元不等。

国际科学基金会中规模最大的长期资助项目获得了超过 8000 万美元的资金，该项目采用了竞争性优势评审（也称为同行评审）的方式来遴选小型团队的研究资助，而这些资助则是由研究人员发起的。1992 年年底，在数学家安德烈·贡绍的领导下，俄罗斯基础研究基金会的一些小型项目开始启动。除了这些小型项目以外，长期资助项目标志着同行评审首次作为重要资助手段在苏联开始应用[33]，当然也是首次出现如此巨额的资金补助。在第 7 章中，当我们讨论国际科研合作最无形的成果之一，即制度和文化变革时，我会重新探讨这一重要主题。[34]

国际科学基金会的长期资助项目由我负责，该项目始于 1995 年年底。在为期 18 个月的两场资助竞争中，该项目收到了超过 3.5 万份提案，每一份提案通常有不少于 4 名审稿人，且主要来自美国。然后这些提案会提交给 16 个国际科学审查小组，征求他们的建议。经过竞争评优，该项目颁发了 3555 项奖金，授予苏联的小型研究团队，金额从小于 1 万美元至 2.7 万美元不等，总额近 8000 万美元，可以说是国际科学基金会最大的一个项目。

这些统计数据基于一个大背景，那时国际科学基金会收到的长期资助项目的资助竞争的提案数量与国家科学基金和一整年收到的提案总数大致相等。在评审小组中工作的专家贡献了 22.5 人年[35]的工作量来对长期研究资助项目的提案进行排名和推荐，这其中还不包括约 5 万名“邮件评审者”的工作。许多科学学会（如美国物理学会、美国天文学会、美国数学学会、美国微生物学会、美国化学学会以及美国国家科学院）在对邮件评审人员工作提出建议和任命评选奖项最终分配的小组方面提供了宝贵的支持。

在国际科学基金会内还有其他项目：如会议差旅补助项目，该项目为苏联科学家参加国际科学会议提供资助；以及图书馆资助项目，负责向苏联的科学图书馆分发西方科学期刊的副本；还有一项电信发展资助项目，该项目帮助许多苏联的民间科研机构首次接入了因特网，并为它们提供建立计算机网络所需的基础设备和电缆。[36] 在表 4.1 中给出了这些项目的具体资金。

表 4.1　国际科学基金会项目

项目名称	金额（美元）
紧急拨款项目	15585000
长期资助项目	80072000
会议差旅补助项目	14367000
图书馆资助项目	4777000
电信发展资助项目	4141000
总计	121787000

* 德芝娜，2000 年，第 151 页。

除了这些受资助的国际科学基金会项目以外，国际科学基金会还于 1994 年启动了一项拨款援助项目，利用俄罗斯对外国研究资助的免税优惠，通过安全透明的财务管理系统，将资金从其他非营利组织移交至苏联受助者来帮助他们顺利开展研究。在其运作期间，拨款援助项目处理了移交至苏联受助人的 3000 万美元外部资金。最初，该项目无偿提供这些服务，

1995 年索罗斯甚至捐出 300 万美元，用于支付管理这些资金的行政费用。1995 年之后，该项目暂时移交开放社会研究所，对大多数资助捐赠者征收 10% 的管理费，但对捐赠额较小的客户则免收费用。[37]

拨款援助项目在管理方面有着重大创新。受助的科学家所在城市的银行系统十分落后，且往往充斥着腐败现象。拨款援助项目的出现使大量第三方能够利用高度精细且管理严格的系统，将资金与设备移交给科学家。美国民用科技研究与发展基金会成立后，首度利用国际科学基金会的拨款援助项目系统转移自己的资金，后来将其重新设计并推出了自己的系统，该系统提供类似的服务，并成为美国民用科技研究与发展基金会获取额外收益的重要来源。

防扩散项目

到 1995 年为止，国际科学基金会一直是美国民用及非国防科学在金融危机期间的主要资金来源。不过与此同时，在美国政府的大力资助下，一些具有重要意义的新型双边及多边项目也得以开展，以应对苏联科学危机对全球安全所造成的影响，并防止大规模杀伤性武器的扩散（包括这些武器的制作材料、技术以及创造它们的科学家）到危险政权和其他国际行为不端的国家。

“科学中心”：国际科学技术中心与乌克兰科学技术中心

除了在戈尔－切尔诺梅尔金委员会的组织下与俄罗斯联邦继续开展的政府间协议外，同一时期，还有一项由政府首次发起的重大决策，即设立国际科学技术中心[38]。虽然它是由美国政府发起，却并不是一个双边项目，而是一个跨国组织，在外交地位上与联合国相似。其创立文件的最初签署国为欧盟、美国、日本和俄罗斯。国际科学技术中心还在乌克兰催生了姊妹组织——乌克兰科学技术中心。虽然它独立于国际科学技术中心，但它与国际科学技术中心有着同样的使命，并且通过同样的国会授权和拨款程序，来获取美国的资金支持。

国际科学技术中心与乌克兰科学技术中心的管辖范围几乎覆盖了整个苏联时期各加盟共和国。前者负责俄罗斯、哈萨克斯坦、亚美尼亚、吉尔吉斯斯坦、塔吉克斯坦的科研活动，有时也负责管理格鲁吉亚；后者则负责乌克兰、乌兹别克斯坦、格鲁吉亚、阿塞拜疆和摩尔多瓦的科研活动。

国际科学技术中心与乌克兰科学技术中心在政府间有一项非正式的合称，即“科学中心”。从某种意义上说，这个称呼并不恰当。因为虽然它们确实支持科学家与科研工作，但却并非是这些国家中唯一的科学机构。不过，对于最广泛意义上的政府机构来说（国会、国防部和外交部门），科学中心实际上代表了美国政府在苏联解体后对苏联科学家的主要支持。

国际科学技术中心的主要目标是引导开发大规模毁灭性武器和导弹的苏联科学家转向和平性质的研究。其主要手段是每年向先前开发大规模杀伤性武器的科研团体提供 40 万美元左右的巨额研究经费，让他们从事非军事研究。史怀哲（Schweitzer）在报告里指出，在 1994 年，也就是国际科学技术中心运作的第一年，这类项目的资助就达到了 5000 万美元。从 1994 年到 2000 年，国际科学技术中心研究项目的资助总计超过 3.14 亿美元。用史怀哲的话说，有了这一良好开端，后面 6 年时间，即 2001 年到 2006 年，“欢欣时代”开启，项目资金为平均每年 6800 万美元到 7800 万美元之间。核心研究资助项目通过研讨会、会议差旅资助和更有针对性的项目（如旨在教授商业创新技能的项目）得到了扩充。[39] 还有一个“合作伙伴项目”，该计划从国外第三方（如公司、大学和非营利机构）引入资金、实物和个人的支持，以实现国际科学技术中心的宏伟使命，并使其资助的科学家重新定位科学技术的研究方向。[40]

国际科学技术中心的资金来自西方不同的国家，各国贡献资金占比合理。1994 年至 2011 年，国际科学技术中心开展的资助项目耗资约 8.59 亿美元。其中，欧盟贡献 2.43 亿美元（占 28%），美国政府贡献 2.23 亿美元（占 26%），日本贡献 6400 万美元（占 7%），加拿大、韩国、瑞典、挪威、芬兰等国家总计贡献 5800 万美元。令人惊讶的是，最大的资金来源并不是来自某个国家，而是来自“合作伙伴”这一项目，它在国际科学技术中心的运行期间贡献了近 2.71 亿美元，占其支出的 32%。[41]

国际科学技术中心的首任执行董事格伦·史怀哲（Glenn Schweitzer）对国际科学技术中心的发展历史十分熟悉，他分析了国际科学技术中心从 2007 年开始衰落的原因。它的衰落归结于多种因素。简单来说有三点：一是政治因素——弗拉基米尔·普京在对待国际关系的态度上越发强硬，美国国会对援助俄罗斯的热情减弱；二是财政因素——美国的预算紧缩迫使国务院从国际科学技术中心的项目中退出以节省资金；三是所谓的文化因素——以美方为首的西方国家一直以来将俄罗斯视作单方面接受援助的对象，而非将其视为地位平等的合作伙伴，俄罗斯对此积怨颇深。种种因素在一定程度上影响了 1991 年之后开展的主要项目，而且这些项目已经持续了足够长的时间。2011 年，俄罗斯外交部（Russian Foreign Ministry）正式宣布俄罗斯将于 2015 年退出国际科学技术中心。国际科学技术中心于 2015 年迁至哈萨克斯坦继续运作，但俄罗斯不再参加其活动。

乌克兰科学技术中心则继续运作，但随着时间的推移，人口问题明显削弱了其效用。乌克兰科学技术中心的任务是重新定向或是“吸引”（“吸引”一词成了政界的偏好术语）之前研发大规模杀伤性武器的科学家（国际科学技术中心的任务也是如此），但是因为人口老龄化的问题，合格的资助接受者也逐渐减少。因此，美国对乌克兰科学技术中心的直接资助在 2015 年终止，不过它依然作为“合作伙伴项目”而继续运行。

全球防扩散倡议

所谓的“实验室对实验室项目”所建立的非正式关系并没有正式的立法基础，直到 1994 年，该项目才在国会立法批准的新预算项目中正式确立。该项法案名为《对外经营、出口融资及相关项目拨款法案》，其最非同寻常之处是允许第三方与美国私营公司签订协议，协议中包括成本分摊，作为项目实施的一部分。[42]

作为法案中所提到的国家实验室的创立机构，美国能源部获得了拨款，并将新项目命名为“行业合作伙伴项目”，同时设计了一种高度创新的方法，将利益动机稳固地融入到与苏联的科研合作项目中，这种方法在之前和以后的项目中都并未采用。每个项目都包含一个由苏联研发大规模杀伤性武器科学家或工程师组成的团队，一个来自美国能源部国家实验室（如洛斯阿拉莫斯、利弗莫尔、橡树岭、布鲁克海文）的科学家或科研团队，以及一家营利性的美国高科技公司。

美国能源部的资金分别分配给了苏联实验室和美国国家实验室，而私人公司需要承担政府的所有资助成本（包括现金和实物）。项目目标是开发一种民用技术，可用于商业用途，为双方产生收益，特别是确保就业，或至少为苏联的参与者获得收入。美国私营公司并没有从政府得到任何资金收益，它们的目的是获取苏联科学家的技术能力，因为他们知道借由这些能力可以在项目持续期间从美国能源部获得可靠的财政支持。1996 年，美国能源部将“工业合作伙伴项目”的名称改为“防扩散倡议”，后来又在开头加上了“全球”一词，英文缩写为“GIPP”（Global Initiatives for Proliferation Prevention），该名称一直沿用到 2015 年该计划终止。为了与美国私营公司进行合作，美国能源部在 1994 年还创建并资助了一个新的非营利组织，即美国行业联盟，它是参与的美国公司的会员协会。

在全球防扩散倡议项目的整个运作过程中，向身处苏联所谓封闭城市研发大规模杀伤性武器科学家和其他参与该研究的机构提供了超过 2.5 亿美元的资助。美国私营公司承担了大致相同的资金，但具体数额很难追踪，因为其许多成本分担主要是实物（员工的时间和精力、给苏联合作伙伴的设备等），而非现金。根据多年来美国行业联盟与美国能源部合作精心汇编的数据，全球防扩散倡议项目与美国行业伙伴的商业化成功率超过 25%（以销售、合约工作和其他收入衡量），美国公司能够为该项目开发的技术吸引到超过 2.5 亿美元的后续投资资金。[43]

吸引各方的营利动机来推进非营利事业或公共目标的发展是一门困难的艺术，但全球防扩散项目具有独特的运作结构，在这方面取得了相当大的成功。事实上，当我在 2006 年加入美国行业联盟时，我对它通过全球防扩散项目取得商业性成功的说法一度持较高的怀疑态度。但当我了解美国行业联盟制定的衡量公司业绩的严格标准后，我开始相信这个相对较小的项目（全球防扩散项目的每年总预算从来没有超过 5000 万美元，通常情况下最多只有这个数字的一半）确实为技术创新发挥了重要作用。这一切都发生在一个法治和市场竞争充其量还处于萌芽阶段的地区，戒备十分森严，科研机构所研究的领域敏感度极高，与身处其中的科学家们进行联系就显得相当困难，这就更加令人印象深刻了。

全球防扩散倡议项目的成功，以及它最大的弱点，都是其多重目标和复杂性的产物。它的主要任务是防止大规模杀伤性武器技术的扩散，并为研发这些技术的科学家和工程师提供资助，防止他们流向危险政权和其他敌对势力。但因为该项目又保持着取得切实商业成果的目标，其指标就变得复杂且混乱。从逻辑上讲，所有防扩散项目最大的弱点便是无法“证伪”。虽然无法统计有多少大规模杀伤性武器科学家们因为该项目打消了向敌对国家或团体提供技术的念头，但在苏联，甚至是美国，新型民用研究性的工作岗位的数量开始增加，证明了该项目至少产生了一些积极作用。然而，尽管美国私营企业筹集了相当一笔资金，但通过该项目创造的就业岗位数量实际上相当有限。

此外，对于美国能源部的实验室来说，特别是对于其传统政府管理人员和官员来说，这种政府与行业间的“联姻”带有人为性质，令人不适。全球防扩散倡议项目不仅挑战传统的政府与行业之间的划分，同时，它也为衡量不扩散项目的成功推行了一套标准。而令人意想不到的是，这套标准也影响了项目的核心安全目标，以至于国会难以公正地评估该项目的成果（期间国会委托美国政府问责署对该项目进行了多次调研）。

只要美国与俄罗斯的关系保持和谐，而且只要人们还认为苏联的大规模杀伤性武器对全球安全构成了严重威胁，安全和商业目标的结合就是制胜之道。然而，随着时间的推移，人们对威胁的感知逐渐降低，加上项目的目标复杂混乱，从而导致了它的失败。美国能源部向持怀疑态度的国会委员会阐释该项目及其成就，但没有成功，于是该项目最终在 2014 年终止。

美国民用科技研究与发展基金会

来自南加州的民主党人乔治・布朗曾在美国众议院任职 35 年，他无疑是美国国会历史上最勇于开拓、最富有想象力的科学倡导者之一。布朗是众议院科学技术委员会的长期成员，并在 1991 年至 1995 年担任主席，他留下了一份创造性的倡议，反映了他对科学、公共政策和国际事务的热情。在国内，他通过立法成立了环境保护局、科学和技术政策办公室（也被称为“白宫科学办公室”）和技术评估办公室。在国际舞台上，布朗作为众议院科学技术委员会主席，运用了他的想象力和立法才能，大力推行两项新型倡议，以创建基金会来促进国际科学合作。其中一项是与墨西哥的基金会，另一项是与苏联的基金会，后者就是现在所知的全球民用研究和开发基金会。

创立美国民用科技研究与发展基金会的立法一开始并不成功。随后在

1992 年，布朗提出《自由支持法案》修正案，[44] 该法案为美国对苏联的全部援助工作奠定了正式的基础，并获得了两党的广泛支持。新基金会的目标反映了当时美国政府对苏联的各种政策：

（1）在苏联独立国家中提供富有效益的研究和发展机会，为科学家和工程师提供移民以外的选择，并防止这些国家的技术基础设施解体。

（2）通过资助美国和苏联独立国家的科学家和工程师之间的民间合作研究和发展项目，从而促使这些国家将重心从国防方面转移出去。

（3）通过促进、确定和部分资助美国企业与苏联独立国家的科学家、工程师和企业家之间的联合研究开发和示范企业，协助苏联独立国家建立市场经济。

（4）为苏联独立国家的科学家、工程师和企业家提供一种机制，即通过与美国科学家、工程师和企业建立联系来增进对商业实践的认知。

（5）为美国企业提供获得苏联独立国家新型先进技术、优秀研究人员和潜在市场的途径。[45]

成立新基金会的事宜由美国国家科学基金会的主任负责，他也有权从其他来源接收资金，用于支持该基金会的运作。1995 年 8 月 11 日，国家科学基金会主任尼尔·莱恩（Neal Lane）正式成立了美国民用科技研究与发展基金会，并任命了这一非政府基金会的董事会，由美国国家科学院成员彼得·雷文（Peter Raven）担任主席，他是一名备受尊敬的国际科学倡导者。我刚做完一些工作，回到国际科学基金会，尼尔就邀请我担任该基金会的首任执行董事。就这样，我跌宕起伏的职业生涯开启了又一趣味十足的新篇章。

美国民用科技研究与发展基金会成立之初仅有1000万美元的预算，其中一半来自国家科学基金会，另一半来自美国国防部。[46]国家科学基金会的捐款来自乔治·索罗斯，经副总统戈尔劝说，他为美国总统比尔·克林顿与俄国总统鲍里斯·叶利钦即将开展的峰会准备了这样一份“礼物”。[47]这样微薄的资金，显然无法支撑基金会长久运作，因此美国民用科技研究与发展基金会决定将这笔资金在短时间内用尽，让它发挥作用，然后看看发展形势具体如何。

美国民用科技研究与发展基金会的首批项目大部分是国际科学基金会中已经发展与实践的延伸，尤其是竞争性合作资助项目。但这一次并不是直接援助苏联科学家的科研工作，而是为美国和苏联的民间合作研究项目提供助力。美国民用科技研究与发展基金会还创新地开展工作，以解决其业务研发任务，并根据合同协助国务院安排苏联大规模研究杀伤性武器科学家与美国进行联系。到1997年，我们实际上已经耗尽了资金。美国民用科技研究与发展基金会高级副总裁查尔斯·汤姆·欧文斯（Charles T. Owens），他是我之前在国家科学基金会的同事，他与我准备向我们大约15名员工分发解雇通知，然后结束此项工作。

除了之前提到的国务院合同工作继续开展，另外两个项目为美国民用科技研究与发展基金会注入了新的活力。首先是国务院的“减少威胁合作项目”（Cooperative Threat Reduction Program），根据《自由支持法案》，该项目负责技术活动，并要求基金会设立一个小型项目，在吉尔吉斯斯坦建立一个国际地球物理学研究中心，以履行副总统戈尔向吉尔吉斯斯坦总统阿斯卡尔·阿卡耶夫（Oskar Akayev）所作的承诺。吉尔吉斯斯坦项目取得了成功，再加上美国民用科技研究与发展基金会为国务院提供的防扩散支持，使人们对该基金会的能力产生了足够的信心，并在国会委员会的报告中大受赞赏，而这份报告反过来又促使国务院向基金会定期分配年度性资助，因此基金会的资金水平迅速增长到每年 1500 万美元。多年以来，这项《自由支持法案》的资金成为美国民用科技研究与发展基金会的核心来源，承担了其合作资助项目、走进市场项目（Next Steps to the Market）以及与苏联独联体国家之间的其他竞争性活动。

第二个挽救美国民用科技研究与发展基金会的事件是麦克阿瑟基金会高级副总裁维克多・拉宾诺维奇（Victor Rabinowitch）的好几通电话。他打给了麻省理工学院的洛伦・格雷厄姆和在美国民用科技研究与发展基金会工作的我，向我们咨询，现在俄罗斯科学危机已经过去，那么与俄罗斯科学所要进行的下一项重要事项应当是什么。在麦克阿瑟基金会有限的计划资助下，美国民用科技研究与发展基金会召集了来自美国和俄罗斯的专家小组，包括格雷厄姆，乔治敦大学的哈雷・巴尔泽（Harley Balzer），美国国家科学院的格伦・史怀哲，莫斯科经济转型研究所（Institute for the Economy in Transition）的伊琳娜・德芝娜以及美国民用科技研究与发展基金会员工克里斯汀・怀尔德曼（Kristin Wildermann）以及我本人，负责对此事项进行研究并生成报告。后来我们团队又增加了俄罗斯科技政策部长鲍里斯・萨尔蒂科夫（Boris Saltykov）和俄罗斯科学院成员米哈伊尔・阿尔菲莫夫（Mikhail Alfimov），以确保该事项代表了美国和俄罗斯对实际需求的理解。

报告《俄罗斯基础研究和高等教育——改革提案》提出了一项 5000 万美元的五年计划，主要资助俄罗斯大学建立跨学科的研究教育中心，其目标是在俄罗斯的大学整合研究和教学，将苏联高度纵向的研究组织转变为精英学院机构，并将研究从大学教学中分离出来。它还建议提供一项 1000 万美元的五年计划，即杰出青年研究院补助金，以激励和支持优秀的青年研究人员在俄罗斯的大学里继续他们的研究，并希望他们成为大学教学和研究教授。

但是，6000 万美元是一个非常高的要求，麦克阿瑟基金会因此决定，这笔费用必须由俄方进行分摊。在 1997 年，我们认为发生这种情况的可能性微乎其微，但是随后发生的事情出人意料。1997 年下半年，我和拉宾诺维奇在莫斯科对俄罗斯教育部长亚历山大・蒂科霍诺夫（Aleksandr Tikhonov）进行了礼节性拜访。我们向蒂科霍诺夫阐述了改革提案的理念，并对俄方没有对此项目进行资助深表遗憾。然后，让我们感到惊讶的是，蒂科霍诺夫悄悄对我们说："我们会资助这个项目的。"我们对这个突如其来的回答有些不知所措。如果说国际科学项目获得过合作政府的承诺，那么这次拜访便是如此。我们将信将疑，启程返回后，美国民用科技研究与发展基金会向麦克阿瑟基金会和纽约卡内基基金会同时寄送了一份提案，该提案正在开展一个不同的项目，以支持俄罗斯大学的社会科学研究。

1998 年 8 月卢布大幅贬值，引发了俄罗斯一场重大经济危机，我们因而确定该项目已经前途无望。不过，俄罗斯联邦教育与科学部现在由来自圣彼得堡的科学组织者安德烈・福尔申科（Andrey Fursenko）领导，他富有改革意识。我们当中有些人认识他，[48]而他也一直向我们表示，该项目仍然在进行中。尤为值得注意的是，一位年轻的俄罗斯核物理学家米哈伊尔・斯特里汉诺夫（Mikhail Strikhanov）[49]既对该项目充满热情，又是出色的组织者，他每年都设法筹集到匹配的资金。

最后，俄罗斯基础研究和高等教育计划从俄罗斯各地中择优挑选了 20 个大学作为研究教育中心，每个研究教育中心与俄罗斯科学院的一所或多所研究所有联系，每所研究所最初的三年平均资助额为 100 万到 150 万美元，并通常有额外两年的资助。最初 16 个中心的资金约为 4500 万美元，其中一半以上来自美国，四分之一来自俄罗斯联邦政府，四分之一来自俄罗斯民间。其他 4 所中心则完全由俄罗斯单方面资助。[50]

更重要的是，出于自身原因，俄罗斯政府坚决致力于解散强大而独立的俄罗斯科学院。俄罗斯政府接受了俄罗斯基础研究和高等教育计划倡导和确立的基本原则，即研究与教育的融合，将资金支持从科学院转移到大学，制定了一系列计划，以加强大学的研究和教学，并在俄罗斯创建“国立研究型大学”，从而有能力在全球范围内与西方高等学府竞争。该项目最终于 2013 年被淘汰。

俄罗斯基础研究和高等教育计划可能是当时美国民用科技研究与发展基金会在所有国家中开展的最具创新性，也是最具雄心的项目。我个人认为，它也是在一个国家的科学系统中实施制度变革的最成功的国际项目之一。这一成功的关键在于，它与俄罗斯政府的决定相吻合，并巩固了这一决定，即重新安排其研究机构，将重点从学术机构转移到了大学。

此外，与这一时期的其他大多数主要项目不同，该项目由双边理事会共同管理，并由其共同出资。反过来，其理事会任命了一个美俄专家委员会，由亚历山大·戴克内（Aleksandr Dykhne）主持，[51]以评估和确保对研究教育中心的主要资助。后来，美国民用科技研究与发展基金会于 2007 年召集了一个独立的国际评估小组，在“正确的时间”通过“正确的流程”开展了“正确的计划”。[52]美国民用科技研究与发展基金会还将此理念在格鲁吉亚、亚美尼亚与乌克兰进行了复制，规模较小，为选定的高等教育机构提供了有针对性的支持，不过没有俄罗斯基础研究和高等教育计划的联合治理功能。除了这些以大学为基础的项目之外，美国民用科技研究与发展基金会还发起了其他“机构建设”项目，例如在多个国家或地区创建地方性的美国民用科技研究与发展基金会，包括格鲁吉亚、亚美尼亚、阿塞拜疆和摩尔多瓦。

然而，美国民用科技研究与发展基金会的作用不仅限于苏联民用部门的科学。如前所述，其目标清单中的第二个目标是“通过资助美国和苏联独立国家的科学家和工程师之间的民间合作研究和发展项目，从而促使这些国家将重心从国防方面转移出去。”美国民用科技研究与发展基金会通过其核心合作研究项目以及为国务院、卫生与公共服务部和国防部提供的合同服务来达到第二个目标，以支持他们自己的减少威胁合作项目。

美国民用科技研究与发展基金会还接管了乔治·索罗斯的开放社会研究所的拨款援助项目，随后开发了自己的广泛服务项目，该项目被称为“美国民用科技研究与发展基金会解决方案”。随着时间推移，美国民用科技研究与发展基金会也扩大了涉及的地域范围，例如与中东阿拉伯国家共同承担实施奥巴马总统的《开罗倡议》的科技部分的事项。当时，它还更名为全球民用科技研究和发展基金会，这表明它已经超越了最初的职责，可以与苏联的独联体国家合作，并将其效能扩展到其他地区。

表 4.2 全球民用科技研究和发展基金会于 1996 年至 2016 年 7 月对美苏科研合作的资助

国　家	合作研究（美元）	旅行和会议资助；奖学金（美元）	能力建设和高等教育（美元）	创业与创新（美元）	总额（美元）
亚美尼亚	3510249	1381307	3400574	1070602	9362732
阿塞拜疆	1029078	53044	1993628	306586	3382336
白俄罗斯	474686	18408			493094
格鲁吉亚	4713409	902117	3424958	1260318	10300802
哈萨克斯坦	1256490	204440	1466406	281056	3208392
吉尔吉斯斯坦	563561	93024	1363936	57715	2078236
摩尔多瓦	3012534	797214	2693203	368965	6871916
俄罗斯	31856057	1667504	24029352	7623974	65176887
塔吉克斯坦	99455	47898	232090	47939	427382
土库曼斯坦	52635		28041	23664	104340
乌克兰	8643370	956534	1316867	3028758	13945529
乌兹别克斯坦	1464866	284483	844675	206538	2800562
总额	56676690	6405973	40793730	14276115	118152208

* 来源：全球民用科技研究和发展基金会，个人信息，统计于 2016 年 8 月 25 日。

表 4.2 总结了全球民用科技研究和发展基金会从 1996 年成立到 2016 年 7 月与苏联独联体国家开展合作活动的总支出，总额超过 1.18 亿美元。表中显示的资金仅包括给苏联一方的资助，包括个人财务支持，设备和物

资经费以及其他费用。此外，苏联独联体国家还提供了约 3900 万美元的配套资金，其中绝大部分（近 2500 万美元）来自俄罗斯联邦和地方资源，与俄罗斯基础研究和高等教育计划相关。全球民用研究和开发基金会还为美国参与者的差旅和其他费用提供了资助（但不提供工资），同期累计超过 980 万美元，另外还有来自美国和非苏联独联体国家 250 万美元的第三方资金作为补充。近年来，由于该基金会的工作重点已转移到其他世界地区，尤其是中东和北非，而且由于美国政府对与俄罗斯合作活动的支持热情衰退，因此自 2014 年以来与苏联独联体国家（尤其是俄罗斯）的活动经费有所减少。

现　状

自 2014 年年初俄罗斯合并克里米亚以来，大多数由美国政府管理并资助的与俄罗斯合作的科学计划，都已大幅放缓，或停滞不前。

这种下降的程度可以从表 4.1 中国家科学基金会对“与俄罗斯有关”的拨款的分析中看出。这些数据来自公开的国家科学基金会拨款数据库，显示了国家科学基金会对与俄罗斯的项目提供的拨款总额——无论是从标题、摘要，还是其他必要的规划或地理编码都可看到这一点。

不过需要提示的是，此类数据是不完整的，因为它们没有报告科学家中的非正式联系与合作，而这些联系与合作并没有受到资助。美国和俄罗斯科学家之间没有彻底禁止科学联系，而且在已经建立了人际关系的地方，这种联系很可能会继续下去。但与此同时，这些数据所反映的政府资助的研究项目（在本例中为基础科学）的趋势是显而易见的。

美国与俄罗斯对峙的事态发展令人沮丧，因而在 2017 年年初，全球民用科技研究和发展基金会的莫斯科办事处于关闭状态。这一部分是因为在弗拉基米尔·普京领导下的俄罗斯政府长期以来对外资非营利组织施压，另一部分是因为项目活动总体开始下降。到此，在俄罗斯运作超过 22 年的全球民用科技研究和发展基金会正式终止。在其运作期间，全球民用研究和开发基金会不仅支持对合作研究进行直接资助，而且还为许多其他政府和私人组织提供了大量的拨款管理援助，其中就包括国家科学基金会。在莫斯科，这种在大范围内具有促进意义的机构的消失，可能会导致由其他组织资助的大量合作活动停止。此外，由于全球民用科技研究和发展基金会在莫斯科的存在对促进地球科学领域的实地研究非常重要，而由国际科学基金会资助的与俄罗斯的活动中，这些领域通常占了一半以上，因此莫斯科办事处停止运行可能会产生巨大的影响。

洛斯阿拉莫斯实验室时任主任西格弗里德·赫克尔回顾了美国与俄罗斯在核不扩散方面的长期合作，他回顾了美国和俄罗斯武器科学家之间的合作兴衰史，以及自 1991 年苏联解体以来他自己和其他人为此合作付出的巨大努力：“科研合作在 21 世纪头十年蓬勃发展。但是，由于美俄之间的关系变得日益紧张，使得两国之间的访问和机构交流的难度增加。不幸的是，这种关系在 2014 年陷入了危机，导致几乎所有的合作都走向终结，而我们中为这段合作关系经营了二十多年的人为此感到沮丧不已。”[53]

至此，对美国和苏联，包括后苏联时期的俄罗斯联邦之间 60 年正式

图 4.1　2010—2017 财年涉及俄罗斯的国家科学基金会活动奖项数量

科学合作项目的概述已经完毕。在这寥寥几页中，我们无法将所有项目都一一穷尽，我毫不怀疑我还完全忽略了其他一些有价值的项目工作。正如我一开始所说的，我的目的不在于详尽列举这些项目的每个细节，而是将项目的本质、原理与范围呈现给读者，从而为这本书第二部分采访者的采访词做好铺垫。

注 释

[1]“普京痛惜苏联解体”BBC 新闻，2005 年 4 月 25 日。

[2] 关于苏联解体对科学研究的影响，最全面的论述是 Graham and Dezhina 2008，我在这一节中充分借鉴了这一研究。《科学》和《自然》杂志，不断有关于这一主题的新闻报道，(尤其是前者)偶尔也有该主题的深度采访。在讨论过程中，我会酌情引用这些资料和其他资料。我见证了美国应对这场危机的过程，本节没有引用的事件都来自我的个人笔记和回忆。

[3] 人们对苏联科学家和工程师数量的估算相差很大，这很大程度上取决于人们如何定义“工程师”这一类别。国家科学基金会的《科学与工程指标》多年来给出了高低估算，而这数值超过了任何其他国家科学界的规模。国家科学基金会 1987 年的《科学与工程指标》对这一数据最新一期的报告显示，截至 1985 年，对苏联科学家和工程师从事研究和发展(占总劳动力人口的 9.66‰)的“低值估算”是 150 万。同时该文件显示，苏联 1965 年的高值估算为 170 万，或者说每 1 万人有 112 人是科学家和工程师。相比之下，同年第二大科学和工程领域是美国，有 79 万人是科学家和工程师，每 1 万人中有 65 人在从事研发工作，保守地说，仅仅是苏联的一半多一点。参见附录表 3-17 和 3-19 页，*Science and Engineering Indicators 1987*，227-228.

[4] 格雷厄姆和德芝娜 2008，1.

[5] 但是，在这方面，苏联的科学家在程度上与世界各地的科学家不同，苏联科学家通常难以将其研究成果转化为经济效益。即使是西方一些最好的科学实验室，例如美国能源部的国家实验室系统，也面临着巨大的困难。关于俄罗斯科学从一开始就面临的长期困境，请参阅 Graham 2013.

[6] 格雷厄姆 2000.

[7] 该协议最初是与苏联签订的，苏联解体后，俄罗斯联邦接管了该协议。

[8] 约翰·齐默曼访谈，2015 年 9 月 30 日。

[9] 这些话虽然没有出现在鲁比亚写给密特朗的信中，但却引用为德芝娜（2000）呼吁的标题；我记得，这确实是最初奥昆和他的团队发给鲁比亚的文件标题。

[10] 卡洛·鲁比亚 1991 年 9 月 26 日写给弗朗索瓦·密特朗的信。我非常感谢欧洲核子研究组织允许我引用这封信中的一小段话。

[11] 德芝娜 2000，8.

[12] 鲁比亚给密特朗的信，1. 翻译是我本人给的版本。

[13] 同上。

[14] 德芝娜 2000，第 8 页。在私人访谈中，德芝娜告诉我，提出 1 亿美元资金想法的人是奥昆。2015 年年底，我曾写信给奥昆，希望他能证实我的想法。然而，不幸的是，他在 2015 年 11 月 23 日因病去世了。

[15] 合作的对象也包括苏联的其他独联体国家。但由于苏联科学的重心在俄罗斯（这也是《鲁比亚－奥昆》的焦点），因此俄罗斯吸引了大部分的注意。不过，美国和国际社会（出于科学和其他原因）大多将相应的注意力和资源投入其他苏联独联体国家的科学界中。

[16] *Reorientation of the Research Potential of the Former Soviet Union: A Report to the Assistant to the President for Science and Technology* 1992，1.

[17] 同上，第 1-4 页。

[18] 在这种情况下，理解科学协会和索罗斯项目早期提供的紧急援助与随后美国政府资助的项目之间的区别也很重要。前者具有时限性，后者则是长期的项目，而且我之后也会论述，它们在“援助”的概念确定了以后持续了相当长的一段时间。

[19] 西格弗里德·赫克尔新的两卷论文集和在实验室对实验室中共同工作的俄罗斯和美国科学家的访谈为记录和理解这一至关重要的计划做出了巨大贡献。见 Hecker 2016.

[20] 与西格弗里德访谈，2016 年 1 月 28 日。

[21] 以下讨论主要来自 Dezhina 2000，第 12-18 页。

[22] 同上。

[23] 同上，第 10 页。

[24] 1992 年美俄研发基金会法案。

[25] 德芝娜 2000，10.

[26] 这是促进与苏联科学家合作国际协会自己创造的首字母缩写，由单词“international association”缩写而来。

[27] 索罗斯 2000.

[28] 同上，第 6 页。

[29] 同上。

[30] 同上，第 6-7 页。

[31] 1992 年美俄研发基金会法案。

[32] 德芝娜 2002.

[33] 一些科学院的研究机构确实存在内部研究经费竞争；我记得在与艾菲物理技术研究所（Ioffe Physico-Technical Institute）（圣彼得堡）工作的若雷斯・阿尔费罗夫（Zhores Alferov）交谈后得知，该研究所确实存在这种情况。但是这些都是基于研究所所长的个性的例外，审查程序的性质可能与西方传统做法大不相同。

[34] 请参见第 7 章，“对科学基础建设的影响”。

[35] 美国心理学会将“人・年”定义为一种度量单位，特别是在会计领域，基于一个人在一年中完成的理想工作量（由标准的人日组成）。在这种情况下，人年的计算是基于美国政府平均工作年的 208 天进行。

[36] 德芝娜 2000，第 64-104 页 .

[37] 同上，143-150.

[38] 史怀哲 2013 对国际科学技术中心研究十分详尽优秀，我在这部分中会进行摘取。

[39] 同上，27-28，35.

[40] 从这个意义上说，“合作伙伴项目”类似于国际科学基金会（以及后来的美国民用科技研究与发展基金会）拨款援助计划，但更侧重于工业。

[41] 将“合作伙伴”的贡献描述为流通资金而非国际科学技术中心预算的实际组成部分可能更为准确，就像国际科学基金会和美国民用科技研究与发展基金会的资助项目在民用科学领域提供的这种便利服务一样。总之，这个数字无疑令人印象深刻。

[42] Foreign Operations, Export Financing, and Related Programs

Appropriation Act（1994），Pub. L. No. 103-87，Sec. 575，107 STAT 972-773（1993）.

[43] *USIC E-Notes*，vol. 12，no. 2（September 2011）.

[44] FREEDOM Support Act，Pub. L. No. 102-511 106 Stat. 3320（1992）.

[45] 同上，Sec. 511（b）.

[46] 在金融服务法中，主要指定资金来源是纳恩－卢格减少威胁合作计划（Nunn-Lugar Program），根据1993年的《国防授权法案》（*National Defense Authorization Act*）（标题XIV，副标题E）。

[47] 这可能是索罗斯唯一一次向美国政府或其他政府提供这样的“礼物”。

[48] 福尔申科是弗拉基米尔·普京核心集团的一员。2014年3月，他被美国列为需要制裁的19名俄罗斯人之一，美国实行这一举措是为了打击俄罗斯合并克里米亚这一行为，而这19人几乎都是普京的亲信。随后，福尔申科成为普京的首席科学技术顾问，并在俄罗斯科学院解散后发挥了关键作用。请参阅第10章“关于科学改革”。

[49] 现在是俄罗斯国家联邦研究大学（Russian Federation's National Federal Research University）莫斯科工程物理学院（Moscow Engineering-Physics Institute，MEPHI）的院长。

[50] 格雷厄姆和德芝娜2008，118.

[51] 有相当确凿的证据表明该项目受到了俄罗斯政府的欢迎，即普京总统致函该项目的专家委员会主席亚历山大·戴克内的私人电报。

[52] “Integration of Teaching and Scientific Research in Russia：An Independent Evaluation of the Basic Research and Higher Education Program 1998-2007，” August 2007.

[53] 赫克尔2016，2：186-187.

第二部分

见证者回忆

5 合作缘起

导　语

在本章中，我们将研究活动项目参与者的第一手证词，他们分别是科学家、项目组织者以及政府官员，还有一些其他参与者的证词，他们参与了从 20 世纪 50 年代末到 21 世纪头 20 年与苏联以及俄罗斯等的科学合作活动。

在我的采访中，我询问了 4 个开放式的问题，我希望通过这些问题来判断受访者最初的希望、意图、实际经历以及他们在实现这些意图后成败与否的回顾评述，同时还有在这个过程中可能遇到的意外。问题如下：

- 您是如何参与到美国与苏联的科研合作中的，您当时的想法是什么？是什么促使您一直投入其中？
- 合作情况如何？您在合作中的主要成绩与遗憾是什么？曾遇到过什么问题？
- 现在回头看看，您如何评估自己的最初动机？

- 可否讲一讲您最喜欢的一段经历？

虽然这些问题看起来很简单，但答案却像人性一般千差万别，出人意料。在本章中，参与者会与我们分享他们对第一个问题的答案，即您是如何参与到美国与苏联的科研合作中的？

科学家

基普·索恩（Kip Thorne）

科学家通过科学本身与苏联进行科研合作，这是首要也可能是最明显的合作方式。诺贝尔奖得主基普·索恩向我详细介绍了他是如何参与到这次合作中的，同时也分享了他参与其中的理由。他的故事包括很多线索，而这些线索我们也会在其他科学家的描述中看到。

和许多科学家一样，索恩在一次国际科学会议上首次会见了来自苏联的科学家：

我于 1965 年 6 月完成了博士学位。我曾研究相对论天体物理学，一门相对论和天体物理学相接的学科。这是一个全新的领域，其主要研究中心在普林斯顿、莫斯科和英国。

在完成博士学位后，我参加了 1965 年 7 月在伦敦举行的第四届国际广义相对论和万有引力会议。所有著名的苏联物理学家都应邀参加了此次会议，雅可夫·泽尔多维奇（Yakov Zel'dovich）出于一些原因不能出席，但是泽尔多维奇的合作者伊戈尔·诺维科夫（Igor Novikov）却在会议上露面。他和我年龄相仿，应该只比我大几岁，比我早几年完成了博士学位。维塔利·金兹伯格（Vitaly Ginzburg）也参加了会议，但我不记得约瑟夫·什克洛夫斯基（Iosif Shklovskii）是否也来到了会场。但是我遇到了诺维科夫，我们很快就成了密友。我们很欣赏彼此的著作。[1]

3 年后，索恩第一次访问苏联，通过诺维科夫，开始了与莫斯科的理论物理学家们进行广泛交流。诺维科夫还在 1968 年访问了加州理工学院。索恩回忆说："我第一次去苏联是在 1968 年，在第比利斯参加相对论会议，随后在莫斯科待了几天。那一年的下半年，我带诺维科夫到美国做了一次长期访问。我之所以记得这么清楚是因为 1968 年诺维科夫访问加利福尼亚期间正值《太空漫游 2001》（*2001：A Space Odyssey*）在影院上映，我们观看了这场电影。"[2]（显然，这就是天体物理学家记录时间流逝的方式。）

然而，可以从两个方面看出诺维科夫此次美国之行的非比寻常。首先，在那些年里，苏联的理论物理学家并没有大规模开展国际旅行。这可能是因为他们的工作在整个世界科学领域非常先进，而且通常与军事研究有关，所以他们比实验物理学家或大多数科学家更难获得出国旅行的许可。另一个严重的问题是，许多理论物理学家和数学家都是犹太人，因此通常不会获得出境签证。

不过诺维科夫不是犹太人，所以他能接受索恩的邀请。但是，他这次访问的第二点不同寻常之处在于，它是在正式交流项目的框架之外进行的——由加州理工学院直接发出邀请。1973—1978 年，我在美国国家科学院工作，在那里，两国的顶尖科学家依靠科学院间项目相互交流。不过事实上我的感觉是，理论物理学家以及少部分数学家，并没有通过该项目进行交流，而这其中的原因有很多。

首先，两国的知识分子普遍认为，苏联的理论物理和一些数学领域处于世界科学的最前沿，无人能及。[3]因此，他们的美国同僚并不总是需要正式交流项目来获取直接性帮助和额外资金。他们有这个能力，也的确通过自己的力量开展了这些访问，并从他们现有的标准研究补助金或大学基金中获取资助。[4] 其次，许多顶尖的苏联科学家，特别是理论物理学和核物理（理论和实验）方面的科学家，都参与了机密性军事研究，这给许多国家的科研交流带来了障碍。

1968 年重力物理学领域非常活跃。第五届国际广义相对论和万有引力会议于当年 9 月在格鲁吉亚第比利斯举行。“这是一件大事，” 索恩回忆道。

> 我在泽尔多维奇的酒店房间里与约翰·惠勒（John Wheeler），泽尔多维奇和萨哈罗夫共度了一个令人十分难忘的下午。借此机会，我和泽尔多维奇团队里的几个人关系增进了不少，同时与诺维科夫、泽尔多维奇和团队中的年轻人的关系也变好了。在那之后，泽尔多维奇邀请我去莫斯科，于是在 1969 年我只身一人前往莫斯科，在那里待了 6 个星期。这次邀请在名义上是莫斯科国立大学（Moscow State University）向我发出的。但我认为这项邀请是泽尔多维奇发起的，不过他的名字没有写在邀请函上，我不需要其他任何支持（比如，通过科学院间项目获得支持）。
>
> 我们研究的领域是那个时代物理学中最热门的领域之一。可以说，我是这一领域俄罗斯和西方社会之间沟通信息和思想的渠道。对我来说，这是我第一次访问莫斯科，从那时起，直到 1991 年苏联解体，我几乎每隔一年访问一次，（所有这些访问）都是由美国国家科学基金会资助的。与此同时，在加州理工学院，许多俄罗斯人也私下邀请我进行会面。我会见了诺维科夫、叶夫根尼·利夫希茨（Yevgeny Lifshitz）还有金兹伯格。这些所有都是私人邀请，从未借助过科学院间的交流项目。

稍后，我们将从基普·索恩那里了解到更多信息，是有关物理学史上最重要的发现之一，而我在这其中只发挥了极其有限的作用。[5]

腾吉兹·特兹瓦兹（Tengiz Tsertsvadze）

对许多苏联科学家来说，基普·索恩在第比利斯参加的那种国际会议，是进入国际科学界并迈入更广阔的世界的第一张门票。第比利斯的生物学家腾吉兹·特兹瓦兹讲述了他在国际科学界的第一次经历：

> 首次联系（并非合作，而是联系）始于1984年。这完全出于偶然，而且非常出乎意料。当时有一个世界免疫学家大会（World Congress of Immunologists），我的教授雷姆·彼得罗夫（Rem Petrov）院士是莫斯科科学院的副院长，非常具有影响力，他组建了一个小组，由来自苏联各地的15名科学家组成。有两位科学家来自格鲁吉亚。他把我们拉到了组内，并组织了一次科学考察、参加在蒙特利尔的科学会议,（随后）访问了华盛顿特区和纽约。大多数科学家来自莫斯科，但也有来自格鲁吉亚、亚美尼亚、乌兹别克斯坦和拉脱维亚的科学家等，不过这仍然称不上合作。这是我们第一次有机会访问美国，主要以旅行为主。[6]

除了俄罗斯以外，数量如此众多的苏联科学家的出现极不寻常。这个情况很快还会在其他人的采访词中出现。这在一定程度上预示着米哈伊尔·戈尔巴乔夫即将开始采取新的措施，他刚刚掌权，但还没有启动他的改革议程，即“公开性”和“重组”。但是，代表团的组成，以及它最初的构想，都是雷姆·彼得罗夫的首创。特兹瓦兹这样描述彼得罗夫的动机：

> 他希望在两国之间打开一扇窗，并迈出第一步，使苏联科学家可以参加这次大会。在此之前，这种事情绝无可能。我们回来

后，每个人都很羡慕我们，不敢相信发生了这样的事。彼得罗夫院士利用他在政府和其他组织的影响力组织了这次旅行，目的是给我们一个机会访问美国。这些事情现在听起来很有趣。如今，每个人都可以购票前往世界上任何地方。我的年轻职员每年会去美国五到六次，他们都有美国大学的硕士学位。我们还参加了欧洲和美国的会议。这也是医学科学家首度前往美国。借此次机会，科学家可以出国旅行。去欧洲旅行比较容易，但大多是去社会主义国家，去资本主义国家就稍显困难。在戈尔巴乔夫上台之前是不可能去美国的。在他的领导下，彼得罗夫感到了局势开始变化，可以说是国际关系开始缓和了，于是他利用这个机会组织了这次旅行。[7]

鲍里斯·什克洛夫斯基（Boris Shklovskii）

苏联所有科学学科和大部分地区都存在着对出国旅行的限制，甚至存在着对于参加在苏联领土中举行的国际科学会议的限制。在苏联时代，尤其是在1985年之前，共产党员身份是决定一个人是否可以前往西方的重要因素，因为人们认为党员更值得信赖。地理位置也很重要。在俄罗斯以外的苏联加盟共和国中居住的科学家，例如特兹瓦兹，通常比俄罗斯人去西方旅行的机会少得多，在俄罗斯境内，莫斯科人和列宁格勒（现圣彼得堡）人都能获得更先进的医疗服务，部分是因为苏联的科学机构高度集中在这两个城市里。

然而，受外国旅行限制影响最大的是犹太人。鲍里斯·什克洛夫斯基是约瑟夫·什克洛夫斯基的儿子，在基普·索恩的叙述中提到过约瑟夫。鲍里斯也是一位备受尊敬的科学家，他获得了朗道理论物理研究所

(Landau School of theoretical physics)[①] 的文凭，他把这份文凭陈列在明尼苏达大学威廉法恩理论物理研究所（William I. Fine Theoretical Physics Institute）的办公室里并引以为豪。20 世纪 70 年代，鲍里斯在位于列宁格勒的苏联科学院艾菲物理技术研究所工作。因为他是犹太人，无法参加大型国际科学会议，于是鲍里斯参加了规模较小但数量众多的当地科学会议（美苏双边研讨会），借此与外国科学家直接互动，而这也是与他们交流的唯一渠道："参加（苏联的）国际科学会议是我在俄罗斯的一部分经历，也是非常重要的经历。我遇到了许多很棒的人和同事……在那些没有人来访的时候，我们唯一的互动就是写信。我们可以写信交流，但信件也要经过审查。单向的信件审查可能需要 3—4 月。虽然很慢，但这仍然很重要。"[8]

1973 年，一系列关于固体物理学的国际会议首度在列宁格勒举行，由西方科学家组织，为的是让那些不能前往西方国家的苏联科学家（不仅是犹太人）能够参加这些会议。鲍里斯回忆说：

> 我得到了朗道理论物理研究所的认可，所以他们邀请我参加这些理论研讨会，准确来说是参加其中几个研讨会。1973 年，在列宁格勒，我参加了会议。之后大概是 1976 年，我要去莫斯科参加会议。地方当局不允许我去莫斯科参加这次会议。列宁格勒比莫斯科管理严格得多，那里（共产党）下属的地区委员会和克格勃（KGB）比莫斯科更为严格，他们不允许我去参加这个研讨会。我不知道为什么，可能因为他们认为犹太人太多了或其他什么原因。我还记得 1979 年在塞万湖召开的那次会议。
>
> 这些会议开阔了我的眼界，尤其是在塞万湖的那次。那时候

① 朗道理论物理研究所，是一个以研究理论物理学为主的世界著名研究中心，坐落在俄罗斯首都莫斯科附近的一个小镇切尔诺戈洛夫卡。

阿富汗战争刚刚开始。美国科学界有一半的人认为应该抵制俄罗斯，但幸运的是，还有一半的人认为不应该抵制。美国代表团当时由利奥·卡达诺夫（Leo Kadanoff）担任主席，他们确实来到了亚美尼亚，我也到了那里。这是一场奇妙的活动，特别是因为我们可以和同事一起登山，然后有完全开放的互动。我从这种互动中获益良多。

当然，我非常感谢利奥·卡达诺夫（他最近刚离世），他让这个小组反驳了至少一半科学界的观点。他这样做十分勇敢，我对此非常感激。[9]

像在塞万湖举行这样的会议，就像是在一道安全之墙上凿出的小裂缝，而这面安全之墙正是克格勃的“看守”强制施行的。“你去过塞万湖吗？”什克洛夫斯基在我们谈话时问我。

这是一个美丽的地方。我们在一个疗养院里，这是为了给西方科学家留下深刻印象。亚美尼亚的食物、葡萄酒和其他一切都一如既往，十分美妙。不过，我们将晚餐时的位次已经提前规定好了，在整个会议中，我们都坐在同一个位置上。在登记文件中，每个人都有指定的位置，美国人也一样。原因是他们（克格勃）在桌子下面安装了监听设备，对克格勃的人员来说，我们坐在（指定的座位上）这一点十分重要，因为声音识别不是很好。

我们（真的）并不介意，只要能坐在那里，我们就很高兴了。但当美国人到达并拿到他们的登记文件，看到他们的座位已经分配好了，他们就拒绝参加这次晚宴。于是他们甚至都没来进餐，所以我们（苏联科学家）吃了晚饭，也猜到发生了什么事。接下来，这件事被报告给了莫斯科，应该是报告给了克格勃总部或其他什么机构。这是一个丑闻，因为（克格勃）知道，由于阿富汗事件，美国人能来参加会议都已十分勉强，所以如果他们不撤销对于座位的要求，美国人可能会离开。这对所有与俄罗斯有关的人来说都极为可耻，最终我们得到了莫斯科的许可，允许每个人坐在他们想坐的地方。所以第二天早上，我们收到了几张纸，上面写着座位要求可以无视。这是一个小小的插曲，但给我们留下了深刻的印象。[10]

直到 1989 年，什克洛夫斯基才获准前往美国，他收到了一张从明尼苏达大学寄来的单程票。明尼苏达大学邀请他在那里管理一个新设立的研究所，并为他提供了一大笔可以自由支配的基金，他可以用这笔基金带俄罗斯科学家到"双子城"明尼阿波利斯－圣保罗都会区（Twin Cities）进行长期或短期访问。一些著名的苏联物理学家慕名而来，专程拜访他。如此之多的杰出访客使明尼苏达大学一度在物理学界被称为"密西西比河上的莫斯科"。

罗尔德·萨格迪夫（Roald Sagdeev）

在什克洛夫斯基的故事中，国际会议经常会发生或奇怪或美妙的事情。当时，年轻的罗尔德·萨格迪夫刚刚开始在"测量仪器实验室"（Laboratory of Measuring Instruments）的"电子设备局"（Bureau of Electronic Equipment）工作。这是由著名的伊戈尔·库尔恰托夫（Igor Kurchatov）领导的庞大机密机构的代号，后来成为库尔恰托夫研究所（Kurchatov Institute）。1958 年，萨格迪夫被库尔恰托夫选中，去参加在日内瓦举行的一个关于和平利用原子能的重要国际会议，这是他第一次参加国际会议。这次会议是与"原子促进和平"展览一起举行的，该展览与科学和其他交流项目一起启动，这是艾森豪威尔总统向苏联示好的一个关键特征，而这次科学会议的主题是可控核聚变。

萨格迪夫回忆起他到达日内瓦后和朋友们在街上散步的情景。“我们遇到的现实，”他在自传中写道，“不仅迷人，而且让我们叹为观止。”当我们走在日内瓦街道上，看到街上的人们时，我们感到了强烈的震撼。他们脸上没有一丝恐惧的表情。他们看起来光鲜亮丽，神采奕奕。的确，有些人看起来很富有。我们开始互相询问：“受压迫的工人阶级去哪里了？无产者在哪里？”[11]这是许多苏联科学家和其他第一次来到西方的人的普遍反应，特别是在20世纪80年代末之前。可以肯定的是，许多美国人在第一次踏上苏联的土地时也会表现出相似的震惊，他们也许会问：“解放了的无产阶级在哪里？新社会主义者在哪里？”对于两个世界的人来说，这可以说是一次奇异的邂逅。

萨格迪夫随后讲述了苏联代表团的一名成员康斯坦丁诺夫（Konstantinov）教授加入他小组的故事，每当与美国人交谈时，康斯坦丁诺夫都极力表现自己。他的英语比其他苏联科学家都好得多。有一次，萨格迪夫等人和年轻的美国科学家、数学物理学家马丁·克鲁斯卡尔（Martin Kruskal）一起去看电影，康斯坦丁诺夫喝得醉醺醺的，还来了次政治演讲，让自己出洋相，后来还指责苏联的年轻人应该痛打新美国朋友。萨格迪夫和其他人决定把这个故事讲给……苏联团队的一位资深科学家，他转告给了库尔恰托夫研究所的党委书记，然后由党委书记转达给了上级当局。几个小时后，萨格迪夫和他的朋友们来到了日内瓦大都会酒店（Geneva's Metropol Hotel）的一间豪华套房，在那里他们认识了伊凡·塞尔宾（Ivan Serbin），萨格迪夫形容他是“这里苏联团队的灰衣主教”。塞尔宾想了一会儿，然后说道：

“别担心，照常履行你们在会议上的职责，没有人会再妨碍你们在国际舞台上的工作。”他从椅子上站起来，表示会议结束。我们没有等很久就看到了那次会议的结果。到午餐时间，康斯坦丁诺夫似乎有些尴尬，走近我们说了几句话，试图为他的不当行为或误解道歉，说着，他递给我们一小笔钱，几个瑞士法郎，说是作为昨晚电影票的报销费。故事到此为止，但这却象征了我们的胜利。[12]

“会议的其余部分，”萨格迪夫写道，“更令人振奋不已。”尽管这场会议“双方交流的想法没有什么新奇之处”，但很明显，美国人想到了一些苏联人没有想到的方法。当团队最资深的成员列夫·阿齐莫维齐（Lev Artsimovich）试图辩称苏联做了类似的工作时，米哈伊尔·列昂托维奇（Mikhail Leontovich）直言不讳，并明确表示情况并非如此，情况因此变得有些尴尬。“他的干预，”萨格迪夫说，“给我们年轻的科学家上了一堂有关科学诚信、意义非凡的课，甚至这是一堂有关人类尊严的课。最后，在会议结束时，两国团队都以一种有点开玩笑的方式同意了非官方的比分，即在实验等离子体和核聚变物理学的讨论方面，美国团队与苏联团队是三比一，理论上是一比一。这让我们这些列昂托维奇的学生感到无比自豪。”[13]

玛乔丽·塞内查尔（Marjorie Senechal）

在数学和理论物理领域，美国数学家有着强烈的渴望，想要了解苏联专家的工作。史密斯学院（Smith College）的玛乔丽·塞内查尔被苏联科学家研究晶体拓扑结构的独特方法所吸引：

我是通过一个我感兴趣的科学问题参与进来的，这个问题与晶体和它们的形状有关，我至今仍对此感兴趣，我对晶体的形状很着迷，我经常想，它们为什么会有这样的形状？一般的答案是，

> 它们的原子排成行和层，就像积木一样，大概就形成了这些美丽的形状。但有些晶体的形状是无法用这种方法解释的。例如，你会发现有的晶体看起来像两个立方体相互穿过，所以一定有办法理解这种东西是如何形成的。像这样的晶体叫作孪晶。所以我开始研究和阅读有关孪晶的文献。即使这些文献是英语写的，对我来说也没有任何意义。并非是我不能理解，而是我不相信，我为此非常努力，并为此写了一篇论文。但是，我还是觉得我的理解中缺少了什么。[14]

塞内查尔在一位苏联几何学家的作品中发现了她所缺少的东西，该几何学家的作品仅以俄语发表在苏联科学期刊上：

> 当时和我一起工作的一个学生在一篇论文中发现了一些东西，她认为我可能会感兴趣，这篇论文来自苏联科学院的一份期刊。我读了这篇文章，突然间明白了孪晶是如何形成的，这让我感到异常兴奋，我真的很想知道，这位俄罗斯人是谁？后来我才知道，原来是晶体学研究所（Institute of Crystallography）的尼古拉·诺莫维奇·谢夫塔尔（Nikolai Naumovich Sheftal）。所以我写信给他，问了他一些关于这个方面的问题，我在信中表达了对他论文的喜爱，并询问论文中的理论在我感兴趣的领域是否适用，这个更为复杂。他用通俗易懂的英语给我写了回信，给予了我极大的鼓励，然后我们就继续写信了。[15]

但通信并不能代替建立密切的工作关系。塞内查尔发现了通过科学院间交流项目实现这一目标的机会：

然后我发现了科学院院际交流项目。我心想:“我很乐意同他一起工作。”他是我非常看重的人，所以我申请了这个项目。我也申请了和另一个人一起工作，这个人的工作更多的是与数学有关，不过也做晶体学研究。不过与后者的合作是一个错误，这件事发生在我交流期即将结束的时候，我把这个人从我的办公司撵走了。[16]

我申请到了科学院院际交流项目，令我十分高兴的是，他们给了我 11 个月的交流期，我觉得这很棒，我可以和一家人一同前往，包括两个学龄的女儿。于是我们动身出发，两个女儿在那里上学，我和谢夫塔尔在办公室和实验室一起工作了将近一年，事情就是这样开始的。[17]

自此，塞内查尔不仅继续她的合作，还借助美国国家科学院和美国民用科技研究与发展基金会，深入参与了与苏联以及俄罗斯的非营利性交流与合作项目的管理，她还参加主持了一个重大项目：美国民用科技研究与发展基金会的俄罗斯高等教育基础研究项目，该项目旨在对俄罗斯大学进行深层次的结构和文化变革。[18]

劳伦斯·克拉姆（Lawrence Crum）

劳伦斯·克拉姆是华盛顿大学电气工程和生物工程的研究教授，他通过国际科学会议的方式积极参与到国际科学界中，也是在这个时候，他第一次意识到，苏联在声学方面的研究已经十分先进。

20世纪80年代中期，在奥斯陆召开了国际非线性声学会议（International Conference on Nonlinear Acoustics）。克拉姆回忆道：

俄国人派了一艘船去奥斯陆，船上有 55 名或是 75 名俄国科

> 学家。这对他们来说很便宜，因为他们可以住在船上，参加会议。我在那里遇到一位年轻的女士，她做了一次精彩的演讲。她很友好，很开朗，她说，“我很愿意来美国和你合作。”最后她来了，她的同事也来了，我们开始合作，这种合作关系一直持续到今天。我认为她的首次访问是借助了美国民用科技研究与发展基金会项目，通过这个项目，我们给他们汇了钱，然后他们来这里住了几个星期。[19]

克拉姆解释了为什么苏联的声学科学具有如此内在的科学价值。因为在非线性动力学这样的领域，他们不能像其他领域那样高效地处理数字，他们从深入的理论分析开始：

> 在俄罗斯，苏联科学家需要做很多理论上的工作，因此他们发明了非线性声学。他们在非线性方程上的成就举足轻重，所以当医学超声的研究开始进入高强度超声研究的领域，就必须学习如何研究非线性声学。苏联科学家知道如何研究非线性声学。当苏联科学家参加了奥斯陆科学会议，那些研究非线性声学的美国人说：“天哪，这些人比我们领先了10年，如果我们要开发非常实用的美国技术，我们就需要学习他们的知识！”俄罗斯人想从知识的角度发展非线性声学，我们想用这项技术造福人类，我们也确实做到了。[20]

当然，先进的声学科学不单有生物医学方面的用途。事实上，在我多年来与苏联以及俄罗斯协调交流访问和联合研究项目的过程中，没有什么领域比声学更敏感、更令美国军方和情报界关注。在我们的讨论中，克拉姆举了一个例子，说明他们的工作在理论和实践上的先进之处：“我们有一个小秘密，这不是机密，但并不广为人知。我研究过尾流跟踪鱼雷，结果是，一名船员发现，只要有船驶出，他就能看到持续数千米的尾流。所以俄国人决定研究一枚尾流跟踪鱼雷，它可以进入尾流，并跟着尾流前进，直到它击中航空母舰的螺旋桨并摧毁航空母舰。”[21]

在非线性流体力学和声学方面有一些非常奇特的成就就是这样实现的。这是一种苏联拥有的军事技术，而我们没有，至少在当时是如此。因此，这就很容易理解为什么这个研究领域受到了两国的严密保护。然而，该领域的重点并不在于技术，而在于最基础的科学研究——混沌现象的建模。而且它不是“复制”“窃取”或“逆向工程”的技术，它是军事技术，植根于苏联数学家在理论和计算数学方面的先进工作。苏联的基础研究使得他们的科学家和工程师在数学建模方面拥有非凡的技能，其部分原因是俄罗斯特有的科学传统，部分原因是他们很少接触到西方的那种大量数字计算。

这是我们在本书中经常会遇到的模式。在实践中，这种模式为美国科学界和政府界（毫无疑问苏联也是如此）之间关于自由国际科学合作的限制的一些讨论设定了框架。

雅罗斯拉夫・亚茨基夫（Yaroslav Yatskiv）

在科学的某些领域，如天文学和空间研究，国际合作对科学助益良多，特别是在大型仪器、从相距遥远的地点进行协调观测和进入太空的复杂任务等领域更是如此。对于乌克兰国家科学院（National Academy of Sciences of Ukraine）主要天体物理天文台（Main Astrophysical Observatory）主任雅罗斯拉夫・亚茨基夫来说，国际科学协会是参与国际科学合作的门票：“在科学合作方面我运气很好，因为我的老师是 E. P. 费奥多罗夫（E. P. Fedorov）教授，他是天文学和地球自转领域的国际著名科学家，研究的是测定地球自转参数和地轴章动。”[22]

苏联是外太空项目的主要参与者。1984—1985 年的维加计划（Vega

Program)[①] 对金星和哈雷彗星进行了探测，该计划由苏联主导，多国参与其中，[23] 亚茨基夫也在这项计划中贡献了自己的力量。

> 我很幸运，当时苏联科学院空间研究所（Space Research Institute）所长罗尔德·萨格迪夫需要一名副手兼助理，来确定维加号飞船和哈雷彗星的轨道。对哈雷彗星来说，维加计划是最成功的，也是最新的一个计划。欧洲人有乔托宇宙飞船，美国人没有宇宙飞船，但参加了所谓的探索哈雷彗星机构间协商小组。萨格迪夫邀请我担任他的副手，负责导航和测定哈雷彗星的位置，这样维加号飞船就可以在1万千米的距离接近哈雷彗星。这在当时是一项了不起的成就，那时候还是80年代初。现在“菲莱”（Philae）登陆器甚至可以从“罗塞塔”（Rosetta）号宇宙飞船上直接着陆到一颗彗星上，但在80年代，这还是相当困难的。[24]

彼得·雷文（Peter Raven）

在地理位置很重要的其他科学领域，如地球、海洋、大气、植物学和动物学等，不一定是苏联科学本身的卓越性，而是其独特的地理位置和其丰富资源，吸引了来自美国和其他地方的科学家。对于彼得·雷文来说，两者兼而有之。他描述了他第一次到曾经是俄罗斯殖民地的加利福尼亚（罗斯堡[②]）的情形：[25]

> 我对俄罗斯的首个认知是在俄罗斯殖民地加利福亚。加州

① 维加计划是苏联于1986年探测金星，并同时观测哈雷彗星的任务。

② 罗斯堡是位于美国加利福尼亚州索诺马县的一个非建制地区，它是1812年俄罗斯人为了解决阿拉斯加殖民地的粮食危机而建立的殖民定居点，是俄罗斯曾经在北美建立的位置最南的定居点。

的州花是罂粟，最初是俄罗斯人在一次沿海岸探险的途中，于旧金山要塞建造的地方或附近采集的。它的学名是花菱草属（*Eschscholzia*），我曾经在圣克鲁斯山（Santa Cruz Mountains）收集过一种学名叫 *Nebria eschscholz* 的甲虫。俄罗斯科学家在一次从罗斯堡到加利福尼亚内陆的生物考察中收集了这种甲虫的第一批标本。所以我才知道他们去过那里。

我一直对世界各国兴趣浓厚。1956 年，我还是伯克利加利福尼亚大学的一名本科生，我选修了一门关于苏联地理的课程，授课老师是俄罗斯的尼古拉斯·米罗夫（Nicholas Mirov）教授，他是移居过来的一名护林员。我对这个国家广阔的地域和生物多样性深感兴趣，并开始比以前更多地思考和了解这个国家。[26]

雷文与其他大多数科学家一样，首次接触苏俄是通过在列宁格勒举行的一次科学会议。

1975 年的国际植物大会，是我能够前往苏联的首次机会。那一年，全世界的植物学家被邀请到列宁格勒，这在当时是一个非常新奇的机会。之前的接触很少，有时还很危险。那次，我们在列宁格勒待了将近 4 个星期。

几年前，也就是 1960—1961 年，我在伦敦研读了一年博士后，主要研究一组被称为柳草的植物，即柳叶菜属（*Epilobium*）。当时，我认识了这个研究小组的一位主要的俄罗斯专家阿列克谢·斯克沃尔佐夫（Alexei Skvortsov），他在莫斯科的大型植物园工作。当我终于在国会见到他时，他告诉我，如果我在 1960 年给他写一封信，他很可能会被判入狱，甚至会惨遭杀害。我暗暗舒了一口气，因为我没有这样做，我无法想象这样做所带来的后果。

> 阿列克谢可能夸大其词了，但他确实表达了真正的担忧。即使在科学会议上，科学家们的接触也具有较高的限制性与公开性。[27]

雷文在1975年与斯克沃尔佐夫的交流是那个时代的典型："他给了我一份手稿，让我在美国出版。坐公共汽车的时候，他把这份手稿给了我。我一直这样接收他的手稿。我坐了几次公交车和人们聊天。人们之前毫无秘密可言，一切都会被记录下来，但我一直希望我能说一些有趣的事情，让那些记录者可以将这些记录下来。"[28]

1975年国际植物学大会期间，雷文首次有机会参观位于列宁格勒的苏联科学院著名的科马罗夫植物研究所（Komarov Botanical Institute）。自此，雷文就对科马罗夫研究所迷恋不已，或许更恰当的说法是痴迷其中。

> 我们在列宁格勒待了大约10天，这期间，我参观了世界一流的科马罗夫植物研究所，逐渐了解了那里的情况。那一年来参观的许多植物学家注意到，大块灰泥从墙上掉下来，建筑物的外部严重渗漏。我们后来得知，那里没有足够的热量供人们在冬天工作，因为锅炉坏了。那座建筑当时只有大约60年的历史，但非常简陋。国会的几位代表注意到这座建筑的状况不佳，他们回到家中后就写了关于它的文章。
>
> 对整个植物学领域来说，这似乎是一场悲剧，因为该研究所里面收藏了来自世界陆地面积七分之一的苏联广阔领土上的主要植物标本，以及许多来自中国、拉丁美洲还有俄罗斯植物学家多年来游历收集的许多重要植物标本。植物分类、植物系统学领域的许多领导者都是俄罗斯人，这使得他们研究的标本更加重要。科马罗夫研究所拥有世界上最大、最重要的植物研究收藏之一，

这项资产独一无二且不可替代。因此，研究所的糟糕状况成了参加 1975 年大会的关注的焦点。[29]

当时，除了发展和保持与苏联的科学联系外，西方植物学家对研究所的状况几乎无能为力。但是 17 年后，当乔治·索罗斯带着他的国际科学基金会出现在历史舞台上时，雷文借此独特的机会，邀请了索罗斯和其他人参与一个百万美元的项目来修缮研究所。[30]

植物大会在其他方面也卓有成效。在苏联相对偏远的地区进行了实地考察，这几乎是西方植物学家第一次获准进入这些地区。雷文则前往了格鲁吉亚。

关于这次大会，苏联人通过组织一系列的短途旅行向到访的科学家们打开了自己国家的大门。在对莫斯科及其周边地区进行了良好的访问之后，我们参加了对格鲁吉亚共和国为期一周的访问，这在几年前似乎是不可想象的。

在第比利斯及周边地区待了几天后，我们便前往拉戈代希国家公园（Lagodekhi National Park），这里是高加索地区最美丽、生物资源最丰富的地区之一，是一片长满了稀有植物的温带森林。那次早期访问为密苏里植物园（Missouri Botanical Garden）在过去 20 年中于高加索地区的大量活动指明了道路，包括植物学活动，植物保护和园艺探索。我和阿列克谢·斯克沃尔佐夫研究过的一些植物就在那里，这次旅行令我兴奋不已。[31]

卡尔·韦斯特（Karl Western）

卡尔·韦斯特是美国国家过敏和传染病研究所（National Institute of

Allergy and Infectious Diseases）的高级顾问，也是美国国立卫生研究院（National Institutes of Health，NIH）国际合作项目的长期负责人。他第一次接触苏联科学是在一个不同寻常的地方——尼日利亚。当时正处于20世纪60年代中期，尼日利亚爆发了内战。那时候，他是佐治亚州亚特兰大市美国疾病控制与预防中心（Centers for Disease Control）的一名年轻科学家。

> 内战时期，与今天相比，大部分的训练有素的尼日利亚人，较少来自已经脱离尼日利亚的比亚法拉，所以他们带走了大部分工程师、医生和公共卫生人员……关于尼日利亚内战，法国、西班牙、葡萄牙、强烈支持比亚法拉，因为比亚法拉是分裂主义者，而尼日利亚联邦政府的盟军是英国、美国、俄罗斯或者说苏联，因此政治分歧产生了。俄罗斯在根除天花计划中有很大的利害关系（因为他们正在研制天花疫苗），很多研究人员都是俄罗斯人，所以我们有俄罗斯人负责西非天花项目。那是我第一次接触他们。
>
> 我和他们并没有非常密切的关系，但有一个小插曲，英国和美国不想让这为人所知：因为俄国人很活跃，所以他们给我们大多数人起了代号。所以，阿西莫夫（Isimov）博士会被称为琼斯（Jones）博士。至于我的代号，他们觉得“韦斯特”就行了。有两个美国人没有代号：拉里·博瑞恩特（Larry Brilliant）和我。他们觉得“博瑞恩特（Brilliant）博士”和“韦斯特（Western）博士”听起来已经非常像代号了。而他们真正的目的是掩盖俄罗斯积极与我们合作的事实。[32]

此时苏联和美国科学家之间的联系，特别是工作上的联系，在官方交流计划或科学会议之外，确实极为罕见。诚然，这种合作渠道在其他国家并不少见，但当时的政局使美国和苏联科学家之间不太可能发生这种交涉。

朱莉·布里格姆－格雷特（Julie Brigham-Grette）

马萨诸塞大学阿默斯特分校（University of Massachusetts-Amherst）的地球科学教授朱莉·布里格姆－格雷特对白令陆桥（Bering Land Bridge）[①] 和苏联独特的地理环境深感兴趣：

> 当我们第一次看到苏联开始分崩离析时，我的导师戴维·霍普金斯（David Hopkins）就像白令陆桥一样，与俄罗斯保持着良好的关系——尽管他从未去过俄罗斯，也没去过楚科奇自治区。他写过关于白令陆桥的书，一直想去那里。所以他和我向国家科学基金会写了一份资助提案，以进行科学上的交流，我们会去俄罗斯看看他们的国家如何，然后我们会把俄罗斯科学家带到这里。我们大约在 1990 年获得了资助，然后我们的第一次旅行是在 1991 年和 1992 年，我们正在与马加丹的一个小组合作，这就说明了戴维·霍普金斯有很好的人脉。[33]

在更深层次上，重要的是要理解，为什么访问苏联会让美国科学家对所谓的“基于数据”的自然科学（植物学、动物学、地质学和地球物理学、考古学、大气科学、海洋科学和湖沼学、古气候研究等）产生相对浓厚的兴趣。在这里，吸引科学家的因素不一定是在苏联所做的科学研究的质量，也不一定是在国际文献上发表的论文数量，因为这些领域的苏联科学家几

① 白令陆桥位于白令海，伸延至极限时长达 1600 千米。白令陆桥连接现今的美国阿拉斯加西岸和俄罗斯西伯利亚东岸、更新世（前 180 万—前 1 万年）时连接的地方数量和变化无法估计。

乎只在苏联期刊上用俄语发表文章，因此数量很少。

苏联强力的吸引力在于其独特的地理位置。苏联占据了地球陆地面积的七分之一，在其领土上有许多独特的物种、生物群系、地质构造和矿物、气象和大气条件，以及古代灾变的记录。要进入这些地点，在后勤和政治上都需要很复杂的程序。对于这些科学家来说，正式的交流和合作项目，包括他们的政治和外交庇护的“屋顶”（俄罗斯语为 kryshi），以及来自像科学院这样的高层组织的支撑体系，往往是必不可少的。像布里格姆－格雷特这样的地球科学家试图独自完成实地考察工作，有时会遇到难以克服的困难。她在第 11 章中关于“历尽艰辛的考察”的故事，应该会让任何“基于数据”的科学家望而却步，他们幻想自己可以像在法国或南非那样，在俄罗斯或中亚组织一次实地考察。

罗尔德·霍夫曼（Roald Hoffmann）

然而，并不是每个进入美国—苏联科学合作领域的人都这么直截了当。康奈尔大学化学系的诺贝尔奖获得者罗尔德·霍夫曼和哈佛大学和麻省理工学院的洛伦·格雷厄姆讲述了两个此类故事。首先，霍夫曼讲述了他的故事，他之所以进入苏联是因为他当时不想从事与化学相关的工作：

> 我出生于 1937 年，出生地是波兰，当时来看是如此，然后变成了苏联，现在是乌克兰。我和我的母亲以及我的继父（我的父亲在 1943 年被纳粹杀害）于 1949 年来到美国，当时我 11 岁半。我们定居在纽约市，我去了普通的公立学校，然后去了哥伦比亚大学和哈佛研究生院就读。我开始接触苏联是在 1959—1960 学年，那是我在哈佛读研究生的第二年，那时我是 23 岁左右。当时（或者可能是战前时期），我有典型的犹太移民的左翼倾向，但我当然不是共产党员。

我是1959年发现国际研究与交流委员会的交流项目的。在谈及苏联时，科学是会考虑的一个因素。著名的物理化学家迈克尔·卡沙（Michael Kasha）曾访问哈佛大学，他有乌克兰血统，曾在塔拉哈西的佛罗里达州立大学（Florida State University）任教，教授一门关于分子能量转移的课程，在这门课程中，他赞许了苏联科学家捷列宁（Terenin）和达维多夫（Davydov）的工作。亚历山大·谢尔盖耶维奇·达维多夫（Alexander Sergeevich Davydov），他是我在莫斯科大学的同事，做了一件非常重要的事情。他曾在列宁格勒与约费（Ioffe）一起学习，并提出了一种称为激子的可行理论，描述了晶体中的能量迁移过程。[34]

然而，尽管霍夫曼对苏联科学家的工作产生了兴趣，但他当时对自己在科学领域的职业生涯并不确定：

我是一个不同寻常的化学家，因为直到我的化学博士学位读了四分之三的时候我才决心以后从事化学事业。在哈佛大学的前两年，我旁听了其他学科的课程，主要是天文学、现代科学政策方面的课程，我对化学没什么把握。这种不确定性起源于大学，那时，我终于鼓起勇气告诉我父母，我不想成为一名医生——因为进入医学领域困难重重。与此同时，哥伦比亚大学向我敞开了大门，我对艺术和文学开始萌生浓厚的兴趣，而直到我就读哥伦比亚大学的最后一年，科学教学才让我感到振奋。我不敢告诉我的父母我想学习艺术史，如果我和他们说了这件事，他们一定会抓狂。总之，作为一种妥协，我读了化学研究生。我功课很好，但我的心没有放在其中——至少那时还没有。

所以我想，在我哈佛大学研读化学博士项目的第二年，我之所以对前往苏联感兴趣，并申请了国际研究与交流委员会项目，其实在某种程度上，是一种拖延，是对要不要从事化学事业的犹豫。在苏联的时候，我和物理学家达维多夫一起工作。但我总是在化学和物理之间徘徊不定，直到今天，即使我专注潜心化学，我研究的东西也和物理难以划清界限。此外，1959 年夏天，我去了欧洲，这是我们来美国后第一次去欧洲。我去了瑞典的一所暑期学校，在那里，我遇到了我未来的妻子，在那年，我们决定结婚，那是在 1960 年 1 月左右。同时，申请国际研究与交流委员会项目的截止日期也快到了。

作为申请过程的一部分，我接受了哥伦比亚大学马歇尔·舒尔曼（Marshall Shulman）领导的委员会的面试[35]。他们对我参加该项目的动机持怀疑态度。尤其是因为我告诉他们我要娶一个瑞典人为妻，这听上去很奇怪。但不管怎样，他们还是让我参加了这个项目。然后我的妻子伊娃 4 月份过来了，4 月底，我们结婚了。我们去印第安纳大学学习俄语，当时很多人参加了这个项目，这是 1960 年夏天的一个强化课程。9 月，我们去了苏联。[36]

因此，霍夫曼和格雷厄姆一起，成了第一批在苏联待了一年的科学家。这值得引起注意，因为这次访问是在国际研究与交流委员会下进行的，而非在全新的科学院间项目下进行的，该项目只资助为期一个月的短期访问，而且只针对资深科学家，而不是研究生。

国际研究与交流委员会项目始于 1959 年，我是在这个项目开展的第二年加入的。那一年，1960—1961 年，我被选为美国 40 名交换科学家之一。俄罗斯派出了所有的科学家和工程师。与我同行的另一位美国科学家是奥勒·马蒂森（Ole Mathisen），他原

> 本是挪威人。他在华盛顿大学度过了最美好的时光，因为他是钓鲑鱼的专家。俄国人对鲑鱼渔业和有关鲑鱼的科学非常感兴趣，所以俄罗斯人经常邀请他一起钓鱼，他去过的地方也就比我们多。有许多人参与了该项目，洛伦·格雷厄姆就是其中之一。我们派去的很多人都是斯拉夫主义者和历史学家。他们不断地刺激苏联政府的官员，让他们查阅各种档案，苏联对此坚决抵制。

事实上，正是因为国际研究与交流委员会项目的多元性质，项目涵盖了自然和社会科学家，使它在某种意义上比美国国家科学院项目更具“政治性”。在早期，国际研究与交流委员会项目经常碰到困难，特别来自于是努力维持的“互惠”，即维持自然科学家和社会科学家访问的数量和时间之间的平衡。苏联希望派遣更多的自然科学家，美国人想派出更多的社会科学家和历史学家。当然，这是出于他们学术团体的利益和他们国家的政治优先考虑。霍夫曼继续说：

> 那一年，我们在莫斯科，待在那幢外形极像婚礼蛋糕的大学大楼里。我和达维多夫一起工作。从很多方面来说，这都是美好的一年。当然，我对苏联文化和语言的了解也在那个时期加深了。那也是我们的蜜月！当时是1960年，我才23岁，一个不错的年纪。那是我在研究生院的第3年。哈佛大学的同僚觉得我这次去那里的决定很疯狂，他们试图劝阻我。我父母同样一点也不喜欢这次旅程。因为我出生在苏联本土，他们认为我会被征召入伍。[37]

洛伦·格雷厄姆（Loren Graharn）

麻省理工学院科学史教授洛伦·格雷厄姆与霍夫曼属于同一组美国交

换科学家。他在 20 世纪 50 年代就已经从事化学工程师的工作，但他和霍夫曼一样，他对该领域的职业生涯也有些心存疑虑：

> 我有一个工程学学位，我曾在陶氏化学公司（Dow Chemical Company）做过一段时间的研究工程师。我发现我喜欢科学和技术，但我不想从事科技研究。我想把科学记录下来。我不应该在实验室里度过我的一生，我应该在书桌上度过我的一生。而要做到这一点，保持我对科学技术的兴趣，同时又能写作，而不是在实验室里工作，我就要进入一个有可能做到这一点的学术领域——那就是科学史。
>
> 因此我迈入了科学史的领域，将俄罗斯历史与科学史结合在一起并攻读了一个博士学位。为什么选择俄罗斯的历史呢？因为我在 1958 年进入了研究生院研读，苏联人造卫星升空时还是 1957 年。苏联卫星的问世，让我对西方国家与俄罗斯的科学技术产生了极大的兴趣。然而，人们对于苏联人造卫星的制度、政治与社会背景几乎一无所知，更不要说了解这段历史了。1958 年，我们对于一年前发生的事情处于完全蒙昧的状态。我觉得，记录下这段历史，就应该是我的兴趣所在了。因此，我开始学习俄语。如果要在哥伦比亚大学取得博士学位，学生需要习得两门外语，而我则选择学习法语和俄语。我法语说得很流利，但我的口音（我带着中西部的口音）不是为法语而生的。但实际上，我的中西部口音对于俄语来说影响并没有那么大。我爱上了俄语，现在仍然爱着俄语。这就是我与俄语的不解之缘。[38]

洛伦·格雷厄姆作为当代研究俄罗斯和苏联科学的西方历史学家，成就了卓越的事业。他在美国培育并创建了一门完整的学科，即研究科学家和工程师在苏联以及之后在社会中的作用。

西格弗里德·赫克尔（Siegfried Hecker）

对于许多科学家（应该不是全部的科学家）来说，正如人们可能认为的那样，他们参与项目中的方式与原因复杂多样。1986—1997年担任洛斯阿拉莫斯国家实验室主任的西格弗里德·赫克尔回忆道：

> 这是因为科学，因为这些人发明了射频四极杆，美国人拿走了它。后来成为国家科学基金会主任的艾德·纳普（Ed Knapp）把射频四极杆带进了实验室设施中，这些都是彼此相关的，所以我们知道苏联人……
>
> 所以当我以洛斯阿拉莫斯国家实验室主任的身份前往苏联时，得到了极大尊重。洛斯阿拉莫斯是世界核研究圣地，这不仅仅是因为我们造了核弹，更因为他们认识所有来自洛斯阿拉莫斯的科学家。所以这让我们想起了1988年第一次到苏联的时候的情形，那有点像是一见钟情。我们的眼前是许多科学家。我们没有看到俄罗斯的核武器对着我们虎视眈眈，只是看到了许多光彩熠熠的科学家。

在苏联时期甚至后来的早期科学合作中，赫克尔说：

> 一个理念十分重要，即萨哈罗夫和他所称的磁场积累，本质上是磁场的爆炸性压缩……俄国人在这方面很擅长。萨哈罗夫对此理念已有基本的雏形。俄罗斯联邦核中心（VNIEF）的人，他们在洛斯阿拉莫斯实验室继续研究着这个项目，我们在洛斯阿拉莫斯实验室有一个平行的项目，由一个叫马克斯·福勒（Max

Fowler）的人主持。这些人在兆高斯（Mega-Gauss）会议上聚在一起。第一次会议可以追溯到1965年，会议在意大利的弗拉斯卡蒂召开，从那以后该会议经常召开。所以我们有机会进行这样的科学合作，但这种会议是专门针对几个领域的，特别是像磁场压缩积累等方面。[39]

特里·洛（Terry Lowe）

科罗拉多矿业学院（Colorado School of Mines）冶金和材料工程研究教授特里·洛说，在1986年赫克尔晋升为主任之前，他曾在洛斯阿拉莫斯实验室的冶金部与赫克尔密切合作，后来作为洛斯阿拉莫斯的科学家和企业家深入参与了与俄罗斯的防扩散项目。洛也很早就对苏联独特的研究产生了兴趣，比如纳米材料方面的研究，当时这在西方刚刚成为一个热门话题：

在美国，我们有一个组织叫作材料研究协会（Materials Research Society，MRS），欧洲有一个与之类似的协会叫作欧洲材料研究协会（Materials Research Society，EMRS）。1992年，就在苏联解体后不久，他们在俄罗斯圣彼得堡举行了年度会议。我决定去参加那个会议并会见俄罗斯科学家，我借此机会采访并会见了许多人，一共有450名科学家参加了那次会议。

早些时候，我在圣地亚哥的加州大学参加国家科学基金会的会议，在那里我遇到了一个叫米哈伊尔·泽林（Mikhail Zelin）的人。米哈伊尔·泽林以科学家身份来到美国，参加了这次会议。我表达了我对超级计算模型的兴趣，它是用来验证研究材料运动表现的，特别是观察纳米尺度的现象，主要是10^{-9}米的现象。在当时，对纳米现象模拟进行实验验证几乎是不可能的，因为它们只能运行非常短的时间（从皮秒到纳秒）而且只能模拟体积非常小的材料的运动表现。

这位俄罗斯科学家说他可以制造纳米结构的材料，也就是纳米级的材料。他提到了俄罗斯的一个机构，乌法国立航空技术大学（Ufa State Aviation Technical University）；还提到了他的前顾问，鲁斯兰·瓦利耶夫（Ruslan Valiev），瓦利耶夫就是开发这项技术的人。我说："嗯，这很有趣。这项技术也许使我们能够对洛斯阿拉莫斯进行的大规模模拟进行实验验证。"[40]

之后，特里·洛开始与俄罗斯开展防扩散工作：

从 1990 年到 1996 年，我在洛斯阿拉莫斯国家实验室担任材料、研究和加工科学（Materials，Research and Processing Science）小组组长。该组织是材料科学部门（Materials Science Division）的几个组织之一，西格弗里德·赫克尔是该部门的前负责人。我的办公室在化学和冶金研究大楼（Chemistry and Metallurgical Research Building，CMR Building），在那里，我的储物柜就紧挨在西格弗里德储物柜的旁边。这就是一切开始的地方，在那里我与他热切攀谈，他当时是洛斯阿拉莫斯国家实验室的实验室主任。他谈及苏联解体的后果，说："嗯，我们需要到那里去做点什么。"我不想说这想法先于华盛顿特区，沿着同样的思路，但它在一定程度上独立于那些想法，所以问题是该怎么做。实际上，是我主动去苏联与俄罗斯科学家会面的，我的灵感来自西格弗里德，正是因为他，我才第一次主动联系他们。[41]

赫克尔和特里·洛都明确指出，1991 年之后，在进行实用性防扩散工作之前，科学合作是出于同行科学家的科学兴趣和联系的目的，而非出于政策考虑。在后来动荡的几年里，纯科研合作也继续进行。赫克尔在他出版的书《命中注定的合作》（*Doomed to Cooperate*）中，用整整一章的篇幅讲述了美国实验室科学家（不仅来自洛斯阿拉莫斯）和他们的俄罗斯同事在封闭的核城市进行的基础研究。[42] 我们稍后将会看到，这些研究合作与同时进行并获得国际社会极大关注的防扩散工作密切相关，而且必不可少。

外交官

通向科学合作领域的第二种途径是借助外交力量。我在这里列举我有幸采访过的职业外交官，以及在外交事务中度过了大半个职业生涯，但后来在其他职位和组织中成名的个人。后者现在可能不会自认为是外交官，但对我来说他们就是，并且我希望读者们可以将他们定义为外交官，这样有助于理解他们最初是如何参与美苏科学合作的，以及参与其中的原因。

托马斯·皮克林（Thomas Pickering）与艾琳·马洛伊（Eileen Malloy）

我有幸为这本书采访了托马斯·皮克林和艾琳·马洛伊这两位前大使，至于他们是如何涉足科学合作领域的，这一点我不需要做什么个人解释。早在 1978—1981 年，皮克林就已经涉足这一领域，当时他担任负责海洋、国际环境与科学事务的助理国务卿。在此之前，他曾担任美国驻约旦大使，而更早些时候，他曾担任美国国务卿罗杰斯和基辛格的特别助理。后来，他又担任驻以色列、印度和俄罗斯的大使（1993—1996），他深深地意识到双边科学合作是美国外交政策一个极其关键的要素。的确，他一直高度支持这种科学合作，并对其十分了解。从外交部门卸任后，他成为波音公司副总裁，负责国际事务，同时也是一位充满激情的国际科学合作发言人。

马洛伊曾于1994—1997年担任美国驻吉尔吉斯斯坦大使，此前曾在美国驻莫斯科大使馆的环境、科学和海洋办公室（Environment，Science and Oceans Office）任职。

格伦·史怀哲（Glenn Schweitzer）

格伦·史怀哲长期担任美国国家科学院与苏联和东欧国家的科学交流项目主任，他也是通过外交手段在科学合作领域起步的。1962年，他在一份个人备忘录中回忆道：

> 我当时被派往新成立的军备控制和裁军署（Arms Control and Disarmament Agency）的科学部。国务院人事办公室打电话告诉我，作为一名普通的外交事务官员，我被安排去第二次海外派驻，并被告知很快就会有一个对我的背景感兴趣的办公室联系我。第二天，国务院的苏联部门邀请我去面试。接待官员告诉我，他们正在考虑将我派往莫斯科大使馆，担任第一任科学官员。虽然还有大约20个大使馆的科学官员候选，但他们都是从大学或行业内招聘来的。他强调，莫斯科是一个特例，他们在莫斯科需要一个不仅在科学和技术方面有良好背景的人，而且这个人需要值得信任，并严格遵守国务院和大使馆的指示。他们的解决办法是指派一名职业外交事务官员担任这一职位，他们发现我不仅具备必要的背景知识，而且俄语也相对流利。我立即接受了这项任务，六个月之内我就动身去莫斯科了。[43]

通过这项任务，史怀哲成为第一位在美国驻莫斯科大使馆工作的科学官员。因此，任命职业外交官员担任这一重要职位也成为一种模式，之所以不选择科学家来担任这一职务，部分是因为认识到美国与苏联的科学联系具有不同寻常的政治重要性。史怀哲并没有在外交部待多久，而是在政府和非营利组织中担任了各种各样的职位。1985 年他在国家科学院工作的故事将在第九章叙述。

诺曼·纽瑞特（Norman Neureiter）

对诺曼·纽瑞特来说，外交部门也是他毕生参与国际科学合作关键道路上的重要一站。在 1965 年加入外交部之前，他已经在亨伯尔石油公司（Humble Oil）任职科研人员和国家科学基金会的科学管理人员，拥有丰富的经验。随后他立即被派往波恩的美国大使馆担任科学助理专员，两年后被任命为美国驻华沙大使馆的首个科学专员，负责波兰、捷克斯洛伐克和匈牙利的区域地理工作。随后他在白宫科学办公室担任过职务，也担任了得州仪器（Texas Instruments）负责国际事务的副总裁，还担任过美国国务卿克林·鲍威尔（Colin Powell）的科学顾问。纽瑞特对世界范围内的科研合作产生了重大影响，如今是科研合作最热情的倡导者之一。

我们将在本章稍后部分研究纽瑞特的详细叙述。在之后的部分我们会探讨另一个吸引人们（包括我自己）进入与苏联的科学合作领域的强力因素——对俄罗斯语言和文化的迷恋。接下来我们会从外交接触方面转向另一条于 1991 年后开始的政策途径接触——防止武器和大规模杀伤性技术的扩散。

安德鲁·韦伯（Andrew Weber）

安德鲁·韦伯和西格弗里德·赫克尔可能是在苏联防止大规模杀伤性武器扩散的历史性功绩中最著名的两位人物。韦伯作为美国驻哈萨克斯坦阿拉木图大使馆政治军事部门的负责人，在该领域首次出场。有一天他告诉我：

> 故事是从一个汽车修理工开始的，他问我是否想买一些铀，这情节发生在大卫·霍夫曼的书《死亡之手》（*The Dead Hand*）中，[44] 所以这里没有太多可补充的。但对华盛顿来说，这看起来非常牵强。当时有很多质疑声。历史上发生了很多骗局——比方说红水银①就是一个大骗局。但我觉得值得继续研究，即使可能会一无所获。我与自称储存这些材料的工厂厂长建立了关系，然后从他那里得知了材料的数量和含量。接着我们与纳扎尔巴耶夫（Nazarbayev）总统安排了一次对工厂的秘密访问，以确认这种材料的存在。那是在 1994 年 3 月，一个下雪天，我们和橡树岭国家实验室的一位技术专家一起去访问，经考证，那里有大约 600 公斤的高浓缩铀。[45]

这些材料来自乌尔巴冶炼厂（Ulba Metallurgical Plant），该厂位于哈萨克斯坦乌斯季卡缅诺戈尔斯克（Ust'-Kamenogorsk），那里有丰富的铀和其他稀土金属矿藏。乌尔巴工厂“生产低浓缩铀球团，但在苏联时代，他们曾为一个名为模块化核反应堆的实验性潜艇项目生产过高浓缩铀铍合金燃料棒。这些材料易于获取，莫斯科对它们却不甚了解，关于这些材料的记录也不知丢在了哪里，但很少有人知道那里有这么多材料。材料易受盗窃与黑市侵害，这些问题是新出现的，但这些城市完全封闭，没有人能进入。”[46]

韦伯测试了乌尔巴铀，确认了它是用于制造核弹的最高级的高浓缩铀。在后来的“蓝宝石计划”（Project Sapphire）中，所有高浓缩铀都被运回美国，在田纳西州橡树岭的 Y-12 设施重新加工，变成难以用于武器制造的低浓缩铀。[47]

---

① 红水银是一种虚构的物质，传闻为苏联在冷战时期研制，通过纯水银和氧化汞锑放置在核反应堆内辐照二十天，则制造出的这种呈红色的廉价但辐射度极高的物料。

但这只是韦伯故事的开始。哈萨克斯坦不仅是苏联制造核武器的高浓缩铀的基地，而且也是致命进攻性生物战剂的生产基地。韦伯对这方面也有兴趣，并有过相关的经历：

> 第一次海湾战争之前和期间，我当时在沙特阿拉伯，一直对生物领域很感兴趣，后来在利比亚做了一些工作。机会出现了，因为我们两国政府之间建立了信任关系，同时也因为纳扎尔巴耶夫总统批准了“蓝宝石计划”。次年春天，我秘密访问了世界上最大的炭疽工厂，它位于俄罗斯边境的哈萨克斯坦斯捷普诺戈尔斯克（Stepnogorsk），同时访问了俄罗斯的化学设施和生物武器测试中心，因此我完全参与到了苏联大规模的进攻性生物武器计划之中。
>
> 这次访问的独特之处在于我们在这个过程中与人们建立的关系。我前往斯特普诺戈尔斯克的时候，听取了简报，看到了卫星图片，和那些能解释它的能力的人一起经过那个工厂，我感觉到我的生活完全改变了。这个工厂让我接触到一些非同寻常的东西，我真的觉得我应该在职业生涯中多关注它一些，这是一个被忽视的领域。我对于核安全、核武器也很热衷，这些领域备受关注，而对生物领域却一直鲜有人关注。因此我可以继续对这个领域进行探索。[48]

他做到了，经过长达数年的努力后，斯捷普诺戈尔斯克成功地变成了一片绿地，没有任何其他迹象表明它曾经是全球威胁。“那感觉当然很好，”韦伯告诉我。但与此同时，韦伯已经从国务院的外交部转到国防部，在那里他与当时的国防部长威廉·佩里（William Perry）和未来的国防部长艾希顿·卡特（Ashton Carter）一道，致力于五角大楼内的纳恩－卢格

(Nunn-Lugar)防扩散项目。

论及他更深层的动机，一向谦虚温和的韦伯这样对我说：那就是“好奇心”。“说来也怪，我只是出于好奇心做好我的工作，了解了许多事情，和来自美国国防部、能源部的团队一起执行一个项目。但是直到20年后，我才意识到这是一件大事，我做的事情为全球清除和巩固核材料树立了先例。但在当时，这只是一件我必须要完成的工作。”[49]

这确实是一件必须要完成的任务。通过他的努力，阻止了大规模杀伤性核武器和生物武器的扩散，而这源于他自己好奇心的驱使和机遇的促进，同时也得益于美国政府团队的支持。韦伯将人类从难以言喻的恐怖中拯救了出来，他所作的努力可能比历史上的任何人都要多，极少数人除外。当我们考虑美国与前苏联科学合作的影响时，我们需要仔细考量这个惊人的故事。

劳拉·霍尔盖特(Laura Holgate)

劳拉·霍尔盖特大使通过防扩散的合作途径，更为直接地进入了美国与苏联的科学合作领域。劳拉是哈佛大学肯尼迪政府学院(Kennedy School of Government)的研究生，她曾与艾希顿·卡特以及其他人合作，撰写了一份报告，名为《苏联的核裂变》(*Soviet Nuclear Fission*)，[50]基本上为后来成为纳恩—卢格防扩散计划的项目奠定了基础，而霍尔盖特当时继续在五角大楼管理了几年。后来，霍尔盖特成为“核威胁倡议组织”(Nuclear Threat Initiative)的俄罗斯首席专家，该倡议资助了几个合作项目，以减少未受保护的核材料带来的危险，她还被美国总统奥巴马任命为美国驻国际原子能机构大使。

罗斯·戈特莫勒(Rose Gottemoeller)

罗斯·戈特莫勒在2012年被任命为负责军备控制和国际安全事务的副

国务卿（随后被任命为北约副秘书长）之前，在全球安全事务方面就已经有了丰富的经验，包括在能源部担任副部长，负责防扩散事务。除此之外，她还负责监督国家安全委员会和莫斯科卡耐基中心（Moscow Carnegie Center）[①] 的全球防扩散倡议项目的早期工作。对于他们和其他高层决策者来说，选择从事能够促进核安全和防止全球灾难的研究和工作，是他们进入双边科学合作世界的入场券。

虽然科研合作不一定也不总是他们的当务之急，但这些官员和外交官对苏联解体后美国与前苏联科学合作的主要研究内容的范围和方向产生了重大影响。

俄语和文化狂热者

还有其他一些人基本上是出于偶然或大势所趋而进入美国与苏联科学合作的领域中的。对于包括我在内的这些人来说，他们对该领域的长期兴趣不一定来自对科学的特殊兴趣，也不一定来自对全球安全的热情，而是来自他们对语言研究的热忱，在某些情况下，也源于他们对俄罗斯帝国土地的语言、文化和历史深深痴迷。

诺曼·纽瑞特（Norman Neureiter）

我们已经见证了诺曼·纽瑞特在其职业生涯中期参与这一领域的经历，他是国际科研合作的主要参与者和思想家之一。然而，回望纽瑞特的年轻时代，通过对俄语的掌握，他表现出了极强的亲和力："1948 年我正好 16 岁，去大学读书。我的父亲是一位大学教授，在他成年时从奥地利移民到

① 它是俄罗斯国内第一个也是唯一一个大规模研究俄罗斯内政、经济和国际关系基本问题的研究机构。它将研究成果提供给俄罗斯最高决策层，成为俄制定有关政治、经济和外交重要政策的可靠依据。

这里。他对我说：‘你可以想学你喜欢的任何专业，但不要忘了对俄语的学习，总有一天会派上用场的。’现在想想，他真有先见之明！”[51]

正是纽瑞特的语言能力和兴趣将他带入了下一个阶段：文化交流。

> 但在1959年，我的俄语水平才突飞猛进。在美苏关系略有回暖的时期，艾森豪威尔总统和赫鲁晓夫曾达成了一项国家展览交流的协议。俄国人来到纽约，用各种机器展示了他们的工业能力，而美国决定向俄罗斯人民展示典型美国家庭的物质生活。这是一项规模宏大的活动。展览为期40天，每天有5万名游客。彩色电视、汽车工业，时装，轿车，带有厨房和浴室电器的全尺寸样板房。这里成了著名的尼克松和赫鲁晓夫之间“厨房辩论”的地点。总之，我申请并成了80名俄语导游之一，每天花8—10个小时回答苏联人的奇怪问题，以及回答那些想了解美国生活的俄罗斯人提出的严肃问题，而这些经历可以很快提高一个人的俄语流利程度。[52]

纽瑞特在结束了文化展览上的专业语言工作之后，政府又两度要求雇佣他，让他发挥才能。当时他在得克萨斯州的亨伯尔石油公司担任研究化学家：

> 然后在1961年政府让我做别的事情。他们问我是否愿意为一个即将来美国的苏联石油代表团做翻译。美国石油业已经完成了对苏联的首次有组织的访问，而这次是苏方对美国的回访。当苏联人准备首次进入全球石油市场时，美国工业界非常担心。政府邀请我做另一项事务是在1962年年初，他们要求我为苏联化学家托普奇耶夫（Topchiev）做翻译。他是苏联帕格沃什精神的官方

代表，同时也是苏联科学院的副院长。他还是一名有机化学家，这也是美国国家科学院邀请我做这项工作的原因。这对我可是件大事。[53]

然而，对于纽瑞特的雇主亨伯尔石油公司来说，这是最后一根稻草：

这次旅行是我人生中的大事。这也是亨伯尔石油公司第三次让我执行与苏联有关的外交任务，为期几周时间。几个月后，国务院又给了我一份翻译工作，但显然我不能从亨伯尔石油公司指派的工作中抽出时间，我必须做出一个抉择。最后，我决定去国家科学基金会，其后是外交部，然后是白宫科技办公室。在这些工作中，科学都是积极外交的重要组成部分。这些活动使我现在参与了科学外交，这种外交将科学视为促进和平外交政策的工具。它不能解决所有的问题，但我相信它有助于改善关系，并希望从长远来看，有助于建立一个更美好、更和平的世界。[54]

保罗・赫恩（Paul Hearn）

对我和几位同事来说，对俄语、文化和历史的兴趣也至关重要，这些兴趣使得他们最终走上了与美苏和其他国家管理科学合作的职业道路。在本节剩下的部分中，我要介绍四位人物，其中只有一人有正式的科学背景，他是美国地质调查局（US Geological Survey，USGS）的保罗・赫恩，而他的研究都是在对苏俄科学研究面临危机时才开始的后见之明。苏俄的研究吸引并促使我们进入了美苏科学合作这一有点陌生的领域。

赫恩回忆说：

我被杜克大学录取了。大家都在热烈讨论要修习哪一门语言，因为在那个时候，学校要求学生需要学习两年制的一门外语。我的一个朋友说："就选俄语吧，比较简单就能合格。"1971 年，我从化学专业和俄语专业同时毕业，我被乔治城大学录取，这也是得益于他们的俄罗斯地区研究项目。因为我对于自己想从事的工作毫无头绪，所以这一年对我来说是大学里最艰难的一年。[55]

在乔治城大学，他仍然不确定自己想要做什么，于是赫恩在史密森尼学会（Smithsonian Institution）的矿物研究部门找了一份兼职工作。这份工作让他着迷，他接着在乔治华盛顿大学（George Washington University）获得了地质学硕士学位，之后成了一名科学家：

于是自然而然地，我就对俄罗斯的地质科学产生了兴趣。苏联作为世界一部分的地质情况，以及他们科学的研究方法，都使我着迷。在我人生的那个阶段，我对苏俄的科学结构一无所知，也不知道它与我们有什么不同，所以只要有机会去听演讲，或者有来访的科学家，我都会欣然接受，我很自然地（开始）与俄罗斯科学家会面，并以朋友和同事的身份建立与他们的职业和个人联系。这种感觉在我以后的职业生涯中一直延续着。[56]

根据 1988 年签订的政府间基础科学协议（Intergovernmental Basic Sciences Agreement），赫恩成为美国地质调查局的首席科学家，负责与苏联的合作。保罗和我一起度过了许多难忘的岁月，我们一同管理该协议下的活动，还对许多事情交流了各自的看法，从苏联科学到美国跨部门工作经历的奇闻异事和矛盾痛苦，我们无话不谈。

凯瑟琳·坎贝尔（Cathleen Campbell）

另外两位关系亲密的同事，凯瑟琳·坎贝尔和加里·瓦克斯蒙斯基（Gary Waxmonsky）也走上了研究苏俄的道路，但和我一样，他们采取了更为直接的方式，完全绕过了自然科学领域的弯路。坎贝尔出于对斯拉夫文化的热爱，在本科阶段学习了俄语，并在乔治城大学获得俄罗斯和东欧研究硕士学位，并撰写了关于中亚穆斯林人口的硕士论文。她曾在政府资助的智库兰德公司[①]工作过一段时间，研究政策问题，后来又在国务院和白宫科学办公室担任政务职位，这两个部门都重点关注与苏联的科研合作。谈到她在美国国务院从事美苏科技合作的工作时，坎贝尔的回答令人耳目一新且十分坦诚率真。她与我分享了斯拉夫语研究领域人文学科毕业生（包括我自己）经常听到的老调："我需要一份工作。""但谁知道，"她接着说，"我会如此热爱这份工作呢？"

在国务院和科学技术政策办公室任职数年后，她在那里为改革时期的美苏科研合作的复兴起到了助推作用。之后她加入了美国商务部的技术管理局（Commerce Department's Technology Administration），负责许多国家的项目。在与她共事了几年之后，我把她招进美国民用科技研究与发展基金会担任高级副总裁，几年后，她接替我在美国民用科技研究与发展基金会担任了10年的总裁兼首席执行官。出人意料的是，坎贝尔完成了我在美国民用科技研究与发展基金会不能或不愿做的事情——通过将其效用范围扩展到非洲和亚洲，使其成为一个真正的国际组织。

① 兰德公司是美国的一所智库。在其成立之初主要为美国军方提供调研和情报分析服务。其后组织逐步扩展，并为其他政府以及盈利性团体提供服务。虽名称冠有"公司"，但实际上是登记为非营利组织。

加里·瓦克斯蒙斯基（Gary Waxmonsky）

加里·瓦克斯蒙斯基曾在美国环境保护局（Environmental Protection Agency）领导美苏合作项目数十年，他也对研究苏俄问题痴迷不已，就像坎贝尔和我一样。瓦克斯蒙斯基在研究生院接受的培训与我更接近：他在普林斯顿大学的罗伯特·C. 塔克（Robert C. Tucker）和斯蒂芬·F. 科恩（Stephen F. Cohen）的指导下学习政治学和苏联政治史，几年前他们也曾是我的导师。与我和坎贝尔一样，他的博士论文研究的是一个几乎与科学技术毫无关系的课题：费利克斯·捷尔任斯基（Feliks Dzerzhinsky）的生活和时代。捷尔任斯基是苏联秘密警察契卡（Cheka）的创始人，这个组织后来变成了内务人民委员部（NKVD）、克格勃和俄罗斯联邦安全局（FSB）。我猜想他的论文选题与他和"钢铁费利克斯"[①]同样的波兰血统有关。的确，坎贝尔和瓦克斯蒙斯基，就像我和许多其他进入俄罗斯研究领域的人一样，在这片历史上被俄罗斯帝国以各种方式控制的土地上都有一些家庭背景。毫无疑问，这些因素在我们的学术和职业选择中起到了一定的作用。

格尔森·S. 谢尔（Gerson Sher）

我很早就对俄语产生了浓厚的兴趣，不过是以一种不同寻常的方式。我的祖父母是二十世纪初从沙皇统治时期逃离的犹太难民。那一代的犹太人在家里说俄语是很少见的。这些犹太人几乎全部都想永远离开俄罗斯。但是，我的祖母却并非如此。她的书柜上摆放着托尔斯泰的《安娜·卡列尼娜》和《战争与和平》的流畅俄文版本。

我听说过《战争与和平》（但没听说过《安娜·卡列尼娜》），我想我的

① 全名为费利克斯·埃德蒙多维奇·捷尔任斯基（1877年9月11日—1926年7月20日），波兰裔白俄罗斯什拉赫塔，苏联克格勃的前身——全俄肃反委员会的创始人。

祖母应该是一个很有文化的犹太老妇人，她懂俄语，我觉得这本身就很奇怪。如果她把这些书和她的安息日烛台从俄罗斯一路带过来的话，这些俄国人身上一定有一些非常有趣的东西值得一看。

我在高中学过俄语，在大学也学过。我曾在世界文学课上读过《卡拉马佐夫兄弟》(*Brothers Karamazov*)，我对俄国文化开始着迷。这确实是一种非常奇特的文化：理性主义、狂野的情感和灵性，全都交织混杂在一起。我想要了解更多关于这方面的文化。我在耶鲁大学主修俄语研究，师从弗雷德里克·巴格霍恩（Frederick Barghoorn）学习苏联政治。[57]我读了尼古拉·果戈里（Nikolai Gogol）的俄语原著，对南斯拉夫不同政见者的马克思主义修正主义产生了兴趣。与科学有关的课程我一门也没上。我和保罗·赫恩一样，对自己下一步要做什么一无所知，于是我考入了普林斯顿大学政治系的研究生院，继续学习苏联和东欧的政治史以及政治哲学，并写了一篇关于南斯拉夫马克思主义团体的博士论文。[58]我为斯蒂芬·科恩广受欢迎的苏联政治史讲座“助教”（教授本科讨论部分）。然后有一天我突然感觉，其实我对教学没有任何兴趣，这简直是一场危机。

我的救赎来自一个意想不到的领域，那就是科学。艾伦·卡索夫（Allen Kassof），在普林斯顿大学教授苏联社会学（他有很多关于苏联的笑话），也是国际研究与交流委员会的长期执行董事（见第1章）。国际研究与交流委员会没有职位空缺，但艾伦提到华盛顿特区的国家科学院有空缺，并建议我与国家科学院的主任劳伦斯·米切尔（Lawrence Mitchell）谈谈，他负责与苏联和东欧的科学交流项目。我的第一反应是：“哦，但愿绝不是和科学有关的工作！”但在这份工作中，我可以运用我的语言技能，也许还有我的知识，虽然可能用不上我在南斯拉夫马克思主义方面的专长。我在华盛顿的面试结果十分完美，加上良好的语言训练，最后我被录用了。

简而言之，像凯瑟琳·坎贝尔一样，我找到了一份科研合作的行政管理工作。尽管这是意料之外，因为我从来没有过这样的想法，但在之后的四十年里，似乎没有什么事比这更自然了。这份工作使我像坐在剧场前排一样能近距离地观察苏联和东欧生活。至少，那部分生活触及了受过高等教育、享有特权的科学界。这也是我继续探究当时思想史的一种方式，不过现在，我更感兴趣的是苏联和东欧的科学知识分子，这种兴趣取代了我早期对马克思主义人文主义者的痴迷。[59]但当我试着思考我在做什么以及为什么要这样做时，这种感觉会不时地出现。

企业家

在这一部分，将一群通常不被认为是与苏联进行科学合作的参与者的人带进这个故事至关重要，至少在 1991 年之前是这样。在当时，通过接触苏联科学家的工作来盈利的想法有违常理。美国公众舆论大多认为，苏联研制氢弹只不过是间谍活动的成果。他们在太空竞赛中的成功，如人造卫星、尤里·加加林、莱卡[60]等。而这些成果更多地被视为具有军事意义的工程壮举，而非科学成就。尤其是在美国政府社区，人们普遍认为，苏联人在每个科学领域都“落后”于美国，物理和数学可能除外。只要他们继续依赖“逆向”工程和国家操纵的科学机构，如果我们西方人引起足够的警惕性与防护性，他们就会被我们远远甩在后面。他们可能在某些以科学为基础的商品或竞争性技术上拥有一些优势，但这些并不是大多数观察者和决策者关注的首要问题。

约翰·奇瑟（John Kiser）

但这一想法并不适用于少数企业家，他们和许多创新者一样，敢于以不同的方式思考。第一个指出苏联高科技缺乏竞争力的是一位对俄罗斯很感兴趣的年轻人，他叫约翰·奇瑟，拥有商学学位，有反定势思维的天赋。奇瑟曾在学生时代访问过苏联，上过商学院，并决定开拓一个独特的商业领域——苏联技术。他列出了一份 20 世纪六七十年代美国对苏联的专利清单。1976 年，他在《外交政策》(*Foreign Policy Magazine*) 上发表了一篇开创性的文章，文中写道："美国专利局每年授予苏联的专利数量不断增加……从 1966 年的 66 个上升到 1974 年的 492 个。更重要的是，近年来，直接授权给美国公司的苏联技术越来越多，目前共计 25 项。"[61]

他接着在文章中详细描述了苏联在冶金、钢铁、能源、交通和采矿方面的技术。奇瑟提出两个要点，虽然今天这可能看起来显而易见，但 1976 年却非常突破常规：首先，"技术差距在很大程度上取决于人们看待这一问题的视角"，其次，"尽管苏联的制造技术或质量控制可能落后于美国的标准……我们却不能武断地推论说苏联人在研究层面没有任何贡献。"[62]

从苏联技术中获益的整个观念与当时的大众智慧背道而驰。美国与苏联合作，苏方获益更大，与苏联进行科研合作的倡导者一直视该结果为眼中钉，不仅如此，与苏联的每次互动实际上都是美国的净损失。虽然不知情，但这种观点在行政和立法部门中得到了广泛的认同，使得美苏科学合作的进程变得艰难无比。

凭借一份苏联先进技术专利的清单，奇瑟从美国国务院获得了一笔研究经费，得到了一份详细的报告，报告中列举了苏联具有前景的技术目录。然后他创办了一家名为奇瑟研究 (Kiser Research) 的公司。该公司有偿协助美国公司确定并获得技术领域有吸引力的许可证。[63] 在苏联时期，这对奇瑟和他的美国客户来说是一种成功的商业模式。这与传统的商业模式不同，传统的商业模式是，企业家在一项知识产权上进行投资，然后把这项技术专利卖给其他人，或者根据该技术的市场潜力自己建立企业。但是考虑到时代特点和苏联专利及司法系统的特异性，奇瑟的方法无疑是明智的。然而，在苏联解体后，西方公司可以直接寻找技术资源，对奇瑟提供的那种便利服务就没有那么大的需求了。

大卫・贝尔（David Bell）

美国明尼苏达州明尼阿波利斯市的菲根（Phygen）涂料公司的总裁兼首席执行官大卫・贝尔在通往苏联科技世界的路途中上选择了一条不同的道路。和奇瑟一样，他既不是科学家也不是工程师。但与奇瑟不同的是，他是一名技术型企业家，在创办“菲根”之前，他曾在20世纪80年代和90年代为材料、涂层和照片成像等高科技公司工作。

我在职业生涯后期发现，技术型企业家是一种特殊的类型。他们在结合先进技术以满足确定的市场需求方面经验丰富。这些人不像普通人，他们这样做会承担巨大的财务和个人风险，因为这些事情不确定性极高。人们明白，就像这个圈子里经常说的，要成为一个成功的技术企业家，你必须经历三次连续的失败。这样的人是天生的，不是训练出来的。一般来说，科学家本身既没有成为企业家的气质也没有兴趣成为企业家，尽管有些人确实成功了，因为无论是在科学上还是在生活中，他们实质上都是冒险家，他们也必须是这样的人。

贝尔回忆道：

> 我是一家初创公司的一员，该公司获得了起源于乌克兰哈尔科夫的技术。这是一项革新，它将彻底改变薄膜耐磨涂层和材料的领域，因为它是氮化钛涂层的发展概念或技术，在苏联被称为“布拉特技术”。俄罗斯的制造体系在诸如麻花钻、用于制造业的立铣刀等切削工具方面存在供应问题……莫斯科的切削工具研究所（Institute of Cutting Tools）使用极硬的薄材料，将这些材料沉积在切削工具上作为涂层，以延长切削工具的寿命，该研究所将这种技术开发出来并且成功申请了专利，且将该套技术系统应用于苏联各地的制造工厂。[64]

然而，贝尔的任务不是研究或开发技术，而是推销技术："我受聘任职营销总监，同时被分配了一项任务，'你怎样去销售一件以前从来没有卖过的东西？'这是一次相当好的练习，后来我想到了一个策略，那就是向波音（Boeing）、克莱斯勒（Chrysler）和通用汽车（General Motors）等公司出售系统和技术。该公司被称为多弧真空系统公司（Multi-Arc Vacuum System Inc.），它向市场推出了一种新的涂层产品，称为'工具重涂'，成为在传动制造行业的齿轮再利用工具的标准。"[65]

多弧真空系统公司的这种技术富有革命性，其业务就是在这种工具涂层技术的基础上繁荣起来的。随后，贝尔收购了原来的公司，并成立了自己的小企业：菲根涂料公司。今天，菲根涂料公司是美国汽车变速器超硬涂层的领先生产商，并且正在蓬勃发展。[66]

作为企业家，贝尔一直在寻找新的机会，他还是美国民用科技研究与发展基金会的市场化项目中以行业为导向的美国与苏联合作研究奖的首批获奖者之一。此后多年，他与位于基辅的电子束技术国际中心（International Center for Electron Beam Technology，ICEBT）合作，该机构是帕顿电焊研究所的附属机构。他在那里研究如何使用电子束技术对涂层进行物理气相沉积①。这个项目，虽然促进了个人和专业的密切联系，但并没有带来像贝尔从之前的"布拉特许可证"中享受到的那种商业成功。

贝尔得到了美国民用科技研究与发展基金会的资助，这让我不仅看到了贝尔的努力，而且意识到开发具体项目来促进以商业为导向的科学合作的可行性。这是我职业生涯中最困难的挑战之一，但有时也是很有回报的。贝尔是美国工业联盟董事会的重要成员，在那里我完成了职业生涯最后一份全职有酬工作。贝尔和其他人一起，让我见识到了小企业和高科技创新的真实世界。不管你读了多少关于这个话题的书，不管你参加了多少"培

① 物理气相沉积是一种工业制造上的工艺，是主要利用物理过程来沉积薄膜的技术，多用在切削工具与各种模具的表面处理，以及半导体装置的制作工艺上。

训”，你也永远不会理解这里面的奥妙，除非你与大卫·贝尔这样的人待在一块并且见识过了他们的工作。

伦道夫·古施尔（Randolph Guschl）

相比之下，伦道夫·古施尔拥有科学背景，他在杜邦公司工作。然而，他对苏联科学的最初认识，并非来自他在杜邦公司（DuPont）的工作，而是来自杜邦公司派他到美国能源部萨凡纳河国家实验室（Savannah River Laboratory）工作，该实验室当时正在为制造核武器处理氚和钚：

> 我毕业于两所优秀的研究型大学。我获得了伊利诺伊大学的化学博士学位，后来去了杜邦公司。我在杜邦工作，从管理层晋升到研发总监，公司鼓励我们进行跨国交流，这么做是为了招揽客户，也为整个科学着想，在那些急需跨学科方法的领域进行交流。而苏联被排除在交流范围之外。
>
> 然后我接受了能源部萨凡纳河国家实验室指派的任务，担任项目经理，在那里，我们认为苏联是敌人，我们要预测到他们要做什么，也要想出相应的对策。突然间，我开始对那里发生的事情产生了敬意，因为现在我对他们所做的事情有了更多的了解。在那里，我第一次了解苏联科学，但显然我们根本不打算利用它。[67]

直到 20 世纪 80 年代末古施尔回到杜邦公司，他才突然明白如何利用苏联技术促进公司的商业运营，他对此采取了行动。他回忆说，

> 1987 年我离开了萨凡纳河国家实验室，又回到了杜邦的商业部门。三年后，我成为研发总监，负责整个欧洲包括与苏联的工作。但除了通过我在德国认识的一位名叫海因茨·赫夫特（Heinz

> Hefter）的经理达成的几笔交易外，我们在苏联没有任何进展。因此，我们注意到了苏联一些前景光明的科学领域，如蛋白质水解和其他领域，通过海因茨，我们注意到苏联哪些机构才是真正的学术前沿，哪些机构名副其实。我们对此深感兴趣。[68]

但有趣的是，促使古施尔与苏联进行科学合作并不是杜邦公司的企业利益，而是政府的要求。美国能源部刚刚与前苏联启动了防扩散项目，古施尔为能源部的防扩散的涉及私营企业项目的概念化就做出了贡献，这部分得益于他之前在萨凡纳河国家实验室的工作，该项目获得国会特别许可："政府要求我们找寻一些新型项目实施的可能性，比方说美国民用科技研究与发展基金会项目，全球防扩散倡议项目以及美国行业联盟的项目，等等。我回到杜邦公司，征询他们的意见，公司的人说，'是的，我们知道苏联那边有优秀的科学家还有前沿的技术，但我们不知道怎么去接触这些资源。'所以杜邦公司请我研究这些项目，使其助益我们的业务需求。"[69]

事实证明，在与苏联科学界的合作中，杜邦公司最成功的成果不是其传统的化学业务，而是农业。先锋种子公司（Pioneer Seed）是由美国副总统亨利·华莱士（Henry A. Wallace）在 20 世纪 20 年代创建的农业巨头，于 20 世纪 90 年代被杜邦公司收购。通过全球民用研究和开发基金会和美国行业联盟等项目，先锋种子公司的专家能够进入乌克兰和俄罗斯的种子库。这些种子库对先锋种子公司有很大的吸引力，为美国和其他地方的农民提供各种条件下的定制种子。在这一点上，先锋种子公司的经历与朱莉·布里格姆－格雷特地球科学家、植物学家、动物学家等依赖数据的科学家的经历类似，这些都在本章前面讨论过。此外，先锋种子公司在乌克兰看到了其产品的重要商机，这也是它投入大量资源与乌克兰合作的另一个原因。

注 释

[1] 2015年10月6日对基普·索恩的访谈。

[2] 同上。

[3] 详参 *Review of U.S.-USSR Interacademy Exchanges and Relations*，1977，90-92.

[4] 但是，应该指出，正式的政府间协议是所有这些活动必不可少的促成因素。特别是1958年的《莱西－扎鲁宾协定》，包括其定期续签，为所有正式和非正式的访问提供了基本框架，因为该协定设立了特殊签证类别和其他种类的规定，给予普通游客无法获得的特殊保护和地位。

[5] 请参阅第7章的第一节，"基普·索恩：引力波探测"。

[6] 2015年12月7日对腾吉兹·特兹瓦兹的访谈。

[7] 同上。

[8] 2016年1月14日对鲍里斯·什克洛夫斯基的访谈。

[9] 同上。

[10] 同上。

[11] Sagdeev 1994，71.

[12] 同上，75。

[13] 同上，76。

[14] 2016年5月10日对玛乔丽·塞内查尔的访谈。

[15] 同上。

[16] 请参阅第11章中标题为"国际妇女节（玛乔丽·塞内查尔）"的部分。

[17] 对塞内查尔的访谈。

[18] 请参阅第4章中标题为"美国民用技术研究与发展基金会"的部分。

[19] 2016年1月6日对劳伦斯·克拉姆的访谈。

[20] 同上。

[21] 同上。

[22] 2015年12月15日对雅罗斯拉夫·亚茨基夫的访谈。

[23] 维加计划涉及苏联、奥地利、保加利亚、匈牙利、德意志民主共和国、波兰、捷克斯洛伐克、法国和德意志联邦共和国。

[24] 亚茨基夫访谈。

[25] 从18世纪末到19世纪中期，俄罗斯殖民了北美太平洋西北部的大部分地区，

特别是阿拉斯加和加利福尼亚北部。俄罗斯在加利福尼亚的殖民地是在博德加湾附近的罗斯堡，从1812年持续到1841年。参见《帝国前哨》(*Outpost of an Empire*)。

[26] 2016年2月23日与彼得·雷文的访谈。

[27] 同上。

[28] 同上。

[29] 同上。

[30] 请参阅第7章中标题为“对科学基础建设的影响”的部分。

[31] 与雷文的访谈。2015年我为了写这本书去了格鲁吉亚，从植物研究所的玛雅·阿尔卡哈西博士那里再次听说了格鲁吉亚东部的植物；见第6章“科学”。

[32] 2016年7月15日与卡尔·韦斯特恩的访谈。

[33] 2015年12月2日与朱莉·布里格姆-格雷特的访谈。

[34] 2016年2月18日与罗尔德·霍夫曼的访谈。

[35] 马歇尔·舒尔曼是当时著名的苏联问题研究专家之一，多年来一直是苏联和东欧问题国家科学院咨询委员会（NAS Advisory Committee）的成员，该委员会制定了科学院间交流项目的政策。他是一个非常善良和温和的人，也是一个非常优秀的学者。我在那里工作的时候，每年在咨询委员会的年度会议上，他都会就苏联当前的政治形势发表讲话。他总是在结尾说，这是一个伟大的转变时期。这事情千真万确，他年复一年重复着这样的话。我甚至觉得他能想象20年后发生的巨大变化，而这没有人可以做到。

[36] 与霍夫曼的访谈。

[37] 同上。

[38] 2015年10月19日与洛伦·格雷厄姆的访谈。

[39] 2016年1月28日与西格弗里德·赫克尔的访谈。

[40] 2016年3月26日与特里·洛的访谈。

[41] 同上。

[42] 参阅 Hecker，ed. 2016，2：175-341.

[43] 格伦·史怀哲的个人备忘录，2016年5月28日。

[44] 参阅 Hoffman 2009，440.

[45] 2016年4月25日与安德鲁·韦伯的访谈。

[46] 同上。

[47] 同上。

[48] 同上。

[49] 同上。

[50] 卡特等人，1991 年。

[51] 2016 年 1 月 12 日与诺曼・纽瑞特的访谈。

[52] 同上。

[53] 同上。纽瑞特与托普奇耶夫更详细的故事出现在第 6 章。

[54] 同上。

[55] 2015 年 8 月 5 日与保罗・赫恩的访谈。

[56] 同上。

[57] 几年前，在 1963 年 10 月，巴格霍恩在俄罗斯航空公司的内部航班上分发政治态度调查结果，结果以间谍罪被逮捕，这是肯尼迪总统第一次使用“热线”让他获释。

[58] 以谢尔署名出版（1977）。

[59] 另外，我在 1979 年春抽时间在杜克大学担任客座助理教授，教授关于苏联国内和外交政策以及马克思主义人文主义的课程，同时在学院兼职。这真是一场灾难。

[60] 尤里・加加林于 1961 年 4 月成为第一个进行太空飞行的人类。1957 年 11 月，在苏联人造卫星发射一个月后，莱卡成为首个进行太空飞行的动物。

[61] Kiser 1976，136–37.

[62] 同上，143，145.

[63] Kiser 1977.

[64] 2016 年 1 月 14 日与大卫・贝尔的访谈。

[65] 同上。

[66] 同上。

[67] 2016 年 3 月 21 日与伦道夫・古施尔的访谈。

[68] 同上。

[69] 同上。

6

前进的动力

我们已经见证了形形色色的人们在第一时间参与到两国之间的科学合作中的方式与原因，但又是什么促使他们继续参与下去？他们最初的动机是在他们合作关系发展过程中保持不变，还是随着时间的推移而改变？实际上，这两种情况都发生过，但因人而异。随着关系的加深，这些动机经常会混杂在一起，程度不一。

科　学

对于所有的科学家来说，那些多年来一直从事科研合作活动的人之所以这样做，至少部分是出于他们对科学的兴趣，但人际关系也是一个主要因素。对很多人来说，随着他们超越了物质层面的联系，就形成了更密切、更深厚的友谊和共同的价值观。例如，基普·索恩在继续与他的俄罗斯同事一起研究引力物理学的同时，也在他们之间建立了信任。这也让他成了安德烈·萨哈罗夫与美国科学家的大部分通信和公开声明的中间人。[1]

考虑到萨哈罗夫的名望，这种事情非比寻常。其他许多科学家都有各种各样的故事，讲述他们多年来为了帮助结交的朋友而冒的稍微平凡一些的风险。就比如我清楚地记得，在 1988 年左右，我的同事保罗·赫恩受俄罗斯朋友委托，把各式艺术漆盒带出俄罗斯售卖，然后将出售所得给那些希望存储资金的俄罗斯朋友，让他们有足够的经济能力移民西方国家，过上舒适生活。事实上，对所有去往俄罗斯旅行的西方游客来说，这样的情况屡见不鲜。回到科学上来，还有个故事，我听过很多次，也没有人否认其真实性：在 20 世纪 90 年代早期，为苏联科学家发放的首批紧急援助是以现金的方式交付的，这些现金是藏在劳伦斯利弗莫尔国家实验室和洛斯阿拉莫斯国家实验室的科学家的衣服里送过去的。

对于大多数科学家来说，打造这些信任和共情关系的基础是科学本身，当然也有例外。玛乔丽·塞内查尔在莫斯科参加科学院间交流项目那一年，她惊讶地发现，有些交流来访者并不像她一样对交流期间所获取的科学信息感兴趣。她说："人们去那里有自己的考虑。要知道，我们在那里见识过了美国人的各种行为，我们对其中一些行为感到震惊。我想问问住在走廊另一头的其中一位，'你到底为什么要装出一副认真的样子？你只是来玩的。'但有些人态度十分端正认真，然后（有些人在那里）认识了一些来自其他国家的人。"[2]

在许多领域，正如我们已经通过索恩、塞内查尔、劳伦斯·克拉姆、彼得·雷文、丽塔·科尔威尔等科学家所见证的那样，只有在苏联的研究所里进行的严肃的、高质量的科学研究才能保持他们的高度兴趣。对其他一些人来说，比如布里格姆－格雷特，能够接近具有独特价值的地理位置才是其兴趣所在。苏联地球科研的质量对她来说是次要考虑的因素，至少刚开始是这样。此外，由于苏联地球科学家几乎都只在俄语期刊上发表文章，很少在国际文献上看到他们的论文，他们的成就往往不为人所知，或许也会被低估。而对美国地球科学家来说，地理位置因素反而是重中之重（我们在"田野科学"中也会反复看到这种因素的影响）——例如贝加尔湖。

正如美国地质调查局的保罗·赫恩所说：

> 我认为最好的研究成果来自某个特定的地点，贝加尔湖就是一个很好的例子，那里有一个特定的地理区域，有独特的地质构造。在地理环境上，与贝加尔湖唯一类似的地点是东非大裂谷，但在苏联，他们管控着该地区并拥有研究经验，直到20世纪80年代，美苏关系缓和，他们才分享出来。
>
> 贝加尔湖是一个裂谷带。这是两个板块缓慢分开的区域，但呈倾斜角度。它们没有以90度的矢量分离，更像是呈30度的角度，所以其中一个板块正在向东北方向漂移，另一个正在向西南方向移动。这个湖的宽度为96—112千米，这就是它在过去的两千五百万年到两千六百万年的扩散面积。所以从活动性裂谷带的角度来看，它是独一无二的。也正因为如此，它的整个生态系统，所有的动植物和鱼类也都具有独特性……因此，贝加尔湖确实吸引了我们最优秀的科学家在各方面的研究兴趣。[3]

还有另一个重要的因素可以解释美国和其他科学家对苏联科学的兴趣。对于那些对苏联科学嗤之以鼻的西方人来说，有一个不易察觉的因素。那就是苏联研究所研究问题的广度，特别是基础研究和应用研究的划分，有时并不像美国那样严格。不过人们认为苏联的所有科学研究要么由军方资助，要么军民两用研究被严格划分在不同的研究所或工业部的设计局。

真相介于两者之间。人们普遍认为，俄罗斯的民间科学机构中，大约70%的科学研究是由军方资助的。然而，在这些研究所中，最优秀的研究人员享有高度的自由，可以选择他们的研究课题，并对可能与其资助人的军事需要有关的问题进行最基本的研究。在某种程度上，这是自上而下、计划经济资助模式下的一种奢侈，而这种资助模式是苏联科学机构的普遍特征。资金不是针对特定项目的，而是针对研究所的，研究所所长在决定资助哪些科学家和实验室以及如何资助方面有很大的自主权。

托马斯·皮克林（Thomas Pickering）对自己在波音公司工作经历的评论，让人了解到美国军事研究和民用研究之间的界限在某种程度上比俄罗斯研究机构更严格：

> 关于波音公司的故事中，最有趣的一件事是波音决定将787机型制成一种主要材料为复合材料的飞机。我们想让莫斯科的设计人员来做，因为他们的设计费用极具竞争力，而且他们在这方面也非常擅长。但是很快，我们就遇到了困难。因为美国所有的复合材料都是用于军事方面，出于军需品控制的要求，与他人一起在国外从事这种工作，就需要许可证。
>
> 我们负责俄罗斯业务的总裁，他为我和商业飞机的领导共同工作，他来找我说："我们该怎么办呢？"
>
> 我问："你们有什么办法？"
>
> 接着他说，"我认识一个人，他可能是俄罗斯在合成材料方面最优秀的人。"
>
> "那么你能把他带到美国来吗？"我问。
>
> "当然，"他说。
>
> 所以我们动用了波音公司的各种关系，让这个人与国防部、情报界、国务院的人以及其他人待上一天。他们询问他对复合材料了解多少。一天快结束的时候，他们说这人比他们更了解复合材料。所以我们拿到了许可证。我们在莫斯科的一幢独立的建筑里建立了一个隔离设施。他显然想让我们的人在这样的环境里工作。而且这个人确实比我们更了解复合材料，所以我们不必担心会损失任何技术。如果这位俄罗斯人开始为我们设计飞机，我们

就会获益。

但这都是在民用方面，尽管在波音公司我们可以这么做，只要我们在军事和民用之间迁移技术和流程中不打破保密规则，只要我们能坚守到最后（产出最终的产品）。[4]

因此，在许多地区，不仅是美国科学家，美国商业和军事研究界都对苏联的所作所为很感兴趣，也许让持怀疑态度的企业家和国防人士感到惊讶的是，他们发现要获得更多的信息比他们想象的要容易。即使在美国，类似的研究可能是在基于项目限制的国防合同下严格进行的。这部分是因为在苏联这项研究被视为基础性研究，并且是在非军事科学院研究所进行的。即使这些机构可能对外国人的访问存在限制，要与他们的研究人员建立联系也并非难事，特别是通过官方批准的交流和合作研究计划来建立这种联系。

1982 年，美国国防部采取激进行动限制苏联和东欧科学家访问美国，甚至限制其参加公开科学会议的权利。当时美国科学促进会的执行主任威廉·凯里（William Carey）和国防部副部长弗兰克·卡卢奇（Frank Carlucci）在《科学》杂志上进行了一次精彩的交流。凯里曾写信给卡卢奇：

我得告诉你，那本关于苏联军事力量的小册子写的内容真的骇人听闻，册子里认为美国赞助的科学交流和科学传播实践增强了苏联的军事实力。我很沮丧地发现，国防部控告学院间的交流、学生交流、科学会议和研讨会，以及整个“专业和开放的文献”，因为这些在本质上违背了美国的军事安全利益。令我感到遗憾的是，我们的国防部采取公开立场，大加宣扬交流并公开我们的科学文献会对我们不利，这相当于把这些资源拱手让给我们的劲敌。[5]

卡卢奇回信给凯里，连连抱怨苏联对美国关键技术领域虎视眈眈，包括电冶金，特别是超塑性和断裂力学。他自豪地说："有一位备受关注的美国政府科学家成功地阻止了这些与军事有关的话题交流。然而，令人沮丧的是，后来苏联人在一次关于腐蚀的话题探讨过程中获得了这些信息。"[6]

通过本人在国家科学基金会电冶金和材料工作组的工作，我熟知国防部的忧虑。我认识这位所谓的"备受关注的美国政府科学家"，也知道他对美国从苏联在粉末冶金、超硬材料和其他领域的前沿工作中所发掘出的信息非常感兴趣，这些领域肯定有潜在的军事应用。大约在同一时间，洛斯阿拉莫斯国家实验室的特里·洛开始了解苏联在军用飞机纳米材料涂层方面的工作，并参加国际科学会议以了解更多信息。这并不令人惊讶，因为苏方也同样会这么做。但这个故事确实暴露了一些异常情况：至少在一些基础研究和应用研究交叉的领域，苏联科学体系的漏洞可能比人们想象的要多。[7]

那么来自苏联的科学家的相关动机又是什么呢？他们的动机也十分复杂。当然，美国是世界领先的科技强国，这种人尽皆知且往往正确（但往往过于简单化）的看法发挥了巨大作用，正是美国的科学地位吸引了苏联的科学家前来拜访。但事情没那么简单。人们普遍认为，在某些领域，如理论物理和数学，苏联科学家的研究处于世界领先地位。此外，在其他领域也有一些研究独特和超前于时代的"小众"研究所。

位于格鲁吉亚第比利斯的乔治·艾莱瓦噬菌体、微生物和病毒学研究所（Eliava Institute of Bacteriophages，Microbiology，and Virology）就是这样一个研究所，它的历史十分传奇，值得简要描述。该研究所微生物生态实验室（Microbial Ecology Laboratory）负责人玛丽娜·泰迪亚什维利（Marina Tediashvili）说，该研究所起源于20世纪20年代的国际科研合作：乔治·艾莱瓦是一名医生，医学博士，在国外接受过教育。他在巴黎的巴斯德研究院（Pasteur Institute）遇到了费利克斯·德雷勒（Félix d'Hérelle)(噬菌体的发现者之一),他在那里工作了几年,德雷勒也在这个研究所工作过,然后,第比利斯的实验室被改建为一个公共卫生实验室、一个细菌学实验室,在这个实验室的基础上又成立了细菌学研究所,后来成立了噬菌体研究所。艾莱瓦是首任研究所所长。

20 世纪 30 年代,在苏联“清洗运动”① 的高潮时期,艾莱瓦与当时的格鲁吉亚共产党书记拉夫连季・贝利亚(Lavrentii Beria)发生了冲突。泰迪亚什维利继续说:

> 但是,乔治・艾莱瓦在 1937 年被处决了,人们都把他当作公敌,他们说德雷勒给斯大林写了一封信或打了一通电话,或以某种方式联系了他,请求帮助乔治・艾莱瓦,他们说斯大林致电贝利亚(贝利亚当时是格鲁吉亚的最高领导人)询问乔治・艾莱瓦的情况。贝利亚则告诉他,艾莱瓦已经死了。
>
> 2004 年,一位医学教授文迪雅・基丘利(Avandia Khichuri)在格鲁吉亚出版了一本书。书中写的是关于在那些恐怖的年代里被处决的医生和医学研究者的故事,他发现有很多关于艾莱瓦被捕的“官方”原因:他被指控为法国和英国间谍,正在谋划如何毒死他的敌人(贝利亚也在其中);他准备用细菌培养物毒害人们(如瘟疫制剂),杀死孩子,诸如此类的理由。但我们了解到的是,在这个研究所,你可以看到,许多贵族家庭成员都在这里工作(其中一些是研究人员,但主要从事辅助人员、技术人员的工作)。因为贵族受到压制,所以艾莱瓦想让他们在这里工作以解决生计。[8]

① 清洗运动,是指在 20 世纪 30 年代,苏联在苏联共产党总书记约瑟夫・斯大林执政下爆发的一场政治镇压和运动。这段时期典型的现象包括各种各样的监视、到处都存在的怀疑“间谍破坏”、公审、关押和死刑。

艾莱瓦死亡的另一个更有说服力的原因似乎是研究所本身性质的改变。它开始研究生物战，尤其是炭疽热方面的研究。[9] 泰迪亚什维利解释说，这对该研究所及其国际知名度产生了深远的影响。

> 在苏联时期，艾莱瓦研究所是一种半封闭的机构，所以当时出版并不是最重要的事情。当然，我们做过报告。但是从20世纪90年代开始，我们希望可以出版更多的东西。到目前为止，也许我们的主要缺陷之一是我们之前的工作和经验有很大一部分都没有公开发表。现在，我们正在准备一些重要的评论，或在书中对我们已经完成的东西的论文。其中一本书是由英国国防部资助的。

今天，国际合作对艾莱瓦研究所及其噬菌体科学工作的活力和认可度显得至关重要：

> （关于出版问题）我可以肯定地告诉你，没有国际合作和国际关系，我们是不可能在国际期刊上发表文章的，尽管实验室设备优良，现在也很难做到这一点。虽然有国际资助，我们在技术/工具和资金能力方面仍然落后于西方研究中心，所以我们需要合作。我们现在的出版物是基于艾莱瓦研究所的科学家的宝贵经验，特别是在噬菌体研究和噬菌体治疗领域，将我们以往的经验与近期的现代化研究结合在一起，在这些研究里我们可以使用最好的实验室资源。当然，所有这些都是科学家们的国际合作，我们正在一起撰写这些手稿。[10]

在苏联解体后，人们“重新发现”艾莱瓦研究所的大部分功劳属于华盛顿州奥林匹亚市常青州立学院（Evergreen State College）的伊丽莎白·卡特（Elizabeth Kutter）博士。1990年，在莫斯科苏联科学院恩格尔哈特分子生物学研究所（Engelhardt Institute of Molecular Biology）的国际交流项目下，卡特与艾莱瓦的长期合作始于为期4个月的研究访问，研究噬菌体遗传学。在那里，她与艾莱瓦研究所团队取得了联系，此后通过研究资助和个人资金开创和培养了艾莱瓦研究所和世界科学界之间的牢固的科学联系。[11]

尤其是自苏联解体以来，国际合作如今已成为许多苏联研究所的生命线。格鲁吉亚第比利斯植物研究所的玛雅·阿尔卡哈西（Maia Alkakhatsi）在采访中明确表示了这一点，但她更强调现代研究设备的重要性，而非科学出版物：

> 当我们和其他人一起工作时，他们有不同的方法。我们提供了很多关于这里植物的信息以及它们生长的方式，有可能外国来访者会为某些东西资助。如果我们有一个项目，那么就会有人通过项目资助我们计算机，在这里，我们有许多计算机和显微镜来自合作项目，如果我们有联系，我们一起工作，就能在国际期刊上发表文章。[12]

现代研究设备一直是吸引苏联科学家的主要因素。在苏联时期，只有在国外的实验室待上一段时间，才能有机会使用现代研究设备。美国科学家和政府机构没有向苏联研究所运送设备的习惯。即使有这个可能性，也是极其困难的。1991年之后，随着国际关系的革命性变化，从对手之间的合作到对濒临危机的苏联科学界的帮助，这种情况也发生了巨大的改变。通过索罗斯的国际科学基金会以及后来的美国民用科技研究与发展基金会，我们提供竞争性研究资助给从苏联时期延续下来的科研机构，俄方大约一半的资金用于从西方采购设备和仪器。每个人都明白，虽然薪水和旅行是短期利益，但硬件的价值是持久的，如果想让项目对科学有长期的效益，购买设备是关键之路。

阿尔卡哈西还评论了美国和欧洲科学家对在格鲁吉亚工作的兴趣。读到这里，让我们回想一下雷文对苏联生态多样性和丰富性的评论，以及他对格鲁吉亚东部生物群落的了解：

> 外国科学家对格鲁吉亚和我们这里优良的农作物很感兴趣。对他们来说，这是一个机会。当然，对我们来说，有机会与外国科学家进行科学接触，而他们让我们有可能在有评级的期刊上发表研究设备的文章，可惜我们没有。
>
> 在格鲁吉亚东部（彼得·雷文提到的拉戈代希自然保护区所在的地方），有几个我们知道的地区，那里有很多遗存物种、灌木，等等。（美国人）将这些物种作为食物和矫正植物进行比较，并对此深感兴趣，因为它们非常不同。他们对我们这里的东西感兴趣，并把这里的东西当作一种资源。我们现在是一种遗传资源。人们从美国来到这里，他们已经确定了他们需要的物种，他们需要的种子，以及在转基因作物中，他们使用了我们收集的几种基因。[13]

回到来自前苏联的科学家在科研合作中的动机，保罗·赫恩作为一名科学家和一名管理者，与俄罗斯科学家有过大量的个人接触，讨论了他对他们参与的原因的看法。他告诉我，原因有很多：

> 我认为苏联的科学家们多是出于一种兴趣，一种真诚的动机参与科研合作。他们通过参考借鉴其他同事的工作来支持和推进他们的研究，而在这一点上，他们还没有研读过或只研读过同事们的论文，也没有和同事见过面。所以，从纯学术的角度来看，

很明显，我们有兴趣开始和他们的同行交谈，更多地了解他们的生活，开始理解他们，不只把他们当成同事，而是将他们视为普通人，并与他们成为朋友。但也有一个动机，那就是出于好奇，这就好像你到另一个星球旅行，所有的东西都与你已经习惯的生活大不相同。在俄语中，它被称为“egzotica”，意为异国的新奇事物。

这还不是全部的原因。曾在苏联科学院应用物理研究所（Institute of Applied Physics）担任副研究员的亚历山大·鲁兹迈金（Alexander Ruzmaikin）有机会与英国的一组科学家进行合作。鲁兹迈金很清楚，他们的研究水平是在伯仲之间，不过英国科学家中的一些人不愿意接受这一点。在一次国际会议上，他遇到了英国物理学家迈克尔·普罗科特（Michael Proctor），普罗科特问鲁兹迈金是否知道自己在剑桥的研究小组正在研究某个问题。鲁兹迈金告诉普罗科特，自己的一个学生已经在博士论文中解决了这个问题。当时，普罗科特感到震惊和沮丧。

但鲁兹迈金与另外两位英国科学家安德鲁·绍尔（Andrew Sauer）和保罗·罗伯茨（Paul Roberts）建立了良好的工作关系，他们在莫斯科拜访了鲁兹迈金。然而，当我问鲁兹迈金，这项合作对他在科学上的重要性时，他的回答让我吃惊：“其实最重要的原因是我想学习英语，”鲁兹迈金告诉我，“不光是学习语言，而且为了锻炼我的写作和演讲技能。俄语意味深长，并不一定能让您直接理解我的意思。而他们写的东西，却会假设你懂他们所要表达的东西。”[14]

他对于语言的观察让我十分感兴趣，因为我一直在思考科学和语言，这关系到科学和文化在东道国的相互作用。我在其他采访中跟进了语言问题，当考虑我的讨论者对苏联和俄罗斯的科学提出的观点时，我将在第10章中重新探讨这些想法。

鲁兹迈金希望通过与英国科学家的合作来提高自己的专业语言技能，这也说明了来自苏联乃至全世界的科学家更广泛、更深层的动机，那就是成为世界科学界的一员。这对苏联科学家来说尤其重要，这不单单是因为他们在苏联时期曾一度处于与世隔绝的状态。他们有强烈的愿望融入国际科学界，他们知道，如果没有这些限制，他们可以有很好的机会能够在被原先禁止的国际科学文献上发表文章。

在我看来，成为世界科学界一员的愿望无疑是所有苏联高水平科学家强烈的愿望和动力，他们希望以任何可能的方式参与国际联系与合作。当然，这也是一种深刻的文化现象，因为国际科学界的文化（价值观和行为）与他们祖国的文化有很大的不同。

另外，对我来说，这种基础性的现象引出了另一个重要的问题："科学真的没有国界吗？"科学界的普遍看法是，事实就是如此。世界各国的许多科学家都认为，科学是没有国界的，这是一种基本真理。基于我 40 年来管理国际科学合作的经验，我有一些不同的看法：这不是真理，而是一种信仰。事实上，科学是有边界的，但它不喜欢边界。

促进外交政策的实施

有一个政治目标——提高政府和其他国家公众（包括我们的对手）对美国的理解和认识，基本上是促成美苏科学家之间合作的工具。这是艾森豪威尔总统在 20 世纪 50 年代后期的人文交流项目的基础理念，其中科学交流项目基本上是一个特例。随着时间的推移，国务卿亨利·基辛格又增加了一些新的理念，它与外交政策的实施、科研合作有更直接的关系：利用科学交流项目限制苏联的国际行为。[15] 基辛格的方法既更有野心，也更显得有漏洞，因为它至少含蓄地引入了一种评估结果的标准：对手的行为越克制，合作科学项目在其基本政策目的方面就越成功。

托马斯·皮克林大使是将科学作为外交政策工具的最杰出的支持者和实践者之一。在我对他的采访中，他对科技合作对外交政策的重要性提出了一种更加平衡和微妙的理解："科学是外交政策的工具，外交政策是科学的工具，我认为这非常重要。如果以透明、逻辑和科学的方式处理，它所做的就是建立信任和理解的基础。如果它不是作为一个原始的宣传工具处理，由于美国在科学上的成就，它在国际上享有特殊的地位。但在这方面我们并不是唯一的，俄罗斯人多年来当然做出了他们自己的主要贡献。"[16]

皮克林是科学和外交政策之间主要的实践者，他对这两者的关系有着深刻的认知。20 世纪 70 年代，他曾担任负责海洋、国际环境和科学事务的助理国务卿，1993 年 5 月在莫斯科履新之前，他曾担任美国驻印度大使。谈到他在印度的经历，他告诉我，

> 随着苏联解体，印度人不得不从根本上重新审视与我们的关系，正是这种科学关系让我们的关系持续了那么多年。在印度产生巨大影响的一件事是——早期，四五个国家决定各自在印度建立一个世界级的科学和技术学院，并与他们最好的大学合作，发展师资和课程。美国在坎普尔建立了一个，其他国家如德国、法国、英国，甚至俄罗斯也各建立了一个。那就是现在的印度理工学院，该校培养了大批优秀的 IT 人才，而硅谷是大批优秀 IT 人才的聚集地。这给硅谷带来了影响。我们认为硅谷是一个完全美国式的概念，一个完全美国式的机遇。所以你谈到了科学的国际化，怎么可能排除印度的贡献呢？没有国家能够完全独立地做出成就，都是站在前人的肩膀上进步的。[17]

通过皮克林对过去 60 年美国政策中科学与外交政策关系的起源和演变的描述，我们可以对外交官头脑中科学与外交政策关系的本质获得深度

的认识。双边科学合作的最初几年，即 20 世纪 50 年代末，与皮克林早年担任外交官的时期相对应。在那些年里，他说，“真正的问题是科学以何种方式帮助我们更好地了解我们自己（美国），然后需要利用科学在一些敏感问题上与其他国家找到共识。”其中一个敏感的问题就是古巴导弹危机及其后果：

> 最初，一个巨大的突破是双方都意识到，特别是在 1962 年古巴问题之后，他们必须非常小心地建立和构建以及处理和控制威慑（核武器）。事实上，能够加强人们所谓的结构化和彼此之间的知识（对威慑管理有一定影响的人）是哲学思想，但它们具有很强的实际效用，很有帮助。所有这一切都是由科学提供的，并且在某些方面显然是受到科学的刺激。[18]

“第二个阶段，”皮克林继续说，“实际上是科学项目如何开始加强和建立缓和时代，有趣的是，其中很大一部分源于对军备控制的共同兴趣。”这就是我在第 2 章中所提及的“缓和时代”。皮克林指出，在这一时期，“我们正在研究类似磁流体动力学的东西。我们做了很多能源研究，我们都认为这些研究很有趣也很重要。”

皮克林于 1993 年 5 月至 1996 年 11 月担任驻俄罗斯大使。那几年俄罗斯的局势动荡不安，经济萎靡，科学界也几近崩溃。皮克林和他的副团长、后来成为驻俄罗斯大使的詹姆斯·柯林斯（James Collins），都致力于促进和支持科研合作。1993—1995 年，我为乔治·索罗斯工作，在莫斯科数次访问期间，我多次与柯林斯联系。尽管索罗斯的国际科学基金会是一个完全私人的努力，大使馆却对这个基金会非常感兴趣。像皮克林和柯林斯这样的高级专业外交官非常清楚，确保俄罗斯最好的科学家不会因为各种原因离开俄罗斯或科学界十分重要（包括防止大规模“人才流失”的可能性），他们对全球安全有着至关重要的影响，尤其是俄罗斯科学知识分子在促进和捍卫进步价值和人权方面所发挥的特殊作用。我相信，如果没有政府中这些理解和支持的人所提供的庇护，这些年来国际科学基金会（该基金会与一切官方性质的政府间合作协议都没有任何关系）也不可能为苏联科学家带来超过 1 亿美元的紧急资助。

皮克林为接下来的时期，即 1996 年之后的几年，政策目标确定为“我们如何在建立密切的科学关系方面获得商业和长期的外交政策优势。”[19]然而，从我自己的角度来看，科学和技术合作带来的重大商业利益是否现实尚不明确，更不要说对它的期望了。不过，当时确实有一些美国大公司进入了这个领域，波音公司就是其中之一。皮克林在担任美国驻俄罗斯大使和负责政治事务的副国务卿之后，又担任波音公司负责国际事务的副总裁。他与我谈到了波音公司在俄罗斯的业务：“从 1991 年开始，波音公司已经与俄罗斯科学院的 12 个研究所签订了合同，为他们做先进的航空研究。1997 年，波音公司在莫斯科开始了飞机设计业务，现在有 1500 人在里面工作。当时的全球化和科学的实际应用正在加强，但俄罗斯人在波音公司为我们做了非常有用的事情，现在仍然如此。”[20]

诺曼·纽瑞特是一位雄辩高昂的杰出人物，他对于科学与外交政策之间的密切关系也有发言权，我们在第 5 章中讲述过他的科学技术合作之旅。1961 年，苏联有机化学家、科学院副院长亚历山大·托普奇耶夫访问美国，这一事件深刻影响了纽瑞特在这一领域的终身事业。这次活动被宣传为美国主要大学的一次科学之旅，但它的意义要深远得多。纽瑞特是亨伯尔石油公司的一名有机化学家，他被国务院要求休假并担任翻译：

对我来说，这是一件大事，（托普奇耶夫的）有机化学讲座，老实说，在内容和结论上都相当谦虚。我把演讲翻译成了英语，但真实的情况远不止这些。在华盛顿特区的国家科学院，他做了一个演讲。当谈话结束，大多数观众都走了，俄罗斯人和一些美国人进入另一个房间进行接待。在那里，我发现这次任务的真正目的是讨论一项禁止核试验条约，这对我来说是一次奇妙的旅行，也是我第一次接触到苏美关系这方面。

我们来到华盛顿时，正好是国家科学院 1961 年年会的时候。肯尼迪总统应邀向学院成员发表演讲，我国代表团也应邀出席。我们坐在第一排，在做了一些简短的讲话后，肯尼迪总统离开讲台，走过来和我们每个人握手。他和托普奇耶夫简短地说了几句，“也许你能告诉我们怎么做，”他指的是俄罗斯人最近在太空计划中取得的一些成功。[21]

尽管纽瑞特能说流利的俄语，但为托普奇耶夫与美国科学家的会议翻译还是具有挑战性：

在那次旅行中，当时肯尼迪总统的科学顾问杰罗姆·威斯纳（Jerome Wiesner）邀请我们到他家共进晚餐，后来演变成了一场关于禁止核试验条约①问题的非常严肃的讨论。正是在那次晚宴上，我开始思考我作为翻译的角色。两个对彼此知之甚少或一无所知的人正在就极其微妙和严肃的问题进行深入的讨论。他们谁也听不懂对方在说什么，只听懂翻译员选择的词语，希望通过这些词语传达出对方所说的话的真正含义。我后来知道了一些著名的错误，这些错误使高级别外交谈判变得复杂，但我非常努力地传达了双方谈话的准确含义。对于演讲者来说，准确翻译几乎是理所当然的，几乎没有人注意到，但我带着对以翻译为生的专业

① 全称《全面禁止核试验条约》，要求缔约国承诺：不进行、导致、鼓励或以任何方式参与进行任何核武器爆炸试验。

人员最深的敬意离开，并意识到他们是多么的重要。[22]

纽瑞特回忆道，为托普齐耶夫工作“是我一生中的一件大事。”除此之外，亨伯尔石油公司告诉他，他必须做出决定，是为亨伯尔公司工作，还是去为美国国务院做口译。在一次这样的旅行之后，他离开了亨伯尔，加入了国家科学基金会。从那时起，纽瑞特就以科学和技术来支持外交政策，反之亦然。“但是你看，”他在采访中说，

> 我认为与敌人合作具有极高的重要性，我的意思是利用科学作为工具，来与“不好”的国家或我们定义为不好的国家积极接触，我们与这些国家的政治关系非常糟糕，但可以进行某种对话，某种建设性对话。我认为应该与敌人进行交涉。你可以反对我这种主张，前提是你能把敌人饿死或是用其他手段逼上绝境，让他们来乞求投降，但是他们已经不再轻言放弃了，其他办法根本行不通，所以我强烈支持与敌人交涉。[23]

科学和技术合作还有其他不太直观一些的外交政策好处，这些在外交部门受到高度重视。格伦·史怀哲回忆说：

> 1962 年，我在美国驻莫斯科大使馆担任科学官员，并借此机会访问了苏联 15 个共和国中的每一个科学院和相关机构，当然包括莫斯科的科学院，这所科学院既属于俄罗斯也属于苏联。虽然大使馆官员对这种走访形式的回报持怀疑态度，但在听到关于我在各地受到热情接待的报告后，他们很快就成了坚定的支持者。有一个他们认为是美国科学代表的人来访，这些科学院真的很受宠若惊，对于国际上给予他们努力的关注，他们十分欣喜。

最重要的是，我通常安排一位来访的美国科学家或一群科学家和我一起走访，就共同感兴趣的科学技术的特定方面开始认真的对话。与此同时，同样访问了15个共和国首都的政治和经济官员仍然对他们在莫斯科内外遇到的重重障碍与兴味索然而感到沮丧不已。[24]

因此，在某种程度上，拥有科技能力的人接触苏联官员和公民要容易得多，而这些是其他大使馆官员和高层官员无法做到的：

大使馆的文化事务部是一个非常有用的合作伙伴，我们在邻近的苏联政府和全国各地的机构之间进行了交流。他们经常邀请我陪同他们参观共同关心的机构（图书馆、历史学会、博物馆、大学），而我们肯定会邀请他们参加我们的招待会和展示苏联“文化”与政治的其他活动。此外，在涉及交流的会议上，特别是在学生交流会上，我们也会共同参加。

文化事务顾问的公寓就在我的对面，每当我们有一个招待会，就会有几十个俄罗斯客人出现。当政治事务顾问或经济事务顾问在附近的公寓里举行招待会时，来自其他国家的外交官远远超过俄罗斯客人。事实上，如果有超过一两个俄罗斯人参加，这就是一个成功。当大使在斯帕索宫（Spaso House，美国大使的官邸）接待科学家时，他希望我确保俄罗斯科学家能够出席，这样俄罗斯科学家与其他国家科学家的比例就会相当可观。我通常能够邀请并确保一名或多名宇航员最先到达，同时还有许多其他领域的俄罗斯科学家出席。[25]

全球安全

1991 年之后，美国官员和科学家们出现了新的深层担忧：大规模杀伤性武器和技术及其在科学和技术界的创造者可能由于苏联国内的宽松政策与混乱境况而流向其他国家。罗斯・戈特莫勒（Rose Gottemoeller）在 20 世纪 90 年代担任美国国家安全委员会关于俄罗斯和新独立国家的首席顾问，然后在 20 世纪 90 年代后期继续领导能源部的核不扩散计划。她表示，科学参与该计划的主要目标是为了“把俄罗斯和乌克兰的科学家裹在一张网里”，这样“他们就不会去其他地方了”。此外，她说，希望这些关系也有助于“为民主奠定基础”，并补充说这是“美国乐观主义”的一个例证。[26]

劳拉・霍尔盖特（Laura Holgate）是纳恩－卢格减少威胁合作计划的主要设计者之一，并且是该计划在国防部的首任主任。她告诉我，“与纳恩和卢格领导下的苏联大规模杀伤性武器科学家的合作很重要，有两个基本原因：首先，人们担心他们可能有助于改进俄罗斯的核武库；其次，担心他们会为朝鲜等国家的大规模杀伤性武器能力做出贡献。”[27]

然而，霍尔盖特谨慎地指出，当时的政策关注的是大规模杀伤性武器及其技术向朝鲜等国家扩散，而不是向非国家行为体扩散。“后一个问题当时根本没有明确，”她说。非国家行为者或恐怖组织的可能性当时根本不在决策者的关注范围内。[28]

洛斯阿拉莫斯国家实验室主任西格弗里德・赫克尔将决策者关注的全球安全问题表述为四个担忧：“如果看看 1991—1992 年美国的担忧，我们担心的 4 个主要问题是：松散的核武器管理；松散的材料、钚和高浓缩铀的管理；工作人员的松散管理；宽松的出口：‘卖掉你能卖的一切’。”[29]

除了这些担忧之外，实验室的科学家们自己也有一些不同的担忧。他们从俄罗斯科学家和美国政府的角度来看待这一情况：

这就是美国政府所关心的。实验室的人有不同的担忧。大卫·霍夫曼是华盛顿特区的记者并著有《死亡之手》[30]一书。在书中，他总结了纳恩和卢格所关注的问题。他说："苏联解体后，俄罗斯的那些人，被一份来自地狱的遗产困住了。"他是这么说的，来自地狱的遗产。你看到的一切，当美国人看到俄罗斯的核设施时，都是即将发生的完美核风暴。

当我们看着它，当我们在那里的时候，我们看到了那里的人。对俄罗斯科学家来说，他们的核设施是来自天堂的礼物，而不是来自地狱的遗产，这会拯救他们，会拯救俄罗斯。所以他们的想法和两国政府截然不同。我们实验室的人明白，他们必须保管好自己的武器。我们知道他们必须自救。（我们的政府）追着他们去销毁武器；我们只是觉得，无论政客们决定拥有什么武器，上帝保佑，最好是安全可靠的。[31]

然而不仅仅是俄罗斯核科学家及其武器受到关注。玛丽娜·泰迪亚什维利在格鲁吉亚第比利斯的艾莱瓦研究所工作，除了对噬菌体进行相对温和的研究外，他们还研究了极其危险的病原体，这些病原体也可能是强大的大规模杀伤性武器：

此外，在这个研究所，我们一直在研究炭疽、布鲁氏菌和梭状芽孢杆菌病原体，我的意思是，开发诊断、预防和治疗这种危险疾病的制剂，炭疽疫苗STI是在这里首次开发和生产的。同样是在艾莱瓦研究所，抗炭疽免疫球蛋白被开发和生产出来。这是一项非常重要的全球准备工作，至今仍在进行，它帮助拯救了许多人。该疫苗被应用于斯维尔德洛夫斯克（Sverdlovsk incident）事件（1979 年苏联军事设施意外释放炭疽芽孢），因为抗炭疽免疫球蛋白当时是世界上治疗急性、严重炭疽的最重要的制剂之一。许多其他的抗菌和抗病毒制剂也在这里生产，所以我们是噬菌体制剂的主要制造商，直到今天仍然如此，还有一些不同的制剂，不仅仅是噬菌体。[32]

美国政府注意到艾莱瓦研究所存在炭疽病，该研究所是一个相对开放的科学机构，向公众提供噬菌体和其他疗法，并设计了一项特殊计划来解决这些问题。国防部通过国防威胁减除局（Defense Threat Reduction Agency，DTRA），资助并监督在第比利斯建造一个单独的安全设施，以储存炭疽孢子和其他病原体。泰迪亚什维利解释说：

除了我们在开发和生产噬菌体制剂方面的丰富经验外，他们对这个研究所感兴趣的原因之一是我们一直在研究危险病原体。我们收集了一些细菌，但是现在，我们收集的这些特殊和危险的病原体保存在格鲁吉亚的国家疾病控制中心（National Center of Disease Control，NCDC）中，该疾控中心由国防部创建，现在有一个新的卢格中心，它是格鲁吉亚卫生部的参考实验室。最初它隶属于国防部，但现在他们把它作为公共卫生主管部门转交给卫生部……那么，现在有了一个储存特殊危险病原体菌株的库。[33]

此外，他们还为艾莱瓦研究所提供了大量资金，以升级其设施，使其科学家能够继续从事民用研究并获得报酬。这项国防威胁减除局的项目一直持续到今天，是为数不多的美国政府资助的防扩散计划之一。

正如我们所见，炭疽也是安德鲁·韦伯在摧毁哈萨克斯坦斯捷普诺戈尔斯克（Stepnogorsk）的“世界上最大的炭疽工厂”的巨大项目中的主要关注点：“我们对埃博拉和马尔堡等罕见疾病了解了很多，他们在这方面拥有丰富的专业知识，我们将其应用于医学对策和研究。这是非常非常重要的工作，这是维克托实验室（Vektor Lab）、列夫·山大科契夫实验室（Lev Sandakhchiev Lab）和美国主要研究人员之间的联合研究，他们通常来自疾病控制和预防中心或者是生物防御实验室，因为在美国只有几个实验室研究这些罕见疾病。”[34]

世界和平

这个故事让我们看到了美国和苏联从事科学合作的最广泛的共同动机：促进世界和平。虽然只有少数人特别提到这一愿望，但毫无疑问，曾经参与这项历史性事业的每一个人，在某种程度上，都曾普遍地赞同这一愿望。

劳伦斯·克拉姆是这样说的：“詹姆斯·威廉·富布赖特（J. William Fulbright）说，如果里根用富布赖特奖学金去欧洲，在美国以外的地方待一段时间，而不是一辈子待在好莱坞，他会对苏联有一个完全不同的印象。我也有同感。”[35]

其他人也表达了类似的感受。对洛伦·格雷厄姆来说，有一个：

> 希望或抱负，通过与俄罗斯人接触，通过与其他想与俄罗斯科学家接触的人合作，我们将创造一个更美好的世界，俄罗斯可能会成为西方社会的一员。我认为科学是最好的桥梁，比政治或文学更好。音乐可能是另一条出路，但我没有那种天赋。但我认为科学是一个很好的桥梁。我是说，科学应该是国际性的，对吧？所以我认为会创造一个更好的世界。[36]

雷文告诉我："我一直是一个执着的国际主义者。我相信让各国团结起来能够促进和平，但更重要的是，我相信人与人之间的互动能让我们每个人尽自己所能做到最好。如果人们彼此交谈并相互理解，一切都会变得更容易，我们在地球上生活的目的也会变得清晰。我一直是这种互动的大力倡导者，而且永远都是。"[37]

对我来说，从我最早参与俄罗斯研究时起，以某种方式利用这些知识来促进世界和平的想法是一种强大的动力来源，并一直在影响着我，使我即使在情况看起来很艰难的时候也能坚持下去。回顾过去，我很想知道这种想法在建设一个更和平的世界方面具体起了些什么作用。然而，我毫不怀疑，整个合作科学项目所带来的强大的个人和职业关系的广泛网络是他们最持久的成就之一。从我的采访样本来看，这些人际关系是迄今为止最常被提起的深远影响，各个国家的受访者均有阐述。归结起来是这样的：当你从个人角度想到苏联的同事或朋友时，你就很难在他们的基础上做出或笼统或绝对的论断或草率的判断。

促进民主还是为了美国利益？

对许多人来说，促进世界和平就是建立民主和建立民主形式的政府。不过，对于政治学家来说，这个概念存在许多令人不安的问题。当我们谈论民主的时候，我们是在考虑那些看起来是民主的政治机构吗？我们是在讨论成文或虚拟宪法中阐明的原则吗？或者关于政治和社会规范和行为？那么，相对稳定的民主国家，如美国，与不稳定的民主国家，如魏玛共和国①时期的德国（Weimar Germany）相比，情况又如何呢？

然而，在某种程度上，一种观点或情绪在美国、苏联和苏联解体之

① 指1918—1933年采用共和宪政政体的德国，"魏玛共和国"这一称呼是后世历史学家的称呼，不是政府的正式用名。魏玛共和是德国历史上第一次走向共和的尝试。

后的民众中广为流传，即民主形式的政府和诸如言论自由、结社自由、宗教信仰自由和正当程序——都是可取的，从长远来看将促进国家间的和平（这是凯恩斯男爵的著名格言）。这当然是激励我和其他人在20世纪60年代开始参与俄罗斯研究的一个想法。据我所知，艾森豪威尔总统实际上并没有明说人们彼此间的了解会促进民主，这种想法肯定是含蓄的，这些合作接触会促成其他国家更加开放，并且会在合作接触过程中，改变或弱化人们自身行为意识。特别是苏联公民，他们对美国社会系统的运作非常好奇，而前往美国的苏联科学家也有难得的机会目睹美国社会系统的实际运作。这是交流与合作项目的一项非常宝贵的福利。

我认为，民主与世界和平的联系是非常深刻的。如果不总是现实，它是许多人共同的希望，也许不包括最核心的现实政治的实践者们。乔治·索罗斯以卡尔·波普尔（Karl Popper）的政治哲学为基础，为创建"开放社会"的目标而付出努力和大量资金，从根本上是基于全世界创造和维持民主价值观和行为的愿望。我对索罗斯的观点和他的热情产生了很多共鸣，尤其是在20世纪90年代初期，当时一切似乎都有可能（至少，以我当时幼稚的思维方式）。当我在国际科学基金会工作，利用巨额资金在俄罗斯引入国家科学基金会式的同行评审时，我认为促进对于科学界基于绩效的、自下而上的资助，而这将加强公正、正当程序和法治的规范，尽管我从未想过采用同行评审会为政治民主铺平道路。我确信我并不是唯一抱有这种希望的人，事实上，这种想法不仅被我的美国同事认同，而且至少在某种程度上，那些带着一定的怀疑态度的俄罗斯朋友也对此表示赞赏。

我们的参与者对此有什么看法？实际上只有少数人直接这么做了。洛伦·格雷厄姆对美国和苏联的科学合作以及苏联和俄罗斯科学家的做法和态度有过深刻的思考和著述，他以一种非常微妙的方式，谈到美国民用科技研究与发展基金会在俄罗斯基础研究和高等教育计划中加强俄罗斯大学研究和教育的共同经验：

让我谈谈我们这样做是出于对俄罗斯的慷慨和帮助的精神，还是出于我们自身的利益。最幸福的情况是当两者重合时：当你正在做的你认为慷慨和善良的事情也符合你自己的利益。我认为这就是基础研究和高等教育计划正在发生的事情。看，如果俄罗斯变得更像欧洲其他国家，尤其是更像美国及其教育和科学体系，在我看来，这既是一件好事，也符合美国的利益。当我们在2005年与美国大使威廉·约瑟夫·伯恩斯和其他人一起访问并描述我们正在做的事情时，大使说："我们相信任何有助于俄罗斯变得更像另一个西方国家的事情都是好的；因此，我们赞同你的做法。"我们没有这样做，因为国务院告诉我们要这样做，但我们所做的，国务院认为是一件好事。

但请让我重新思考一下。民主和开放是美国的理念吗？并不是。如果你告诉一个法国人民主和开放是美国的想法，他会很快告诉你该怎么做。他会说，"我们在你之前就有了这些想法，你们是从我们这里借来的。"或者他可能会说，"我们不在乎他们来自哪里，但他们既是美国的，也是法国的。"

所以，有时我在俄罗斯参加基础研究和高等教育项目时，俄罗斯人会对我说，"你不是说我们应该更像美国吗？"我不止一次，而是很多次地回答："不要把世界上大多数国家对美国的看法搞混了。"法治、民主、开放、科学基金分配方式的公平等理念并不是美国独有的。在某些情况下，你会说美国是最先实现的，在其他情况下，你会说美国并不是第一个实现和做到的。如果这些想法属于任何人，那就是你们所称的西方社会，整个欧洲。所以这些不仅仅是美国人的想法。你不应该认为我们只是在向你施压。如果你让我在某些情况下批评美国没有达到这些想法，我可以在一瞬间做到！所以这些想法比美国更大胆，而且大胆的多。[38]

斯蒂芬·F.科恩在他的《失败的十字军东征：美国和后共产主义俄罗斯的悲剧》(*Failed Crusade: America and the Tragedy of Post-Communist Russia*)[39]一书中提出了一个更为残酷的观点：科恩认为，20世纪90年代美国在俄罗斯的“民主建设”计划——培训宪法、政党、两院制立法机构，以及民主的所有外在表象——我认为这是正确的。更不用说本应引入自由主义、弗里德曼式价值观和实践的经济“休克疗法”①，从根本上说是被误导的。用我自己的话来说，我们可以按照美国的形象重塑俄罗斯的想法是傲慢而愚蠢的胡说八道，当迷恋过去和烟雾消失时，它又回来困扰我们，摆脱了当时的经济动荡。科恩在2000年出版了这本书，随后的几年表明这些努力是多么的灾难性。然而，承认这一点并不是要诋毁或贬低全世界促进民主和开放社会的基本动机；这只是评论一个人是如何做的，警告当你试图在一夜之间做这件事时会发生什么。

底　线

对于企业家和企业参与者来说，他们可能已经想到了上面讨论的许多动机，但毫无疑问，最主要的动机是：赚钱。无论你的公司是大公司还是刚起步的小公司，人们总是会问：“这对公司发展有帮助吗？”

对于杜邦公司的伦道夫·古施尔和菲根的大卫·贝尔来说，虽然他们在苏联科学界的最初接触很有趣，也很有帮助，但往往是惊喜和发现以意想不到的方式造成了不同。古施尔讲述了杜邦公司首次涉足苏联的科学领域，即化学和材料这两项传统核心业务，结果并不令人印象深刻，真正有用的是一个更新但不断增长的领域：农业。

---

① 休克疗法，一种总体经济学方案，由国家主动、突然性的放松价格与货币管制，减少国家补助，快速进行贸易自由化，这个类型的计划，常会伴随将原本由国家控制的公有资产进行大规模的私有化措施。

> 我们开始大力研究材料科学和催化，并取得了一些不错的成功。这些不是巨大的突破。但我们不断提醒杜邦的员工，这里也有人性化的一面，只需5000美元，他们就能获得全职博士学位，并有员工为你工作。所以在某些情况下，我们利用这种影响力来做一些杜邦公司感兴趣的事情，但（杜邦方面）仍不情愿。
>
> 就在我们这么做的时候，当时正在成长的杜邦生命科学部也表现出了兴趣。这是一个后门，因为我们和其他公司一样，主要通过植物和农作物进入生命科学领域，寻找新的杀虫剂、除草剂和杀菌剂。过去是少量喷洒在温室里的植物上，看看是否有影响。实际上，你必须喷洒数万种化合物才能找到具有活性的物质，这样你才能分离出有效成分并试图改变它。[40]

然而，通过他们作为行业合作伙伴参与全球防扩散倡议项目，杜邦公司专家发现了一些改变他们方法的东西：俄罗斯人和乌克兰人孜孜不倦地收集了大量的化学物质、肥料和种子（让人想起彼得·雷文提到的令人难以置信的植物收藏和玛雅·阿尔卡哈西描述的植物丰富性）。除了（或除此之外）喷洒植物以观察会发生什么的归纳方法，这些收藏库使首先研究生物学和化学成为可能，然后决定要追求的产品线。有了这一介绍，受美国政府资助的防扩散计划的支持，杜邦公司决定继续自费建立化学和生物库的合作，作为其公司战略的一部分。古施尔继续说道：

> 所以在我们和苏联之间创造机会，让俄罗斯人收集他们的样品并创建样本库，我们开发项目来参观他们的样本库，每次观察一点点，循序渐进。正如你所看到的，某个特定的样本库和某个特定的研究所提供某些比其他更有趣的化合物，我们的人甚至想让其中一项全球防扩散项目给他们拨款，但最后他们说，“我们自

己来做。我们自己出资，一定要去那里”，在那一点上，我不再受任何影响，因为我们已经建造了联系；这是我们被告知应该做的。我们不是要一直这样下去的。

事实上，杜邦公司的合作方式，就像大多数其他私营公司一样，直接且富有战略性。如果有潜在的商业利益，他们愿意尝试一下，特别是因为他们的投资——旅行成本和有限的员工时间和努力是如此之少。作为回报，在这种情况下，就像在其他情况下一样，他们可以获得很多，接触到以前未知的技术信息、能力、人才，甚至知识产权。成本效益计算令人印象深刻。“这些我们在俄罗斯发现的样本库，”古施尔继续说，

相当惊人。不仅有一两个，还有二三十个，而且很多都是公开的。然后出现了一些连我们政府似乎都不知道的问题。这些实验室的数量一直在增加，除非我们有导游，否则很难找到它们。来自科学网络本身，我们的人会说，“我想在未来看看这个研究所，”俄罗斯科学家会说，“好吧，我们会让你进去的。”当我们在做的时候，杜邦公司发现了其他的样本库，其中一些是专门研究有毒物质、生物有毒物质的，有一些非常有趣的遗传物质，我不知道这是事实，但它正在被测试，当时看起来非常有趣。[41]

大卫·贝尔最初接触苏联是因为他的公司从俄罗斯购买了布拉特金属加工技术的许可证，他成功地为自己的公司改造了这种技术。正如我们之前看到的，大约在他创建自己的创业公司菲根的同时，通过他与一位以色列科学家的共同朋友，这位以色列科学家把他介绍给了一位来自托木斯克的著名俄罗斯材料科学家根纳迪·梅西阿茨（Gennadiy Mesyats），这位科学家鼓励他去参观，因此，他获得了美国民用科技研究与发展基金会

“市场下一步计划”的首批拨款之一。虽然贝尔的商业成功与他的前公司早些时候收购的布拉特技术的商业化最为相关，但从美国民用科技研究与发展基金会赠款中，他继续与美国工业联盟合作，参与能源部的全球防扩散项目，成为其董事会成员董事。

从这两个故事中可以快速观察到，这两个故事不一定具有广泛的代表性，但在常见案例中确实具有这一点——可能是在最成功和可持续的案例中——政府资助或管理的防扩散计划中的营利性公司的商业利益最终是可持续和持续结果的驱动因素。回想起来，政府的不扩散目标——重新引导（或“吸引”）苏联大规模杀伤性武器科学家从事民用研究和开发——是否非常持久是值得怀疑的，因为在项目结束后，我们有理由相信，大多数这些科学家回到了他们武器实验室的工作台上。

即使在这些项目的实施过程中，国家核安全局（National Nuclear Security Administration，NNSA）向国会提交的有关创造就业机会的记录也非常有限。我们美国工业联盟知道这一点，因为我们是在国家核安全局的监督下进行统计的。作为全球防扩散项目的直接结果，在苏联创造的持续或持续的就业机会总是小得令人失望，更不用说在美国了。这个数字一直在 2800 左右徘徊，我记得，美国声称创造的可持续就业岗位从未超过这个数字的十分之一。然而，如果你问伦道夫・古施尔、大卫・贝尔、特里・洛等许多前全球防扩散行业参与者，他们成功地通过商业投资为美国创造了多少就业机会，你会听到成百上千的答案。这些工作岗位和真正重要的商业成果——也许是政府项目促成的，但受到美国行业合作伙伴的利润动机驱动——通常不是提交给国会的官方记录的一部分，因为因果关系太过间接，而成功实际上是那些公司的专有业务实践，而不是政府的行动。[42] 这是一个遗憾，因为在全球防扩散的案例中，国会从来没有真正了解该项目的全部影响。但是从我们讨论的角度来看，在项目实施期间报告的 2800 个工作岗位与公司自己非正式报告的数千个工作岗位之间的差异就是“做得还行”和“做得不错”之间的差异。

个 人

最后，还有罗尔德·霍夫曼这个特别的例子。在第 5 章中，我讲述了一个反常的故事，关于这位未来的诺贝尔奖得主是如何在 20 世纪 60 年代初决定在俄罗斯读一年研究生的——正是为了避免做出继续学习化学还是完全学习科学的决定。之后，他定期访问苏联或后来的俄罗斯及乌克兰，大约每两年一次。我问他：“你为什么总要回去？科学对你来说有那么重要的吗？”不，他断然地说。“这是基于个人因素——喜欢他们的人和他们的工作。”他更深入地说：

> （还有）更多的东西，一种潜在的感觉，那就是对知识和理解的探索在世界各地都存在。在苏联和古巴，有着差异很大的文化和不同的情况。在苏联或在俄罗斯，拥有文化成就、科学成就和人才。古巴则是另一回事。这里有强大的本土企业家精神——我们可以从美国的古巴移民身上看到这一点。但是这个岛在革命之后就一无所有了，基本上所有的中产阶级都离开了。古巴必须从无到有地重新培养工程师和科学家，这令人钦佩。
>
> 在苏联，科学家的另一种特质吸引了我。也就是说，典型的苏联科学家比普通的美国科学家要有趣得多。不同的方式也符合我的兴趣。假设你是一个聪明的 19 岁学生，在体育馆的尽头，你面临着进入历史、哲学还是科学的选择。在苏联，每个孩子都会觉得，如果他们学习历史或哲学，他们就得撒个谎。你可以走自己的路，在人文学科的某些方面——也许你选择了一些晦涩的领域，比如亚洲艺术，你还行——但如果你选择了任何与社会有关

> 的领域，你就处于政党的控制之下。但在科学领域就不同了，有一扇通向世界的窗户，期刊可从国外获得。所以你会发现在苏联，孩子们成了科学家，否则他们就会成为文学教授。他们保持着自己的激情。还有一种文化，一种传统，知识分子。我发现那些苏联科学家是很有趣的人。[43]

因此，对于霍夫曼来说，他几十年来继续访问俄罗斯的原因根本不是科学、外交政策、对全球安全的担忧，也不是对世界和平或促进民主的渴望。这是他个人对人的兴趣。正如我们将在第 10 章中讨论的那样，霍夫曼发现如此有趣的人实际上是一个非常俄罗斯的社会群体——知识分子——的成员，这对充分理解俄罗斯的科学与社会之间的关系至关重要，至少在 1991 年之前是这样。这就是为什么霍夫曼的评论在我的采访中不仅仅是独特的，而且可能是最深刻的观察之一。

注 释

[1] 2016 年 10 月 6 日与基普 · 索恩的访谈。

[2] 2016 年 5 月 10 日与玛乔丽 · 塞内查尔的访谈。

[3] 2015 年 8 月 5 日与保罗 · 赫恩的访谈。苏联的地质状况的确是好坏参半。正如格雷厄姆在 1993 年所写，近几十年来，苏联的地质学以理论和传统的观察和分析方法为基础，从而产生了大量的数据，但在可靠的仪器、创新的分析、数据质量和计算机应用方面都很薄弱。苏联地质学的特点是在阐释上有些保守。例如，苏联地质学家在接受板块构造发展引起的地质学革命方面非常迟缓。这里的主要障碍似乎并不是意识形态上的，也不是政治上的，而是少数有行政权力的苏联地质学家的权威，他们把自己的声誉押在了反对板块构造论上。

关于这一点，请参阅 Graham 1993，233。

[4] 2015 年 9 月 24 日与托马斯 · 皮克林的访谈。

[5] Carey 1982，139.

[6] 同上，140.

[7] 参见美国如何通过《美苏住房协议》获得导弹发射井技术的故事（见第7章“约翰·齐默曼：导弹发射井技术”）。20世纪80年代初，国防部对苏联通过合作科学项目窃取美国军事技术的担忧达到了顶峰。这场危机导致美国国家科学院（National Academy of Sciences，Scientific Communication and National Security）在1982年发表了一份报告，呼吁对美国在这一问题上的政策进行广泛重新审视。美国国家科学基金会（NSF）在白宫科学办公室（White House Science Office）提供了一份简短的细节，我起草了一份国家安全研究指令（NSSD），由里根总统签署，呼吁建立这样的程序。NSSD最终导致了里根总统的第189号国家安全决策指令，“科学、技术和工程信息转移的国家政策”（1985年9月21日），该指令指出，“这是本届政府的政策，在最大可能的范围内，基础研究的成果仍然不受限制。”

[8] 2015年12月8日与玛丽娜·泰迪亚什维利的访谈。

[9] 请参见本章“全球安全”部分。

[10] 泰迪亚什维利访谈。

[11] 卡特，“About Us.”

[12] 2015年12月7日与玛雅·阿尔卡哈西的访谈。

[13] 同上。

[14] 亚历山大·鲁兹迈金，2015年10月6日接受亚历山大·鲁兹迈金和乔安·费曼的采访。

[15] 参见第2章。

[16] 与皮克林的访谈。

[17] 同上。

[18] 同上。

[19] 同上。

[20] 同上。事实上，波音公司在飞机设计方面的一些非常重要的实际成果就是从这一努力中产生的，我们将在第8章讨论科技合作的商业影响时看到这一点。

[21] 2016年1月12日与诺曼·纽瑞特的访谈。

[22] 同上。

[23] 同上。

[24] 来自格伦·史怀哲的备忘录，2016 年 5 月 28 日。

[25] 同上。

[26] 2016 年 4 月 21 日与罗斯·戈特莫勒的访谈。

[27] 2015 年 10 月 13 日与劳拉·霍尔盖特的访谈。

[28] 同上。

[29] 2016 年 1 月 28 日与西格弗里德·赫克尔的访谈。

[30] 霍夫曼 2009.

[31] 与赫克尔的访谈。

[32] 与泰迪亚什维利的访谈。

[33] 同上。

[34] 2016 年 4 月 25 日与安德鲁·韦伯的访谈。

[35] 2016 年 1 月 6 日与劳伦斯·克拉姆的访谈。

[36] 2015 年 10 月 19 日与洛伦·格雷厄姆的访谈。

[37] 2016 年 2 月 23 日与彼得·雷文的访谈。

[38] 与格雷厄姆的访谈。

[39] 科恩 2000.

[40] 2016 年 3 月 21 日与伦道夫·古施尔的访谈。

[41] 同上。

[42] “感谢您对 2010 年商业化调查的回应。”

[43] 2016 年 2 月 18 日与罗尔德·霍夫曼的访谈。

7

科学成就

现在我们来看采访中的第二个问题：科学合作进展如何？本章中，几位受访者将告诉我们，他们通过合作取得了哪些科学成就。当然，值得注意的是，不少美苏科学家参与合作长达数年，我只采访了他们中的一小部分。受访者来自不同的科学领域，是各自领域的代表人物，有助于说明合作从多方面促进了知识的进步。

基普·索恩：引力波探测

我们从第 5 章中了解到，在 20 世纪 60 年代后期，加州理工学院（Caltech）的基普·索恩（Kip Thorne）如何深受俄罗斯天体物理学和引力物理学家工作吸引，他在此后几十年间与这些物理学家保持着积极的合作关系。在此之前，他还遇到了来自俄罗斯莫斯科国立大学（Moscow State University）的引力实验家弗拉基米尔·布拉金斯基（Vladimir Braginsky）："1968 年，泽尔多维奇（Zel'dovich）把我介绍给了弗拉基米尔·布拉金斯基。与其他人不同，布拉金斯基是一位实验家。他非常出色，是引力波探测领域的两位创始人之一，另外一位是乔·韦伯（Joe Weber）。布拉金斯基使用的设备落后，但他的研究成果惊人，令人敬佩。”[1]

值得一提的是，在苏联，杰出的实验家极为难寻。西方人普遍认为，苏联科学实验室的设备和仪器相对原始，其科学在理论领域表现出色，但在实验领域则并非如此。[2]但布拉金斯基是个特例。

> 尽管设备落后，但他不输任何西方实验家。我可以和他讨论测试相对论的实验以及引力波实验，并从他身上受益良多，因此他不仅成了我的密友，也是我的主要合作者。我是个理论家，做过一些实验设计，但从未做过实验。到70年代中期，我收到的邀请大部分来自布拉金斯基。我有一半的时候与他合作，一半的时候与莫斯科的其他人合作。正是在与其本人、与麻省理工学院的雷纳·韦斯（Rai Weiss）进行多次讨论中，我确信了引力波探测会取得成功。[3]

事实上，基于这一信心，索恩和几位美国同事成了激光干涉引力波天文台（LIGO）的主要发起者和推动者。这一项目风险极高、耗资巨大，在20世纪80年代，他们曾几次尝试去争取美国国家科学基金会的资助，但均以失败告终，直到1988年，LIGO团队才获得了第一笔资助资金。“它根本就不该创立，”2016年，时任美国国家科学基金会引力物理（NSF Gravitational Physics）项目经理的理查德·艾萨克森（Richard Isaacson）对《纽约客》（*the New Yorker*）的一名作家说道，“他们就是几个东奔西跑的疯子，在没有任何基础的情况下，谈论着推动真空技术、激光技术、材料技术、隔震技术和反馈系统，这不仅超出了目前的科技水平，还使用了尚未发明的材料。”[4]

在2015年10月6日的谈话中，索恩继续说道：“现在，几乎可以肯定，引力波探测会在未来两三年内取得成功。我们现在正在用先进的探测器进行第一次引力波搜寻，这些探测器具有足够的灵敏度，我们对引力波的存在充满信心。”[5]

我有点半开玩笑地问他：“所以你不用等两个黑洞相撞了？”

“关于这个，”他回答说，“我们第一次探测到引力波，可能会是因为两个相距地球几亿光年的黑洞相撞。布拉金斯基在1975年说服了我，当然也有其他人（主要是韦斯），让我相信这会成功。我在加州理工学院建立了一个引力波探测研究团队，之后，我与麻省理工学院的雷纳·韦斯、加州理工学院的罗纳德·德雷弗（Ron Drever）共同创建了LIGO项目。布拉金斯基成为这个项目的主要顾问。”[6]

事实上，2015年9月14日，也就是采访的三周前，他们团队已经首次探测到了引力波。然而，直到2016年2月才公开宣布，允许查看详情。显然，在2015年10月，索恩不可能向我透露，他所预言的“在未来两到三年内”将会发生的事情，已经发生了，并且可能是物理学百年来最重要的发现。

按照索恩的说法，把布拉金斯基带出国进行访问，包括前往加利福尼亚，并不容易。

> 他不是犹太人，有着身为党员的优势。例如，1971年，我们带他去了哥本哈根的广义相对论和万有引力会议（General Relativity and Gravitation Conference），在那里，这个领域的国际组织，即国际广义相对论和引力学会（International Society for General Relativity and Gravitation）正式创立。我们创建这个学会是为了促进东欧集团[①]的国家，一些组织或者个人加入学术交流。

①“二战”后，以苏联为首，横跨欧亚大陆，由十几个社会主义国家组成的社会主义阵营。

> 会议上，还成立了一个国际委员会负责管理这些事情，布拉金斯基和我都当选为其初始成员。当时，大家谈到了一件事，三年前苏联没有及时向一些以色列科学家发放签证，致使他们无法前往第比利斯（Tbilisi）参加会议，一时群情激愤。人们就此事发表了充满激情的演讲，其中以得克萨斯大学（the University of Texas）艾弗·罗宾逊（Ivor Robinson）的演讲最令人难忘，整个苏联代表团和大部分东欧集团代表都起身离去。我们在一个巨大的礼堂里，大概有500人在场，所以东欧集团剩下的人也全部选择离场。几分钟后，我走了出去，与好友布拉金斯基谈了谈，说服他回来做一个和解性的演讲。
>
> 他为此付出了高昂的代价。在返回莫斯科后，至少两名俄罗斯著名与会者谴责了他，他也一度被列入旅行黑名单。这就是布拉金斯基，他有勇气这么做，且愿意这么做。他的身份使他幸免于难，但他暂时失去了旅行的权力。此时为1971年。在此之后，他确实成功出来了，他偶尔会被拒绝签发出境签证。他有一个在政治局工作的密友，这个密友可以查看他的记录。所以当他被拒签时，他会告诉他的朋友，他的朋友会查看他的档案，然后告诉他："当局只是想让你知道谁是老大，不要担心，下次你就能出去了。"[7]

1991年，苏联科学陷入混乱，布拉金斯基在莫斯科国立大学的实验室受到了重击。索恩担心布拉金斯基的实验室会分崩离析，他的团队会解散，探测引力波的历史性尝试也会面临危机。在1991年年末，理查德·艾萨克森在国家科学基金会的国际项目部找到了我。他说，他的一位首席研究员有一个俄罗斯同事，这个俄罗斯同事参与了一个重大项目，但即将身处困境。我问他这位首席研究员是谁，他说是基普·索恩。我变得很感兴趣，因为大约 15 年前，我在管理美苏科学技术协定下的物理工作组时，遇到过索恩。1991 年，一项新的美苏基础科学研究协定付诸实施，我只有大约 13.5 万美元（少得惊人）的预算来资助研究项目，相比之下，国家科学基金会在之前美苏科学技术协定上的预算超过了 300 万美元。我向艾萨克森解释了这一点，他说，即使我给索恩的拨款只有 5000 美元，也是极大的帮助。所以，我这样做了。

2014 年 11 月，看完由索恩担任科学顾问的电影《星际穿越》后，我决定写信给他，告诉他我非常喜欢这部电影。“你肯定不记得我了，”我在邮件中说。还没有二十分钟，他就回复说：“我很清楚记得你，因为你的帮助，20 世纪 90 年代初至中期，弗拉基米尔·布拉金斯基在莫斯科国立大学的研究团队才能渡过难关。[8] 他的回答让我大吃一惊，可能就在那时，我产生了一个想法，重新联系索恩和其他人，为这本书采访他们。”2015 年 10 月，我在帕萨迪纳（Pasadena）他家中与他见面，开始了我的第一次采访，我的第一个问题是：“当时是怎么回事？”索恩告诉我：

> 苏联解体时，布拉金斯基在莫斯科国立大学有一个研究小组。在 LIGO 技术开发特定领域，他们首屈一指。他正在开发悬挂系统，通过熔融石英纤维来悬挂镜子，这些镜子会因引力波而摆动。悬挂系统的摩擦力越小越好，这一点至关重要。他成功了，他开发的悬挂技术，其摩擦力比任何其他技术都要小几个数量级。他还深入研究了因突然震动而产生的噪音，对人类来说，这种噪音伤害极大。因此，布拉金斯基不只是我的密友，对 LIGO 的未来也至关重要。苏联的科学团队正在迅速瓦解，而我们要维系他的研究团队。
>
> 当情况恶化，布拉金斯基的团队面临解散，我们采取的第一步是让加州理工学院为他提供内部资金，维持团队的运转。第二

步是你，第三步是索罗斯（Soros），这你也参与了。后来，我们弄清楚了如何“洗钱”，你可以称之为洗钱，但实际上，我们开发了一种机制，让国际科学基金会（International Science Foundation）把研究经费拨给加州理工学院，再转给莫斯科国立大学。但如何在大学之间转移资金呢？我们通过国际科学基金会的新拨款援助计划进行操作，而索罗斯发挥了关键作用。这一机制成效显著，对LIGO来说至关重要，没有这个机制，LIGO就不会成功。[9]

我一时说不出话来。“我的5000美元资助帮助发现了引力波？真的吗？”我问索恩。“他们是怎么使用这笔钱的？用于薪酬还是其他？”他告诉我，“这笔钱主要用于支付团队成员的工资，维系团队的运转。在当时，意义极大。他们每月得到200—300美元。我猜，布拉金斯基一个月能拿到300美元。他们可以靠此生活，全身心投入项目研究之中。就这样，整个团队团结一致，直至今天。”[10]

可以毫不夸张地说，在美国国家科学基金会国际项目历史上，这5000美元的研究补助金产生的作用绝无仅有。

朱莉·布里格姆-格雷特：气候变化的奥秘

2009年，朱莉·布里格姆-格雷特（Julie Brigham-Grette）前往偏远的埃利格格特根湖（Lake El’gygytgyn）进行钻芯考察，取得突破性进展。其为地球轨道变化造成古代全球变暖提供了确凿证据，也为人类活动敲响了警钟。以下长篇访谈摘录有力地说明了这一点：

这次考察成果丰硕。4月份第3周的某天，我们钻到了基岩，获得了36亿年的气候变化记录，接着，我们再向下深钻了200米，抵达了陨石撞击层。很久之前，陨石在此处撞击了火山，从没人见过这种样本。

考察结果可总结成以下几个要点。首先，我们发现，在360万—220万年前的上新世①非常暖和，比现在暖和多了，这并不奇怪，因为二氧化碳的浓度和现在差不多，那里出现了铁杉、胡桃树等植物化石，这些树木是“上新世到更新世出现巨型动物”的证据。很明显，当时二氧化碳浓度过高，导致北极十分温暖。而人类现在的排放活动会导致相同结果。我们也可从中看出，在那个时期，二氧化碳浓度大约达到百万分之四百，格陵兰岛没有冰原，整个北极被森林覆盖，而且，部分时候，西南极洲冰原也会消失。当时全球海平面很高，整个地球都很温暖。我们看到了第一个大冰期之前的过渡阶段，了解到北极如何从森林带演变成如今的冻土带。

第二个要点仍然相当惊人，我们记录了过去280万年内17个气候异常温暖的时期，它们被称为超级间冰期，从最近的几个超级间冰期来看，其并非由二氧化碳所造成。南极洲的冰芯显示，至少在过去的80万年里，二氧化碳浓度并不一定高。所以我们有证据证明超级间冰期需要更多的解释。我们分别于2011年、2013年在《科学》杂志上发表了两篇论文，[11]记录了当时温暖的气候，以及这17个超级间冰期。

有几个超级间冰期引起了全世界的兴趣。此前，从未有人在北极发现过它们。我们现有的地质记录大约有20万或30万年，但我们确实没有任何证据可以表明，气候在不断演变。与海洋完整的地质记录不同，陆地地质年代记录零碎而分散。

---

① 上新世（Pliocene）是地质时代中新近纪的最后一个世，从距今530万年开始，距今258.8万年结束。

2009 年我们钻探时，发生了另外一件事，南极钻探计划（Antarctic Drilling Program，ANDRILL）公布了他们从罗斯冰架下提取的冰芯结果。因此，他们能够记录下西南极洲冰原出现和消失的时间。对科学界来说，这项工作意义非凡，人们突然清楚地发现，西南极洲冰原并不稳定。科学界曾认为，700 万年来，西南极洲一直很稳定，从未变小，现在看来，这个假设并不正确，南极钻探计划成果提供了不同的解释。

快进到今天：我们与所带的研究生一起工作，提出了米兰科维奇理论，其解释了更新世[①]为何会有超级间冰期，毕竟当时的二氧化碳浓度还不如现在高。尽管成因很复杂，但事实证明，受引力影响，地球公转轨道变化、地球自转倾斜度，以及近远日点（即偏心率、黄赤交角、岁差）共同导致了南北半球夏季太阳日辐射量变化。也就是说，当偏心率为零，地轴倾斜度达到最高，两个半球就会连成一条直线，气候也会变得同步起来……所以，当两极突然同步，其夏季就会同时到来。我们认为，当两个半球同步，超级间冰期就会出现，并导致南极地区一直处于间冰期模式。南半球若长期处于间冰期，西南极洲冰原就会消失。当地轴倾斜度很高时，南北半球排成直线，地球会进入异常温暖的超级间冰期。当然，这只是一个我们仍在努力研究的理论。

地球这段历史告诉我们，格陵兰冰原极易受到气候影响，其出现与消失比我们以为的更容易、更频繁，西南极洲冰原也同样如此（基于南极钻探计划结果）。现在虽然不是超级间冰期，但大气中二氧化碳浓度已经超过百万分之四百，全球气温不断上升，气候正朝着 300 万年前的上新世时期变化。二氧化碳成为当今气

① 更新世（Pleistocene）是地质时代中第四纪的第一个世，从距今 258.8 万年开始，距今 117 万年结束。

候变化的主要因素。因此，科学界有理由认为，西南极洲冰原正在发生的消融不会停止。地质记录与过去一年的新观测结果证明了这一点，当然，现在我们可以看到格陵兰冰原也开始消融。[12]

虽然此次考察成就卓越，历史意义重大，但一些人最初并不看好这一项目的前景："我记得，我第一次提交拨款申请提案时，一个美国国家科学基金会的项目经理跺着脚走出了房间，说这是个愚蠢的想法。他说，'你为什么研究一个俄罗斯东北部的湖呢？它离北大西洋这么远，不会有任何成果。'然而，当我们钻取出那些最初的冰芯时，他又说，'呀，这些冰芯与南极冰芯相似，贝加尔湖的冰芯与我们湖的冰芯相似，这不是偶然。'它有一个全球性的信号。"[13]

腾吉兹·特兹瓦兹：防治艾滋病和丙型肝炎

腾吉兹·特兹瓦兹（Tengiz Tsertsvadze）是格鲁吉亚共和国的艾滋病协调员。2015 年 12 月，我在第比利斯碰到了他，我问他："你通过美国民用科技研究与发展基金会与美国展开的合作研究成果如何？"他回答我：

取得了巨大成功！格鲁吉亚艾滋病防控中心（The Georgian AIDS Center）在东欧数一数二。苏联所有加盟共和国中，只有格鲁吉亚自 2004 年以来，为所有艾滋病病毒携带者 / 艾滋病患者提供抗逆转录病毒治疗。所有经过诊断的艾滋病毒感染者均可根据国际标准免费获得治疗。即使现在，依旧只有格鲁吉亚做到了这一点。我们取得了不少成就，因此，2009 年世界卫生组织授予我们最高奖项——李钟郁博士公共卫生纪念奖（Dr. Lee Jong-Wook Award），该奖项以世界卫生组织前总干事李钟郁博士的名字命名。

我认为，格鲁吉亚如果没有参与合作项目，就无法为艾滋病患者提供免费治疗，更无法在后来为病毒性肝炎患者提供相同服务。美国民用科技研究与发展基金会是我们的首个合作对象，为我们提供了多笔资助，其中前五笔意义最为重大。后来，我们收到了两笔来自生物技术参与项目（BTEP）[14] 的资助，尽管这两笔资助数额更大，但在意义上不及美国民用科技研究与发展基金会的资助。再后来，我们还收到了其他的资助。这两年，美国国立卫生研究院为我们提供了 4 笔资助。[15]

作为拨款管理人员，我认为，后续的竞争性拨款记录可以很好衡量一笔研究补助的效果和成就。格鲁吉亚团队的后续工作十分出色：

去年，也就是 2014 年，这里组织了一场国际研讨会，与会者来自美国和苏联成员国。美国国立卫生研究院派出了一个大型代表团前来。我们庆祝艾滋病防控中心成立三十周年。与美国科学家的合作，帮助我们取得了这些成就、创建了一个现代化的艾滋病防控中心。我们的艾滋病防控中心被誉为苏联第一。

我们经常有合作项目。在我之后，有 30 多名青年科学家前往美国参加长期培训。培训时长为 1—3 年。他们学习的领域包括公共卫生、流行病学、临床学科和实验室工作。仅我所在的中心就有 30 多名科学家参加合作项目，如果把其他机构包括在内，人数可能会翻倍。不幸的是，有一半人留在了美国工作。但另一半人回来了，他们投身于这项服务。这些合作对我们帮助极大，美国民用科技研究与发展基金会项目为这些工作奠定了基础。

现下，格鲁吉亚又多了一项成就。2016 年，世界卫生组织发起了消灭丙型肝炎计划，而格鲁吉亚是该历史性计划的第一个入选国。[16]

玛乔丽·塞内查尔：晶体的拓扑结构

玛乔丽·塞内查尔（Marjorie Senechal）是一名数学家、几何学家，来自美国史密斯学院（Smith College），她在苏联和后来的俄罗斯开展了合作研究工作。但她工作的地方并非有名的数学研究所或大学院系，而是科学院晶体学研究所。她的第一位东道主是尼古拉·谢夫塔尔（Nikolai Sheftal）。她在采访中告诉我，“谢夫塔尔教授为人贴心慈祥、极好相处，但我们一直都没能真正理解对方所说的话，不是因为语言不同，而是因为我是数学家，他是晶体学家。他是一位优秀的晶体学家，研究晶体生长，我对这一领域很感兴趣，他的论文也深深吸引着我，但我与他研究的侧重点不同。我跟他存在隔阂。幸好尤金·吉瓦尔吉佐夫（Eugene Givargizov）也在这个实验室。”[17]

听到吉瓦尔吉佐夫的名字时，我很激动，我清楚地记得他，大约 40 年前，他来美国进行过一次交流访问，当时，我在美国国家科学院工作。吉瓦尔吉佐夫谦逊有礼、讨人喜欢。他不同于我当时遇到过的其他苏联科学家，他是亚述人，极具民族特色，这让我感到新奇。他给了我一个亚述风格的漂亮小雕塑，价值不到 25 美元，所以我不用上报，但我认为，这个雕塑应该放在博物馆里，而不是我的桌上。塞内查尔继续说：

> 尽管谢夫塔尔每天来上班，但他已经正式退休，所以吉瓦尔吉佐夫是实验室的实际负责人。吉瓦尔吉佐夫在数学晶体学领域认识很多人，他认为有一个人我应该见一见，所以他带了这个人前来见我。这个人颇为年轻，和我年纪相仿，他叫拉维尔·加利乌林（Ravil Galiulin），是一位晶体学家，来自塔塔尔族。

加利乌林对塔塔尔人的身份极为敏感。后来，在一次讲座上，我与他坐在一起，有人在谈论巴斯德关于酒石酸（tartaric acid）晶体的研究，他却误听成："塔塔尔族（Tatar，与 tartaric 谐音）。"他喊道："塔塔尔人怎么了？"我说，"安静点，拉维尔！"他冷静了下来。但不管怎样，他给我带来了自己与其他几位数学家的所有论文。

他同时在晶体学研究所和斯捷克洛夫数学研究所（Steklov Institute）工作，与鲍里斯·尼古拉耶维奇·德隆（Boris Nikolayevich Delone）是同事。德隆是一位数学家，在 20 世纪 30 年代，他构想了一种全新的方法来认识晶体结构：观察晶体的局部结构和生长，而不是只看晶体的对称性。我喜欢他的工作。其彻底改变了我对自己在做什么、要怎么做的看法。德隆是法国人后裔，他的祖先跟随拿破仑远征俄罗斯帝国，战败后，在俄罗斯定居。德隆的工作非同凡响，我仍在继续这一研究，并基于他的想法撰写论文。德隆和加利乌林都已离世，但加利乌林的一些学生仍然在世，活跃于科学界，我们一直保持着联系。无论是工作上还是生活上，这段经历都很重要，充满着美好的回忆。

一切就这样水到渠成。加利乌林和我一起翻译并发表了一篇由费德洛夫（Federov）所写的重要论文。但更重要的是，我看待事物的方式彻底变了。20 世纪 80 年代，"准晶体"被发现，整个晶体学界发生了巨大变革，我意识到，我们需要用德隆的晶体结构研究方法来认识这些奇怪的新事物，而不是按照晶体学之前的方法去研究更为形式化的群体理论内容。后面，我们也是这么做的。我说得很简略，但基本上就是这样。所以我觉得，我在传播消息、促进这类材料的使用方面发挥了一定作用，因为当时俄罗斯以外的人对此所知甚少。[18]

西格弗里德·赫克尔：创造新科学知识的激动

在第 4 章中，我们了解到洛斯阿拉莫斯国家实验室（Los Alamos）主任西格弗里德·赫克尔（Siegfried Hecker）和其他人在 1991 年后所做出的历史性努力，他们通过与关闭的俄罗斯核实验室合作，阻止核技术、核材料扩散。其中，许多的基础科学合作发挥了重要作用。然而，正如他在采访中所言，大部分基础科学合作都属于非常规领域，普通物理学家并不会接触这些领域。

> 1992 年，我们与俄罗斯实验室的科学家们进行了讨论。其中有一个人叫梅什科夫（Meshkov），他是一位伟大的科学家，证实了里克特迈耶—梅什科夫不稳定性（Richtmyer-Meshkov instabilities），我们知道他的名字，但从未见过他本人。
>
> 他们有着优秀的人才和不可思议的能力，我们倾听了他们的观点。在工作中，他们非常出色。我们有着更先进的计算机、更好的电子设备，而他们在当时已经掌握了并行处理。他们用着旧式的电脑，运行着并行处理算法。他们有着运算方法，但没有更先进的计算机。他们说："你们真懒，只使用海量数据运算的计算机进行计算，但我们却必须用头脑计算！"
>
> 于是我说，"嘿，我们可以一起工作。我们有先进的机器，你们有更好的算法，我们可以一起努力。"在磁性聚合物中，他们有着更好的引爆系统，可以获得高压，而我们有着更先进的诊断能力。所以我们当时就说道："你知道我们可以一起做什么吗？我们可以创造新科学，我们可以研究基础科学的本质，这可以帮助你们认识核武器。这属于基础科学，我们可以一起研究。"[19]

赫克尔在两卷著作中记录了这一关系。关于实验室对实验室项目（lab-to-lab program）下的纯科学合作，他写道：

在科学合作方面，有一点至关重要，双方科学家渴望一起从事新颖、具有建设性、激动人心的研究。美国介入俄罗斯核设施，主要是为了防范危险。然而，两国科学家想做事情，而不仅仅是防范事情发生。换句话说，创造新科学知识、开发新技术，令他们兴奋。他们受此吸引，建立了友谊，为冷战后最敏感问题的解决铺平了道路。[20]

尽管他们只是研究基本物理现象的本质，但仍然引起了美国乃至俄罗斯政府高级官员的不满：

在1992年2月的第一次访问中，我们列出了大概八个领域：核材料安全、核保护控制、核清点、反恐、防扩散、基础科学以及生态和环境相关科学。我和约翰·纳克尔斯（John Nuckolls）回到华盛顿，把清单交给了沃特金斯上将（Admiral Watkins），他说："这超过了规定范围。你们可以研究基础科学，但禁止做其他的。"于是，我们签署了一份协议，并指出清单所列领域皆是出于兴趣。然后，我们去了国家安全委员会，对沃特金斯的决定提出上诉。但他们把已与俄罗斯科学家达成共识的清单扔进了废纸篓，说它不该存在，我们不应该签署这样的协议。[21]

然而，这并不能阻止美国实验室的科学家们：

在接下来的10—20年，我们依旧进行着我们的研究，同时，也做了一些政府希望我们做的研究，但政府并不禁止“实验室对实验室”项目研究人员的参与。所以，在后来的二十多年里，双方有一千多名实验人员参与其中，我们并没有只是坐在会议桌前或者签发各类文件，我们在围栏后面进行着六大强磁场实验，在强磁场中观察超导体。

你问我，“你在科学研究方面做了什么？”，这就是我们做的。即使不算别的，有一个不同寻常的领域，称为脉冲功率高能量密度物理，它对基础科学非常重要。洛斯阿拉莫斯实验室和全俄技术物理研究所（VNIITF）[22]的科研人员一起工作，在这二十多年里，我们在最好的国际期刊上联合发表了400多份论文和报告。真的很了不起。所以，这是一项斐然的成就。我们不仅创造了新的科学，还创造了新的思想。然后，我们还研究了各种技术，并试图将其运用到民用领域，书中有两章讨论了这些主题。[23]

在顶级国际期刊上发表了400篇论文，这足以说明其科学影响。

在实践方面，赫克尔举了一个例子。俄罗斯要销毁西伯利亚的核武器，但他们在拆分核武器时却无计可施，此时，我们的科学专业知识发挥了关键作用。

他们问我们：“你们是如何拆分这些武器的？”他们从试验场地回来时，都愁眉苦脸。烈性炸药很危险，钚也难以处理。

他们说：“我们制造了这么多武器，却不知道怎么拆分它们。”

一个来自利弗莫尔（Livermore）的科学家说，“噢，我们用二甲基亚砜溶解接合区域，然后就可以拆开武器了。”

俄罗斯科学家惊呆了。他们说：“你们的礼物太珍贵了。”[24]

二甲基亚砜奏效了，它是木材工业的副产品，一种常见的化学溶剂，已经有几十年的历史了。为什么俄罗斯科学家没有想到使用二甲基亚砜呢？为什么一位来自利弗莫尔的美国科学家会发现这一点呢？一段小插曲无法得出太多结论，但我意识到，苏联和俄罗斯科学体系及文化可能是原因之一。尽管苏联在物理学教育与研究方面的理论极具深度，但苏联科学家一旦进入研究所和工作岗位，他们的跨学科交流就少得可怜。即使在一个特定的学科，如物理学，也有大量的科学院研究所致力于深入研究特定的子领域：理论物理、普通物理、核物理、固体物理等。诚然，也有些研究所具有跨学科性质，例如切尔诺戈洛夫卡的化学物理研究所（Institute of Chemical Physics in Chernogolovka），其主要以研究炸药闻名于世。

但总的来说，自20世纪60年代开始，跨学科研究在许多西方国家（尤其是美国）变得越来越普遍，已经成为一种常态，而在苏联却并不常见。在西方，跨学科研究起源于研究型和教学型大学，学科没有高度细化。但在苏联，科学高度垂直分化，催生了大量专业化的研究所，这阻碍了学科之间的交流，过度的专业化反而会在某些方面阻碍科学的进步，核弹头的拆卸就是个很好的例子。

特里·洛：纳米技术

特里·洛（Terry Lowe）和同事西格弗里德·赫克尔一样，在1991年苏联解体前，与苏联有过材料学方面的研究合作（赫克尔也是一名材料学家）。他也深入参与了“实验室对实验室”项目，并为防止核扩散做出了努力。

在接触过程中，洛遇到了来自乌法国立航空技术大学（Ufa State Aviation Technical University）的材料学家鲁斯兰·瓦利耶夫（Ruslan Valiev）。瓦利耶夫当时正在进行纳米结构材料的基础研究，这种材料可以运用在飞机机身、机翼涂层等军事领域。洛斯阿拉莫斯国家实验室有对这些材料的大规模模拟测试，洛对此很感兴趣。当他前往乌法国立航空技术大学拜访瓦利耶夫时，他被眼前的景象所吸引：

> 与乌法国立航空技术大学的合作前所未有的顺利、容易。虽然其他的研究机构也不错，但瓦利耶夫和他的同事很了解如何进行国际合作，所以，我觉得自己很幸运，找到了一个如此擅长国际合作的人。瓦利耶夫经常出国，总是在日本、韩国、德国、中国、美国、巴西等国家，很少在家。其中部分原因出自俄罗斯本身：俄罗斯缺少一些科学技术研究设备，但国外的大型研究机构有这些设备，比如当时，俄国或者苏联都没有高分辨率高质量的透射电子显微镜。所以，为了接触世界上最好的科学家和设备，他不得不前往其他地区，以更好地进行科学研究。瓦利耶夫是一位优秀的合作者，他的研究机构也深受其影响，具有国际化特点。[25]

此后，洛和瓦利耶夫的团队开始了长期合作。最终，洛离开了洛斯阿拉莫斯国家实验室，建立了自己的小公司——迈特里康金属公司（Metallicum）[26]，他致力于将这项技术推广到商业和民用领域。正是出于工作缘故，我第一次见到了洛，当时他是全球防扩散倡议（Global Initiatives for Proliferation Prevention）合作项目的美国行业伙伴。我在美国行业协会工作了 6 年，这 6 年里，无论是在科学还是商业上，其可能都是最有成效的项目。洛认为，这些成就主要归功于乌法团队的研究和瓦利耶夫的个人努力。

> 我认为，真正关键的是，瓦利耶夫和他的团队了解如何进行国际合作。他们是优秀的研究者。瓦利耶夫可能是俄罗斯历史上

发表论文最多的科学家。至少在材料学领域，排名前十的出版物中，大部分是他或者我们一起发表的，如果只看顶尖的出版物，有史以来的前 4 名都是我们的技术，我们确实取得了一些非凡的成就。所有的成就都出自这个项目，取得的成果还在不断增加，瓦利耶夫发表的论文在材料学期刊中一直排名前五。

为了证明这一点，洛基于文献计量数据，提供了几个表格[27]，体现了瓦利耶夫的出版物排名。受篇幅所限，我没有在书中呈现这些表格，但它们很有说服力，有力地证明了瓦利耶夫的非凡成就。

洛在采访中继续说道：

另一件很重要的事情是，1999 年，我们在莫斯科戈利塞纳（Golitsyna）举行了北约高级研讨会（NATO Advanced Research Workshop）。这是该技术最大的转折点。当时世界上关于这一技术领域的出版物有 197 本。随后，数量激增，现在已经有了上万本。我们将北约研讨会会议内容整理为一本书，现在已被重新印刷。研讨会包含了我们从 1994 年到 1999 年通过全球防扩散倡议项目共同完成的早期工作。

2001 年，洛离开了洛斯阿拉莫斯国家实验室，开始了自己的事业。与瓦利耶夫的合作对其科学研究和事业产生了深远影响：

我的期待是什么？我只能说：我完全不知道这会如此成功。对我来说，这是我职业生涯的标志。此前，我研究的是建模与模拟测试，此后，我研究的是金属纳米结构。不管怎样，我对纳米技术充满热情，与此同时，纳米科技也在不断发展。“纳米”一词在20世纪90年代初首次出现，兴起于欧洲和美国。美国的国家纳米技术计划始于克林顿政府，是有史以来最成功的科学倡议。

当然，我没想到我们能取得如此大的进展。我们继续将工作直接转向商业方向，而不仅仅是科学方向。我们应该这么做，这是全球防扩散倡议的愿景，我们履行了承诺，实现了这个愿景。我们为商业化付出了很多努力。我们专注于制作商用型设备，在2002—2004年，我们申报了第一批专利。现在，在距离我2.4千米处，有价值1400万美元的机器出自我们的努力成果。我们拥有中试规模的生产设备，并从中获得了数百万美元的收益。有四十到五十家公司考察了这项技术，现今，有很多不同的公司在研究如何运用这项技术。已经有一些公司在产品中采用了这项技术。[28]

约翰·齐默曼：导弹发射井技术

约翰·齐默曼（John Zimmerman）曾在美国国务院苏联事务局（the Soviet desk at the State Department）任职，负责与科学合作有关的事务，他与我分享了以下故事：

有一次，我收到一封信，信上说："我只是想让你们知道，我刚刚收到一份重要的合同，这份合同与北达科他州（North Dakota）的导弹发射井可移动井盖有关。北达科他州贮存着民兵Ⅲ导弹，用巨大的混凝土井盖盖着，当按下按钮时，井盖会滑到一边，导弹就发射出来了。但北达科他州气候寒冷，如何建造能抵御严寒的发射井呢？我认为，你们会想知道这个。我可以记录《美苏住房协议》（*the US-Soviet Housing Agreement*）① 下所有的基

① 两国在建筑安全消防方面的合作协议。

> 础研究工作，俄罗斯在西伯利亚建造了类似的混凝土结构，我了解到了相关的技术和诀窍。我通过《美苏住房协议》与苏联科学家合作，得到了这份合同。”[29]

我没有找到足够详细的信息来证实这一说法，但很可能在《美苏住房协议》中，有一个研究小组，负责寒冷地区建筑研究。显然，苏联在这方面经验丰富。这又一次说明，1982 年弗兰克·卡卢奇（Frank Carlucci）声称敏感技术流入苏联，美国损失巨大，其实是双向的。

空间科学

谈到美苏合作，流传最广、时间最久的是 1975 年 7 月美国“阿波罗”飞船与苏联“联盟”号飞船在地球上空轨道对接。回到更早的 1957 年，有另一项太空壮举，苏联发射了“斯普特尼克”1 号①，震惊了美国。美国人意识到，在科学和技术上，面临着来自苏联的广泛挑战，而且，美国可能正处于劣势。但人造卫星的发射是一项科学成就吗？大多数知识渊博的人会说，不，这是一项苏联人创造的非凡工程成就。其证明了苏联工程师具有坚韧的意志、充沛的热情，在面对问题时，能另辟蹊径，令人印象深刻。然而，这不是科学成就。

至于随后的太空合作，如“阿波罗—联盟”号的对接，我在采访中收到的反馈基本相同。[30] 这是工程成就，与基础科学研究没有关系。当然，要实现这一伟大成就，必须绘制极为精确的飞行路径，而这类数学模型从来都是苏联的强项。可以肯定的是，我们从这些联合太空任务中，获得了重要的科学数据，特别是人体在微重力或零重力条件下的生理变化，这对

① 斯普特尼克 1 号卫星是苏联研制发射的第一颗人造地球卫星，开启了人类的航天时代。

未来的太空飞行计划至关重要。

罗斯·戈特莫勒（Rose Gottemoeller）曾在克林顿政府的国家安全委员会工作，她很重视科学合作，对此充满兴趣。国际空间站和“和平”号空间站引起了她的注意。她回忆说，她认为这两个项目将构成“科学合作蓬勃发展”的基础，她很想知道，为什么在实际的科学合作中，它们既如此成功，又如此“低调”。我说，这些不是真正的科学研究项目，而是工程学的壮举，她同意了我的观点。

20 世纪 70 年代，玛格丽特·菲纳雷利（Margaret Finarelli）曾在白宫科技政策办公室（the White House Science Office）从事国际科学合作工作。自 20 世纪 90 年代开始，她在美国国家航空航天局担任高层，直接参与了国际空间站的开发。她在一封给我的私人信件中这样写道：“国际空间站非常不同。它设计的初衷是用来向苏联证明美国在科学技术和政治上的领导力。20 世纪 90 年代初，我们开始邀请俄罗斯加入，情况已经变得完全不同。国际空间站项目成功吗？当然。它肯定比其他科学合作项目都更显著。”[31]

20 世纪 90 年代，整个情况确实发生了巨大变化。1986 年，“挑战者”号航天飞机坠毁，美国太空计划受到严重打击，几年后，苏联解体，美国发现自己没有航天飞机和助推器，无法搭载宇航员进入外太空的国际空间站，但美国已经对其投入了巨资。[32]私营企业的航空飞机仍是一个遥远的愿景。因此，美苏太空合作转向了非常实际的问题——俄罗斯太空舱的席位、推进器、和其他商业合作。一种新的氛围出现了，在这一氛围中，如波音公司这样的跨国公司可以在俄罗斯建立新的业务，利用俄罗斯专家的研究成果，为其产品开发新的市场。后苏联的许多航空公司购买了波音 737。我多次在俄罗斯航班中乘坐波音 737，每次我都感到很愉快和放心。

对科学基础建设的影响

在某些情况下，与研究结果相比，科学合作对基础建设的影响更明显。1991 年以后尤其如此。在索罗斯和美国民用科技研究与发展基金会项目中，我们向苏联解体后的科学家或他们参与的团队提供了竞争性补助款，其中，有一半的补助款被用于设备和仪器。薪水补助（我们称其为“个人财务支持”）当然很重要，但我们很快就认识到，对科学家们来说，现代的研究设备最具吸引力。通常，我们最多为他们采购最新款的台式机和笔记本电脑，但是也有特殊项目，如美国民用科技研究与发展基金会的区域试验科学中心项目（CRDF's Regional Experimental Science Centers program），其专注于为同一地理区域的多个机构提供大型或者昂贵的设备。

在苏联科学领域，仪器和设备尤为珍贵。参观完苏联和苏联解体后的科学研究所，外国访客们总会感到惊讶，里面设备落后，而科学家们用自己的才智维持着它们的运转。此外，这些实验室的大多数遗留设备都由苏联制造，而且在许多情况下，一次性设备需这些研究所自行制造。因此，1991 年苏联解体后，该地区的内部科学基础设施危机十分严重，研究人员失去了工资收入，更没有资金来为故障或损坏的设备更换备件。国外的项目（包括美国的项目），在重新装备实验室、为实验室提供适度资金以更换备件或替换件、购买酶和其他消耗性研究用品方面发挥了关键作用。如果没有这些关键的支持，许多幸存下来的优秀实验室能否继续运作就不得而知了。

参观者可以在许多设备上找到小铭牌，这些铭牌证明了很多设备是在国外项目资助下购买的，是国外资助活动的见证。在美国政府资助的项目中，有时需以长期贷款的形式将耐用设备资助给苏联，而非直接赠予。其他的项目只要求受赠者在设备上永久标明其捐赠来源，通常还会说明设备的库存编号，以便识别。

这些礼物、捐赠、贷款都帮助极大。我们已经从格鲁吉亚植物学家玛雅·阿尔卡哈西（Maia Alkakhatsi）那里了解到，她的实验室是如何通过合作项目，来对必要设备（如电脑和电子显微镜）进行升级。这类故事在苏联实验室和研究所上演了成百上千次。

有一个案例是维修圣彼得堡俄罗斯科学院科马罗夫植物研究所的屋顶，我参与其中。科马罗夫植物研究所（Komarov Botanical Institute）有着独一无二、不可替代的植物标本室。1975年彼得·雷文（Peter Raven）第一次访问该研究所时，这座建筑已经严重失修。[33] 到1991年，研究所的屋顶即将坍塌，作为世界珍宝的植物标本室可能会遭受灾难性伤害。1992年，亚历山大·戈德法布（Alexander Goldfarb）与雷文取得了联系，当时亚历山大·戈德法布正与乔治·索罗斯合作，为索罗斯新成立的国际科学基金会设立一个美国—苏联国际董事会。雷文对此很感兴趣：

> 90年代初的一天，我接到了亚历山大·戈德法布的电话，他告诉我亿万富翁乔治·索罗斯正在组织一个基金会，帮助苏联科学界度过这段艰难的时期。亚历山大邀请我参加了一个关于新基金会的会议，我们很快就步入正轨，我对这项事业很感兴趣，在我看来，这是正确的行为，同时我也隐隐想知道，帮助这个新的基金会是否可以反过来帮助我找到资金，修复科马罗夫研究所的植物标本室。
>
> 后来，我的预感成真。我向瓦列里·索弗（Valery Soyfer）咨询了科马罗夫研究所的修复拨款问题，他是索罗斯在苏联慈善捐赠方面的主要顾问。瓦列里咨询了伦敦基尤皇家植物园（Kew）的主任，然后建议索罗斯批准一笔拨款。整修屋顶、墙壁和暖气系统的费用估计为115万美元，我们收到了50万美元。我还通

过科罗拉多州参议员蒂姆·沃斯（Tim Wirth）从美国国际开发署（USAID）获得了另外50万美元。沃斯对生物问题很感兴趣，他是保罗·埃利希（Paul Ehrlich）的挚友。我从朋友那里筹到了其余的钱，尽管他们对这件事没有多大兴趣，但他们想帮忙。我很高兴这项工作可以继续进行，其由一家芬兰公司进行监督，更重要的是，我们发现俄罗斯能够生产所有必要的部件，而刚开始时我们并不能确定这一点。[34]

事实上，合作项目提供的基础设施援助拯救了许多研究所。

电子束技术国际中心（International Center for Electron-Beam Technologies）位于乌克兰首都基辅，是材料学领域最具创新力的研究机构之一，得益于鲍里斯·莫夫坎（Boris Movchan）院士在电子束气相沉积方面的顶尖研究。这一技术可应用于超硬材料涂层、电力传输、医药和农业。我在1980年见过鲍里斯·莫夫坎，当时他是美苏科学技术协定下电冶金和材料工作组的领导人之一。1991年以后，电子束技术国际中心参与了一系列项目，得到了国际科学基金会和一些合作研究项目的支持，这些合作研究项目由美国国防部（US Department of Defense）、防扩散科学中心（the Nonproliferation-oriented Science Centers）、全球防扩散倡议项目、美国民用科技研究与发展基金会提供资金。在与国防部代表的早期会晤中，双方基于共同利益，达成了一份研究课题清单。2015年12月，我在基辅见到了莫夫坎，我问他："你与美国科学家长期合作的最终成果是什么？""这样讲吧，"他说，"如果我们没有与美国国防部达成直接协议，没有得到美国国防部的支持，国际中心就不会存在。为什么这么说？在过去的21年里（截至2015年），我们没有从我们的政府那里得到过一分钱，也没有任何政府合约。"[35]

2016年4月，美国真空学会表面工程运用分会（American Vacuum

Society's Applied Surface Engineering Division）将邦沙奖（R. F. Bunshah Award）授予莫夫坎，以表彰他“在电子束沉积方面的开创性工作，以及他60年来作为教育家和导师的指导能力。”这既证明了他的研究质量，也证明了美国和国际社会对其的援助产生了巨大作用。

在采访中，拉里·克拉姆（Larry Crum）说明与俄罗斯的合作对双方都产生了影响。他解释：“我们原以为必须关闭这个部门，它是大学另一个部门的一部分。但这些俄罗斯科学家积极进取、表现出色，他们现在获得的资金基本上和我们这里的其他同事一样多。他们拯救了这个部门，也大大提高了我们部门的声誉。”[36]

尽管“人才流失”的规模没有20世纪90年代初人们担心的那样严重，但美国各类大学的科学系确实聚集了许多才华横溢的苏联科学家，他们中有年轻一辈，也有老一辈。德国和以色列是苏联科学移民的主要受益者，美国排名第三。[37]在这些案例中，有一个常见模式，俄罗斯著名科技政策分析家伊琳娜·德芝娜博士（Dr. Irina Dezhina）称之为“钟摆迁移”：科学家们在美国和俄罗斯、以色列和俄罗斯等地来回奔波，在一个地方待一个学期到六个月，然后前往另一个地方。[38]换言之，这些科学家已经成为国际科学团体的一部分，一些人说，这个团体“不分国界”。如果真是这样就好了。

从对科学基础建设的影响而言，美国民用科技研究与发展基金会的基础研究和高等教育计划（Basic Research and Higher Education）是一个特殊案例。[39]这一计划申明的目的是改变俄罗斯科学结构体系，在俄罗斯科学体系中，科学院占研究主导地位，而大学仅仅是教育机构（莫斯科和圣彼得堡有少数例外）。可以合理地认为，基础研究和高等教育计划产生了重大影响，其向俄罗斯决策者和大学介绍了现代研究型大学的概念以及实现这一概念的途径。后来，实现现代研究型大学成为政府的核心政策。但如果你重访基础研究和高等教育计划的各个研究教育中心，以及主办大学，你几乎发现不了任何相关痕迹。洛伦·格雷厄姆（Loren Graham）深入参与了这一计划的构想和监督，他告诉我：

> 我发现，改变制度非常困难，改变态度比改变制度本身更容易，可惜我没能早点认识到这一点。态度取决于个人本身。我认为，基础研究和高等教育计划确实对某些俄罗斯人产生了一定影响，包括教授、大学管理人员和院长，我们与他们进行了直接交流。我们与他们建立了联系，他们也一致同意（至少他们是这么说的）基础研究和高等教育计划所做的对俄罗斯有益，他们愿意跟我们一起努力。但如果你现在回到那些大学，寻找尚存的痕迹和影响，你会感到有点沮丧。[40]

普京执政早期的大学改革核心是在选定的城市或地区合并两所或以上的大学，目的是按照西方国家典型的现代研究型大学培养出优秀的高等教育机构。2015 年 10 月格雷厄姆做出这些评论时，改革似乎还有希望会继续。

然而，变化早已出现。哈雷·巴尔泽（Harley Balzer）、格雷厄姆、我以及玛乔丽·塞内查尔等人是基础研究和高等教育计划的发起人，我们一直与安德烈·福尔申科（Andrey Fursenko）保持着联系。福尔申科是俄罗斯教育与科学部部长，早些年，他一直是基础研究和高等教育计划的关键支持者，他在该计划基础上制定了全面加强俄罗斯大学体系的政策。2015 年 7 月 22 日，巴尔泽在《纽约时报》一篇评论文章中公布了他最近在莫斯科与福尔申科进行的一场对话。福尔申科现在是普京总统的顾问之一，也是克里米亚事件后美国政府制裁的目标。巴尔泽回忆道，福尔申科不仅是基础研究和高等教育计划的坚定支持者、推动者，而且，他后来甚至请求美国民用科技研究与发展基金会协助，发展另外四个同一模式的研究教育中心，这四个研究教育中心完全由俄罗斯政府资助。但到了2015年，毫无疑问，福尔申科不满自己被列入美国制裁名单，他的态度发生了改变。巴尔泽写道："本月早些时候，我又见到了福尔申科先生。对于克里姆林宫最近在乌克兰的行动，我表达了担忧。他直截了当地告诉我，情况已经发生了变化。他说，这归咎于美国，'美国要求伙伴像听话的小孩子，服从自己的指令'，而俄罗斯已经厌倦了这一切。"[41]如此，这似乎再次为实用政治理论证明，科学合作可以用来"约束"外国合作伙伴。

雪上加霜的是，2016年8月，普京任命奥尔加·瓦西里耶娃（Ol'ga Vasilyeva）为新的教育与科学部部长（Ministry of Education and Science），取代了德米特里·利瓦诺夫（Dmitri Livanov）。利瓦诺夫是基础研究和高等教育计划的强劲支持者，他有力地推行了"增强大学"的改革政策，将较弱的大学与实力较强的邻居合并成"联邦大学"。而瓦西里耶娃崇拜约瑟夫·斯大林，与俄罗斯东正教教会在教育科学观上联系紧密。很多人担心她会取消改革，破坏俄罗斯取得的科学改革成果，导致俄罗斯回归苏联模式。而她确实取消了改革。

9月26日，塔斯社报道说，瓦西里耶娃颁布法令，"由俄罗斯联邦前教育和科学部部长推行的大学合并将被终止。"[42]所以，俄罗斯高等教育体系二十一世纪化的试验就此结束，这也明确承认了一个多年来显而易见的事实，对教育、科学的探索与之前不同了，这一探索由前任总统、现任总理德米特里·梅德韦杰夫（Dmitriy Medvedev）发起，目的是基于俄罗斯科学技术成就，建立真正的知识经济。[43]

1991年以后，一些合作项目对研究资助这一领域产生了重大影响，相互竞争、同行评审的研究补助制度开始大规模实施和生效。在此之前，苏联没有这一制度。苏联科学研究的资助自上而下，政府将资金发放给科学院，科学院再将资金分发给各个部门、研究所和实验室。虽然少数机构可能有地方性资金竞争，例如，艾尔菲物理技术研究所（Ioffe Physico-

Technical Institute），这是其所长若列斯·阿尔费罗夫（Zhores Al'ferov）告诉我的，但在全国范围内，这类竞争并不存在。俄罗斯基础研究基金会（Russian Foundation for Basic Research）于1992年年底在资深数学家安德烈·贡查尔（Andrey Gonchar）的指导下成立，该基金会着手实施竞争制度，但多年来，它的资金长期受政府限制，取得的成果差强人意。大约在同一时间，索罗斯的国际科学基金会通过一项竞争性补助机制，为此提供了巨大帮助。我参与创建和管理了这一体制，我们成功地在俄罗斯大规模引入了这一新制度，帮助俄罗斯科学家建立了自信、提高了竞争能力。许多其他国际项目紧随其后，包括美国民用科技研究与发展基金会和促进与苏联科学家合作国际协会（INTAS）。通过这些渠道，许多俄罗斯和其他苏联科学家学会了如何通过各种国外和国际项目竞争研究经费。格雷厄姆和德芝娜写道："如今，大多数俄罗斯科学家已经适应了竞争性同行评审制度，它提高了研究质量。"[44]

苏联时期，科学家们在国际科学期刊上发表的文章相对较少，因此苏联科学的文献计量数据用途有限，但俄罗斯一些文献计量分析人员观察到的趋势表明，机构改革和国际合作对俄罗斯科学产生了有益的影响。这些数据残缺不全，却值得一探。例如，瓦伦蒂娜·马库索娃（Valentina Markusova）等人在2013年写道，新成立的俄罗斯联邦大学和国家研究型大学在科学网[45]记录的出版物中所占份额显著提高，这些出版物承认得到了国际公认资助机构的支持，分别为50%和52%。与这两类大学相比，其他的高等教育机构只占42%。[46]在同一篇论文中，他们评论道："日益增长的国际合作是全球化的因素之一。俄罗斯的国际合作论文被引用次数多于仅由俄罗斯科学家发表的论文，俄罗斯与外国的研究合作有着漫长而动荡的历史。"[47]

在一年后的另一项研究中，马库索娃等人比较了俄罗斯科学院与联邦大学、国家研究型大学的科学产出，发现"尽管过去7年，高等教育界有大量资金流入，但俄罗斯科学院的表现仍然更好。科学院占俄罗斯总研究成果的 56.3%，高等教育机构占 42.6%。俄罗斯科学院与高等教育机构的合作显著增加。双方的合作，对高等教育机构出版物的引文得分产生了巨大的积极影响。”[48]

换言之，俄罗斯大学和学术机构的合作（这是基础研究和高等教育计划的一个关键组成部分），以及政府对加强俄罗斯大学的重视，都促进了俄罗斯的科学产出。鉴于最近俄罗斯将科学院下属的研究所转移到了独立的政府机构——联邦科研机构管理署（Federal Agency for Scientific Organizations），并停止“加强大学”体系，这一趋势如何继续下去、是否会继续下去，还有待观察，但前景并不乐观。

注 释

[1] 2015 年 10 月 6 日，对基普·索恩的采访。

[2] 这并不是要贬低苏联实验家的聪明才智，他们修理设备、手工制作替换零件和设计制造全新设备的能力令人称赞。

[3] 对索恩的采访。

[4] 特利 2016。

[5] 对索恩的采访。

[6] 同上。

[7] 同上。

[8] 2014 年 11 月 14 日，基普·索恩发送给作者的邮件。

[9] 对索恩的采访。

[10] 同上。

[11] 梅勒斯（Melles）等人 2012；布里格姆 - 格雷特等人 2013。

[12] 2015 年 12 月 2 日，对朱莉·布里格姆 - 格雷特的访谈。

[13] 对布里格姆 - 格雷特的访谈。

[14] 生物技术参与项目由美国国立卫生研究院管理，国务院资助。

[15] 2015 年 12 月 7 日，对腾吉兹·特兹瓦兹的采访。

[16] 对特兹瓦兹的采访。

[17] 2016 年 5 月 10 日，对玛乔丽·塞内查尔的采访。

[18] 同上。

[19] 2016 年 1 月 28 日，对西格弗里德·赫克尔的采访。

[20] 赫克尔 2016，2：186。

[21] 对赫克尔的采访。

[22] 全俄技术物理研究所，在苏联时期的代号为车里雅宾斯克 -70（Chelyabinsk-70），现在也以最近的一个城镇命名为“斯涅任斯克”（Snezhinsk）。

[23] 对赫克尔的采访。该书由赫克尔在 2016 年主编。

[24] 对赫克尔的采访。

[25] 2016 年 3 月 26 日，对特里·洛的采访。

[26] 现在是曼哈顿科学公司的一部分。

[27] 2017 年 4 月 30 日，特里·洛发给作者的私人信息。

[28] 对洛的采访。

[29] 2015 年 9 月 30 日，对约翰·齐默曼的访谈。

[30] 对约翰·劳格斯顿（John Logsdon）的访谈（2015年11月17日），对罗斯·戈特莫勒的采访（2016 年 4 月 21 日），以及作者与玛格丽特·菲纳雷利的非正式讨论（2016 年 8 月 4 日）。

[31] 2016 年 7 月 1 日，玛格丽特·菲纳雷利发给作者的私人信息。

[32] 奥罗克（2014）写道，2009 年，洛克希德·马丁公司（Lockheed Martin）和波音公司（Boeing）的合资企业联合发射联盟（United Launch Alliance），提出了一项提案，将“美国卫星全部用德尔塔Ⅳ型火箭搭载，送入地球上空轨道。联合发射联盟向美国航天航空学会提交了一份报告，详细描述了德尔塔Ⅳ型重型火箭极快的速度，华盛顿政客的说法是‘比把克里斯塔·麦考利夫（Christa McAuliffe）送上挑战者号航天飞机更安全’。联合发射联盟说他们只需要四年半。”他接着写道，然而，布什政府将重心放在伊拉克战争上，减少了对太空计划的投资，“布什总统说我们本来要去火星，但我们去了伊拉克……我们是一个民主国家。所以，我们会共担俄罗斯最终赢得太空竞赛的责任。”

[33] 见第 5 章。

[34] 2016 年 2 月 23 日，对彼得·雷文的采访。作为国际科学基金会的首席运营官，

我花了两年时间为负责屋顶维修的芬兰建筑专家团队提供行政和财务支持。这也是我管理过的最实际的项目之一。

[35] 2015 年 12 月 17 日，对鲍里斯 · 莫夫坎的采访。

[36] 2016 年 1 月 6 日，对劳伦斯 · 克拉姆（ Lawrence Crum ）的采访。

[37] 德芝娜 2002，7。这里的参考页码，从第一页开始，来自德芝娜的个人文件，德芝娜复制了这篇论文的正文。我跟她都无法访问这篇论文，因为它最早出现在《科学研究调查》（ *Naukovedenie* ）上，无法通过网络获得。

[38] 同上。

[39] 见第 4 章题为“美国民用科技研究与发展基金会”的分节。

[40] 2015 年 10 月 19 日，对洛伦 · 格雷厄姆的采访。

[41] 巴尔泽 2015。

[42] “Glava Minobrnauki pristanovila protsess ob’yedinyeniya vuzov.” 感谢哈雷 · 巴尔泽让我注意到这篇文章。

[43] 在最近与巴尔泽的一次谈话中，他指出，瓦西里耶娃造成了许多严重的损失，担任总统教育和科学顾问的福尔申科，已经设法挽回了最严重的部分。

[44] 格雷厄姆和德芝娜 2008，164。

[45] 科学网基于在线订阅，提供科学引文索引服务，可以跟踪科学出版物的被引用情况，是评估出版物影响的标准参考工具。

[46] 马库索娃等人 2013，9。

[47] 同上，7。

[48] 马库索娃等人 2014，11。

8

其他成就

第 7 章专门讲述了科学成就，然而，促进科学进步只是这些科学合作项目的众多目标之一。项目发起人和管理者还有许多其他政策目标，如：促进两国人民的交流，完善外交政策，保障美国国家安全，向苏联科学家提供紧急援助，传播民主观念和民主制度。正如我们在第 5 章、第 6 章所见，这些目标共同激励了参与者，他们很少把科学发展当作唯一目标。因此，了解其他目标的实现程度至关重要。其可以帮助我们总结经验教训，得出一些结论，这也是本书第三部分要讨论的内容。

本章中，我们将综合考虑合作参与者的观点，探讨合作项目在多大程度上实现了非科学研究或者“政策驱动”的目标。

大规模杀伤性武器防扩散

美国努力防止大规模杀伤性核武器、生物武器及技术向敌对势力扩散，对于科学合作在其中的角色，我们通过西格弗里德・赫克尔和安德普・韦伯，已经有所了解。哈萨克斯坦的斯捷普诺戈尔斯克（Stepnogorsk）曾有着“世界上最大的炭疽工厂”，谈到它的摧毁时，韦伯说：“感觉当然很好。”在“蓝宝石计划”（Project Sapphire）中，有600千克核武器级别的高浓缩铀转移到了美国，关于这一计划的影响，韦伯补充说：“这相当于减少了50枚原子弹，所以我也觉得很好。”[1]

韦伯指出，斯捷普诺戈尔斯克计划（Stepnogorsk project）并不只是摧毁了一座炭疽工厂。

> 我们与俄罗斯人一起合作，防止病原体外泄，当时，我并没有意识到这多么创新、多么重要。在合作中，我们发现伊朗试图从西伯利亚的维克托实验室（Vektor laboratory）和莫斯科的俄罗斯科学院恩格尔哈特分子生物学研究所（the Russian Academy of Sciences's Engelhardt Institute of Molecular Biology）获取病原体、技术和专业科学知识。我感到十分震惊，一些极为糟糕的事情正在发生，而美国常用的方法却不起作用。我们与研究所的所长、科学家接触，从源头上处理扩散问题。
>
> 最后，我们与苏联科学家达成了一项协议：“作为世界一流的科学家，我们可以一起合作，但你们必须切断与伊朗的联系。因为你们联系的那些伊朗人，他们的主要兴趣是发展大规模杀伤性武器。”谈判进程艰难，但我们从源头着手，和研究所建立了直接的联系。[2]

赫克尔分别探究了人们主要担心的四大问题：“疏于管理的核武器、未严加看管的原材料、违反制度的工作人员、随意松散的出口。”“现在回过头来看，”他告诉我，“我们取得了哪些成就？疏于管理的核武器？根本不存在。未严加看管的原材料？刚开始，他们大概有140万千克的钚和高浓缩铀，有报道称，少量钚和约一千克的铀失窃，但这些年来，基本没有再发生这样的事。如果你查看国际原子能机构（International Atomic Energy

Agency）的数据库，你就会知道，丢失的数量不会造成重大问题。任何大型失窃都会引人担忧，但不存在这样的事情。”[3]

那违反制度的工作人员呢？只有韦车斯拉夫·丹尼连科（Vyacheslav Danilenko）一人被记录在案，赫克尔和劳拉·霍尔盖特（Laura Holgate）在采访中证实了这件事。丹尼连科是一名科学家，他曾在车里雅宾斯克-70[4]工作，涉嫌向伊朗泄露了核武器的设计。赫克尔评价：

> 是的，丹尼连科，他想必是参与了伊朗人的核试验。目前还不清楚，这造成了什么影响，但确实差点酿成大祸的是，俄罗斯的几个设计师帮助了朝鲜。我们在书中解释了为什么灾难没有发生。[5]俄罗斯方又一次解释道：“事情没那么糟糕，但我们确实遇到了危机，我们无法支付员工工资，一些员工选择了离开。因此，你们前来帮助我们，为我们提供了一些就业岗位、提供了一些工资资助，事实证明，我们可以一起合作。”
>
> 违反制度的工作人员？正如我前面所言，或许有那么几个人做了一些事情，牵涉到了激光浓缩和伊朗。从爱国的角度，他们本应该忠于职守、坚守岗位。现在来看第四个问题：随意松散的出口？依旧不多。20世纪90年代，一些武器确实出口到了伊朗，但跟今天的出口量比起来，不值一提。所以，这些合作项目取得了什么成就呢？
>
> 当时，核危机形势严峻。尽管我们只是未雨绸缪，但我们所作所为意义重大。现今，所有核武器都受到了严密的管理。那时，我与俄罗斯同事的主要工作就是保护、管控和核算核材料。我所做的一切都是为了让俄罗斯重视这些问题，并做出改变。现在，盗取核材料的后果很严重，没人敢这么做。所以失窃的事情没有再发生。[6]

显然，在逻辑上，我们无法证明一个否定句。我们没办法确凿证明有一个人或者几个人没有为别的国家或者恐怖组织工作。但是也有许多成就显而易见：将600千克高浓缩铀从哈萨克斯坦运到美国、拆除核弹头、加强俄罗斯核实验室的安全、保护核材料。这些都是实实在在、毋庸置疑的历史性成就。

科学合作在此次历史性尝试中扮演着什么角色呢？防扩散计划仅仅是一次紧急财政援助、一个权宜之计？这个计划没有任何实际价值，本质上只是一种贿赂，吸引科学家留在原来的地方工作？根本不是如此。赫克尔认为，科学合作至关重要：

> 我们一起做的科学研究，比如那400篇论文，在保护核武器、核材料安全方面发挥了巨大作用。这些都相互联系在一起，你不能单独说这个成功了，那个不成功。归根结底，因为我们所做的一切，核问题没有发生，这就是成功。纳恩－卢格计划①的每一分钱都用在了实处，成千上万的实验室人员相互沟通，一起工作，辛苦奔波，做到了政府难以做到的事情。[7]

在防止大规模杀伤性生物武器扩散方面，韦伯也提出了类似的观点。他告诉我：

> 科学家们之间建立的点对点式关系，实现了奇迹。这一合作最大的成就之一就是实现了公开透明。对于如维克托这样的实验室，我们只想知道一件事：他们不再研究生物武器了吗？而我们

① 纳恩－卢格计划（Nunn-Lugar Program），全称为《纳恩－卢格减少威胁合作计划》，以计划制定者萨姆·纳恩和理查德·卢格两位参议员的名字命名。根据该计划，从1990年开始，美国负责出资销毁俄罗斯多余的核武器并处置退役的战略导弹。

知道的唯一途径不是检查、不是武器管控，也不是拜访参观，而是科学家之间的日常交流。因此，我认为，我们在提高透明度、深入了解他们在做什么以及他们如何分配资金方面取得了巨大成功，除此之外，他们还进行了一些很不错的研究。[8]

尽管实验室对实验室项目极大促进了合作研究，但我们为了处理大规模杀伤性武器，与苏联进行科学合作时，主要是通过官方的防扩散项目。其中，国际科学技术中心（International Science and Technology Center）开始最早、规模最大。格伦·史怀哲（Glenn Schweitzer）是国际科学技术中心的第一任执行董事，他在一份个人备忘录中总结道：

国际科学技术中心在 1994 年开始运作，当时，我认为，它可能只有十年的预期寿命，我们对其进行了十年的规划。很显然，要给俄罗斯科技机构注入活力需要好几年时间，但俄罗斯政府迟早会厌倦资金受控于其他国家的情况。有几年时间里，俄罗斯科研界对于与俄罗斯国家安全、经济未来密切相关的发展热情超出了政府官员的掌控。但在十年快结束时，情况越来越不妙，我们需要做出决定，要么改变国际科学技术中心的运营方式，比如让一个俄罗斯人来担任管理委员会的联合主席，要么准备迅速解散，转变到一种新的科技合作方式。

但总体来说，国际科学技术中心相当成功。我们有不少项目成功推动了科学进步，而且所用成本相对较低。俄罗斯对大量活动的保密必要性进行了重新评估后，出人意料地开放了全国各地的封闭城市。火星任务等计划、生物安保 / 生物安全、核研究（包括与欧洲核子研究组织的合作）、飞行器的创新设计与测试，这些都为全球科学技术做出了贡献。许多年后的今天，国际科学技术中心提供的设备仍在俄罗斯许多实验室运转，发挥着重要作用。许多人通过国际科学技术中心进行了跨洋接触，建立了长久联系。国际科学技术中心的商业化活动在一开始并不顺利，但在十年的时间里，这些商业化活动影响了许多重要的俄罗斯科学家，改变了他们的心态，他们开始将新科技运用到现实，认为创新只有在进入市场时才是创新。虽然主导过大多数国际科学技术中心项目的俄罗斯资深科学家可能退休，但许多参与过该中心项目的青年科学家现仍对俄罗斯科研界产生着巨大的影响。[9]

赫克尔同意道："将科学家交流项目与核材料问题的处理分开并不公平，因为它们之间有很深的联系，很多人两者都有参与。科学家们通过交流建立了友善的关系。"[10]但除了友善关系外，还有其他因素也起到了重要作用。其一，两国科学家在专业上相互尊敬、个体间彼此信任，共同致力于一些复杂领域的高质量科学研究，这些领域在双方科学界都具有特殊地位。其二，合作研究加深了科学家们之间的信任，使得双方科学家以及政府能够有效地处理大规模杀伤性武器扩散这一重大实际问题。

2013年，美国国家科学院对美俄防大规模杀伤性生物武器扩散的各种双边项目进行了评估，得出了类似结论，但对其支持下进行的许多合作的实际科学成果，态度更为谨慎。[11]评估报告中写道：

"在国家安全方面"，20世纪90年代和21世纪初，美国为俄罗斯提供了财政支持，致力于加强俄罗斯的生物安保与生物安全，这大大降低了俄罗斯生物资产被不法分子滥用的风险。除此之外，美国与俄罗斯一起，帮助数千名失业的俄罗斯科学家从国防领域转向民用领域工作，在俄罗斯经济衰退期间为他们提供了工资补贴。合作活动还升级了俄罗斯研究机构的相关基础设施，有些项目还响应了俄罗斯政府近期优先发展适销产品和服务的政策。

然而，关于新科学知识发展方面的实际科学成果，该报告的结论是，即使是20年后的今天，仍无法下定论："因合作取得的科学进步仍在发展。但有一些进展显而易见。最重要的是，科学家们之间建立了新的跨国人际网，而且，他们一直保持着联系，一些俄罗斯人所著或合著的国际期刊论文可部分归功于双边科学合作。"[12]

但，劳拉·霍尔盖特提出，防扩散计划并没有完全成功，即使就其基本目标而言也是如此。我与她进行了一次有趣的谈话。在采访中，我让受访者根据他们最初的期望来评价自己的实际经历和成就。霍尔盖特慎重回答道，她的最初期望是防止苏联研究大规模杀伤性武器的科学家继续在俄罗斯发展这类武器，同时也防止他们向别的国家传播这类武器及技术，但项目取得的成效"微不足道"。

"微不足道？"我有些惊讶地问道。她接着解释说，在最初的设想中，这些项目成功与否，取决于俄罗斯经济是否健康，特别是有没有一个"正常的市场"。前提是，在美国资金（实质是一种补贴）的基础上，俄罗斯经济出现一种新的推动力或获得回升，使得非武器研究成果能够持续独立于外部资金。然而，正如她所指出的，来自别的国家和苏联武器实验室内部的双重威胁从未成真，科学家参与的基础并非如想象的那么牢固。至于苏联科学家们本身，她说："我们完全不了解他们。"美国（以及其他西方国家）从未想到，实际上，苏联的核科学家们将忠诚与爱国放在首位。她接着说："关于他们是否会被收买、是否会前往其他地方，我们做出的判断完全不正确。"最后，就科学家而言，她的结论是："他们不仅没有受到任何伤害，还获得了一些好处。"[13]

在霍尔盖特的评价中，俄罗斯研究大规模杀伤性武器的科学家们不太可能会将研究成果高价出售、或为高薪工作前往其他国家，大多数人的观点并不正确。2002 年，俄罗斯科技政策分析家伊琳娜·德芝娜发表了一篇关于“人才流失”现象的学术论文，详细论述了“人才流失”问题荒诞言论的产生。她写道，由于不充分的统计数据和耸人听闻的报道，“这个话题像野草一样迅速蔓延，其程度甚至可以与电脑病毒相比。”[14]

就当前的目的而言，在考虑防扩散科学合作项目的影响时，必须牢记，最初，美国和其他国家在防扩散领域组织庞大、耗资不菲的项目是因为担心苏联人才外流，特别是那些研究、生产大规模杀伤性核武器、生物武器、化学武器的科学家外流。然而，政策制定者和权威人士想象的大规模人才流失从未发生，事实上，据见证者所言，这根本就不会发生。有人可能会说，如果没有这些项目，大规模人才流失可能已经发生了，但，正如前面所言，我们无法证明一个否定句。

我们所知道的是，熟悉这些科学家的目击者们，一遍又一遍地告诉我们，这不会发生。正如赫克尔、霍尔盖特以及其他参观过这些设施的人所指出的，真正的问题不是“违反规则的人”，而是“未严加看管的原材料”。武器级的高浓缩铀堆放在工厂地板上，危险的病原体存放在空荡的科研机构里，而这些存储设施上只挂着松动的锁，看守人员也是醉醺醺的保安。美国政府一发现这一问题，立马实施了一些重大项目，着手处理这些真正的危险，而且从所有的报告来看，这些项目都相当成功。正如赫克尔和韦伯所言，科学家们通过一起研究基础科学中的高度专业化问题，建立了友谊，在此基础上形成了职业尊重与信任，使得双方能够继续解决那些更难的问题。

然而，关于“人才流失”的错误观点造成了持久影响，这些影响将在日后困扰两国关系。这种观点不仅错误，而且具有误传性、误导性。而一些范围广泛、耗资极高的科学合作项目创建之初就怀有此种观点，其演变成一种扭曲、居高临下的固有偏见，最重要的是，长期影响了与问题密切相关的人——苏联的科学家们。

项目制定者们将这些防扩散项目的目标描述为“科学家重新定向”，后来这个词不再流行，变成了“科学家合作”。这些项目以人为中心，其框架主要源于单边援助模式，这是 1991 年后早期紧急资金援助的典型模式。我一直试图理解这一模式，其思维似乎是这样的：如果我们为这些研究大规模杀伤性武器的科学家提供充分的物质激励，通过支付他们薪酬，让他们彻底离开国防工作，转向研究非防御项目，最终，他们会找到方法，利用他们的专业背景长期从事民用事业。

但正如霍尔盖特所指出的，任何这样的期望都建立在一个前提下，即研究的科技有一个稳定的市场，此外，科学家还要具备根据市场创新的能力。在早期就可以明显发现，这一前提不管怎样都不会成真，所以，从一开始，这些期望就不合理。

此外，这些项目的运作模式加深了这种不切实际的幻想。他们为俄罗斯正在进行的工作提供了单方面的援助，但没有为真正的国际合作项目提供任何支持或基础设施。（有真正支持合作工作的“伙伴计划”在此处没有帮助，我在第 4 章中已经指出过，伙伴计划基本上是以斡旋为主，不涉及项目资金，也没有显著改变项目的总体目标或方法。）

但随着时间的推移，我认为过不了多久，这种想法就会被淘汰。无论援助的规模多大，都不是长久之计，无法让这些优秀的科学家和工程师在和平性非国防工作中自给自足，原因有三。首先，就其本质而言，援助具有临时性。只有确认了援助的必要性和有效性后，政策制定者才会继续提供帮助。随着其紧急程度的下降，新紧急事件的不断涌现，援助面临着越来越多的挑战。其次，如前文所述，创新成果没有国内市场。俄罗斯新富对奢侈品和外国高科技产品更感兴趣，而且，俄罗斯继续严重依赖采掘业，并不热衷于发展知识经济。最后，在我看来，最重要的是科学家自身的动机。正如我们在第 6 章中所见，对较少出国的苏联科学家来说，最有力的激励可能是：一条通往世界科学界的途径。但遗憾的是，防扩散项目从未真正提供过这样的途径。

2006—2012 年，我在美国行业联盟工作，在这几年中，该组织走向终结，而我也失去了薪资丰厚的工作。期间，我亲眼目睹了这一思维在全球防扩散倡议项目中展开的全过程。直至最后，美国国家核安全局（the National Nuclear Security Administration）的管理人员仍无法摆脱过去的观念，依然认为每天 35 美元的微薄津贴就足以让俄罗斯核武器科学家心满意足。一些国会议员对此表示怀疑或持相反意见，认为这些科学家仍在武器研究所从事武器研究，而防扩散项目实际上是在资助俄罗斯的核武器项目，面对质疑与攻击，这些管理人员充满戒备、争强好胜。国会议员的指控是对是错，不得而知，但我认为，真相介于两者之间。总之，防扩散项目大体上继续以"援助"的模式进行，而且始终无法摆脱这种思维和结构，尽管项目后期，在普京担任总统期间，有人呼吁改变现状，加强合作，建立真正的双边体系。

2009 年，国际科学技术中心在莫斯科举行了 15 周年庆典，当时，情况正在恶化，格伦·史怀哲讲述了他在庆典上的感受。"我感受到国际科学技术中心将发生巨大的变化，它将会走向终结，被一个关注科学合作而非扩散问题的组织取代。我提议对国际科学技术中心的政治框架、政策结构进行几项调整。"他提议的调整包括：任命一名俄罗斯人为管理委员会的联合主席，将巴西、中国、印度纳为无表决权成员，加强对反恐问题的关注，设置更好的指标。"遗憾的是，这些全球性建议都没有得到认真考虑。对于国际科学技术中心来说，这些建议来得太晚。"[15]

艾琳·马洛伊（Eileen Malloy）曾在美国国家核安全局的管理部门负责了两年防扩散项目，关于这种思维，她举了一个相对普通的例子：外国代表团在俄罗斯的住宿。其涉及的似乎纯粹是后勤问题。

> 困难之处在于，如果把资金归为援助，就会牵涉美国政府问

责局（Government Accountability Office），这让人很烦恼。结果就是，我们在援助苏联科学家，却不称其为援助。

这是我在能源部（DOE，美国国家核安全局隶属于能源部）遇到的一个大问题，因为他们从本质上扭曲了双边合作的过程。如果我们想前往一个城市的核现场，进行会谈，我们会发现，那里没有宾馆，更没有万豪酒店。所以，我们唯一能住的地方就是招待所。但俄罗斯科学家没有钱维护里面的设施，也没有钱招待来访人员。我理解他们。所以我们自行支付所有费用。但能源部曾有人决定，给他们支付更多的住宿费。所以，我们要支付 100 多美元一晚的租金，住在一个连一星级宾馆都不及的地方。

我给你举个例子。有一次，我带了一个代表团访问俄罗斯，我们的能源部副部长得在一个没有洗手间的房间里过夜，俄罗斯方工作人员打算在房间的角落里放一个小型的化学厕所，并问道："这样可以吗？""不，当然不可以！"我对能源部的同事们说，我们不应该支付多余的费用。虽然当时他们真的严重缺乏资金，但俄罗斯实验室是不是也应该付出一些努力，这样，我们的合作就不会显得这么一厢情愿？结果就是，他们严重依赖于我们，我们为各种东西支付着不合理的费用，成了他们的钱袋子。俄罗斯人认为，我们掏钱是为了进他们的实验室，看我们想看的东西。因此，我们支付的巨额款项让俄罗斯情报机构更加多疑。[16]

这个例子牵涉的远不止是住宿和洗手间。防扩散项目为基础设施提供"间接费用"，在这一点上，其备受争议。熟悉研究资助的人都知道，机构对一个项目的非直接研究费用支持，称为"间接费用"，这是所有资助型项目的重要组成部分。虽然间接费用的规模和计算方式经常引起激烈讨论，但人们普遍认为，研究机构离不开间接费用。1991 年后，新的美俄资助型研究项目也如法炮制。为了支付管理和运营费用，这些项目通常会有 10% 的固定“间接费用”，这些间接费用无法直接拨给研究项目。无论是纯民用资助项目（如：美国民用科技研究与发展基金会的项目），还是防扩散项目，都是如此。然而，在防扩散项目中，支付给俄罗斯研究所的间接费用成了美国政府问责局和国会听证会的关注焦点。因为支付给已关闭的研究所的间接费用根本解释不清楚，所以，批评者们指责这些项目，尤其是全球防扩散倡议项目，无意中资助了俄罗斯的武器研究。

大约在 2010 年，“科学家合作”项目（“Scientist Engagement” Programs）开始遇到另一个棘手的问题。“大规模毁灭性武器的前科学家们”逐渐去世或者退休，可以归入这一类别的研究机构越来越少。因此，面对国会的压力，国际科学技术中心开始让俄罗斯的研究机构从项目中“毕业”，而全球防扩散倡议项目则将重心放在了苏联科学家个体上。他们参加了多场听证会，多次回应了美国政府问责局的报告，为此做出了巨大的努力。但这些最后的紧急措施并没能减少国会的怀疑。[17]

这并不是说，防扩散科学合作项目正如一些充满恶意的国会议员在 2007 年及之后所批评的那样，没有丝毫可取之处，是失败产品，甚至还帮助、教唆了对手。我认为，事实正好相反：这些项目出于善意、精心规划、资金充足，由知识渊博、能力出众的人管理，在科学和全球安全方面取得了许多有益的成果。这一点怎么强调都不过分。尽管如此，它们最终还是未能适应时代的变化。其中一个关键原因是，项目的基本概念和目标在初始时可以理解、值得称赞，但两国的倡导者、捍卫者、管理者甚至受益者却将这些概念和目标固化，没有跟上时代的变化。最终，俄罗斯人越来越认为这些项目单方面干涉了他们的内政。

大约从 2010 年开始，进入关闭的研究场所变得愈加困难。俄罗斯表示，“俄罗斯武器研究科学家转民用领域的工作已经完成”。[18] 最终，2010 年 8 月，俄罗斯政府正式发出了退出国际科学技术中心的意向通知，并在一年后，做出了退出的最终决定，而 2015 年，国际科学技术中心资助的最后一个项目也被终止。[19] 与此同时，随着 2014 财政年度（2013 年 10 月 1 日到 2014 年 9 月 30 日）的结束，国会终止了提供给全球防扩散倡议的最后一笔拨款。

20 世纪 90 年代早期，萨姆·纳恩（Sam Nunn）和理查德·卢格（Richard Lugar）发起了富有远见的“纳恩 – 卢格”防扩散计划。2015 年 1 月，这两位著名的前参议员在《纽约时报》上发表了一篇雄辩的评论文章，对国会一个月前投票决定切断美俄最后幸存的双边核安全项目的资金表示痛惜，这一决议发生在克里米亚事件之后。他们写道，“我们需要转变思维，以互惠互利原则为指导，建立一种真正的核安全伙伴关系。在此关系中，两国都要付出资金和技术资源。”[20] 但克里米亚事件并不是这些项目终结的元凶。事实上，这些项目早已注定消亡。也许是出于制度的保守，也许是出于缺乏想象力，或者缺乏意愿，多年来，它们都未能按纳恩和卢格在 2015 年所言，做出改变。而纳恩和卢格的评论文章正如一句歇后语所言：口渴了才打井——来不及了。

提升外交政策目标

关于美国与苏联的双边科学合作项目，我发现，很难找到具体的例子来说明其如何促进实现美国的外交政策目标。如果将目标分为象征性目标和现实性目标，可能会有所帮助。

在象征性目标上，如果时机合适、代价较小，美国政府会将科学合作项目当作趁手的政治筹码，用来表达对苏联或者俄罗斯政府不友善行为的不满。20 世纪 70 年代和 80 年代，美国国务院或国家安全委员会（National Security Council）经常会下达指示，禁止与苏联进行“高层会晤”或举行会议，以应对苏联的种种行为，包括：击落韩国客机等事件。有时，美国会因为这些情况取消某些项目，但不会同时取消所有项目。当被问及采取这些行动的理由时，国务院通常回答道：“我们在传递一条信息。”我与其他的项目经理都认为，这些合作项目有着自身的价值，但外交人员以及其他政府官员却如同失语者，将合作项目作为传递信息的工具，我们开始厌倦他们的行为。对他们来说，这些项目只是国际外交棋盘上的棋子，别无他用。

此外，在我的记忆中，苏联从没有因为他们传递的“信息”做出过任何明显的改变。1972 年，前国务卿亨利·基辛格在国会上将美苏科技合作协议描述为“制约因素”，[21] 对此，我保留看法。我在这一领域工作多年，但从未发现任何案例可以证实他的说法。苏联没有因为我们取消了某个会议而减少某些不好的做法，没有因为我们抵制 1980 年奥运会就从阿富汗撤军。诚然，当局势开始缓和（如戈尔巴乔夫改革期间），美国政府恢复了一些协议（如我在 1980 年参与协商的《基础科学研究协定》），也增加了部分项目的资金，合作总体上恢复到原来的水平，但多年来，许多外交官和政策制定者把科学合作项目说成“奖励”，这根本是无稽之谈。

然而，这些象征性的惩罚措施确实对一些人造成了伤害。这些人就是苏联的科学家，他们与合作项目共命运，并把其作为走进全球科学界的途径。任何参与过这些项目的苏联科学家都会受到审查，而且众所周知，国家“安全机构”人员偶尔也会找他们谈话，确保他们的可靠性，更希望可以从他们那里获取信息。美国为了抗议，叫停或取消这些项目时，他们的生活无疑会受到极大影响。当苏联没有过分举动时，美国会恢复合作项目，作为对苏联的“奖励”，但真正的受益者实际上是美方科学家，美方科学家通过合作项目接触了他国的科学家、研究机构和实验场所，丰富了自己的科学研究。

亨利·基辛格告诉满腹狐疑的国会，双边科学协议是作为“制约因素”，我经常琢磨，他当时真的是这么想吗？实际上，诺曼·纽瑞特告诉我们，1971年基辛格到白宫科技政策办公室找他的上司爱德华·戴维，当时，他对戴维说道，他想“给中国提供一些更实际、更具体的东西，而不仅仅是地缘政治上的重新定位。也许，我们可以给中国提供一些科学合作提议，向中国表明，我们真心想与他们建立长期的合作。”[22]换句话说，他在传达一条信息。他很清楚，这些提议本身绝对无法成为“制约因素”。这或许证明，美国政府在释放善意，提议与中国建立更密切的关系，缓和中国的态度，但证明科学项目可以作为制约因素？我无法认同。

也许我的理解过于肤浅。托马斯·皮克林（Thomas Pickering）是美国国务院次卿之一，对国际事务有着丰富的经验和深刻的见解。他曾担任过美国驻多国大使，其中就包括俄罗斯，几十年来，一直是国际科学合作的坚定支持者。在我们的谈话中，他从长远考虑，说道：

> 更大的制约因素是核灾难，我们必须足够谨慎，以避免这一情况的发生。科学左右着军备控制、核裁军。如果对武器运输的指示不明确，利害关系不清晰，军备控制条约就无法付诸实施。科学知识对限制规则的制定、检查能力、国家技术手段等来说，至关重要。其次，双方共同投资，取得了不少共赢成果，这些成果牵涉到高层次的国家利益，这导致双方在采取盲目的负面行动前须三思而后行。尽管，普京在某种程度上，违反了这一点，但是，我认为，即使是他，也受到了限制。
>
> 我一直认为，我们应该全面、仔细审视与中国、俄罗斯、印度、日本、巴西等国家的关系，我们与这些国家既是对手又是伙伴。我们与他们相处，特别是事关主要矛盾时，需要积极寻找突出的共同利益，在共同利益的基础上，发展出一套关系，这套关系可以用来紧急制止事态升级，构建冲突处理框架，至少，可以允许我们，在面临负面情况时，采取我所说的“希波克拉底外交”

（Hippocratic diplomacy），避免造成伤害。然后我们可以慢慢综合考虑各种因素，看看是否能找到根本的解决方法。

另一方面，有些人只重点关注核扩散或人权等单方面问题，对他们来说，还有一种选择，就是聚焦负面问题，尝试采用制裁措施或施加压力来解决问题，但其会导致更深层次的对立，增加不确定性，加剧紧张局势和军事冲突。在两者之间，可能存在平衡点。但我认为，更好的做法是寻求双赢，并将其作为我们与那些国家关系的明确特征。这正是亨利要表达的意思。科学在一些地区本身就很重要，可以作为制约因素，而且它也可以告诉其他没有科学背景的人，让他们思考如何发展外交关系，克制自己的行为。[23]

考虑到其来源，我很难反驳这一说法。但我对其仍然持怀疑态度。从基辛格在国会上的证词来看，他所说的“制约因素”，更像烟雾弹，而不是对事实或者意图的申明。这就是为什么我没能成为一名外交官，而基辛格却是世界上现实政治的领军人物。

商业成就

在正式的双边科学合作项目中，商业成就本身并不是目的，但其可以作为衡量成功的某种标准。此外，美国国会议员和公众普遍认为这些合作对“他方”的好处大于“我方”，他们要求看到具体证据，这些证据必须能证明资金没有白费，这些活动对美国有益，而商业成就在一定程度上能够打动国会议员和民众。从 20 世纪 90 年代开始，这一情况变得尤其普遍，当时，美国政府资助俄罗斯或其他苏联独联体国家的合作项目，其性质从互利转变为援助。“援助”不足以让人们满意。为了解决这一问题，有些机构试图创造出一些盈利性质的商业活动模式，部分取得了成功，但大多数都反响平平。当然，在计划框架之外，营利性公司，不管规模大小，从20世纪90年代开始，都设法充分利用这一机遇，他们可以低薪聘用十分优秀的技术人员，而且巨大的新市场就摆在他们面前。

我在早期职业生涯中，对美国与苏联或其继承国之间的纯商业性科技合作，没有太多接触。苏联时期，我知道的只有一个例子，在先进焊接技术领域的合作。乌克兰国家科学院巴顿焊接研究所（The Paton Institute of Electric Welding of the Ukrainian Academy of Sciences）位于基辅，有着世界一流的焊接基础和应用研究，包括电渣焊、电渣重熔、物理气相沉积冶金涂层和闪光对焊。他们的研究成果应用广泛，涉及坦克、潜艇、建筑、医学（人体组织焊接）及管道建造等方面。

1979年，我到美国国家科学基金会工作，当时，阿拉斯加输油管已经完工，其是世界上最大的管道建造项目之一。西方石油和天然气公司对输油管道并不陌生，但在寒冷地区建造输油管道，却是一个新的挑战。众所周知，为了解决这一问题，他们购买了巴顿研究所研发的一些焊接技术，获得了使用许可。事实证明，焊接处经受住了时间的考验。12月，我在基辅遇到了一位阿拉斯加北坡①的石油工作人员，阿拉斯加北坡有着大规模石油、天然气作业，他负责对那里的工作人员和设备进行质量控制（他在基辅处理私人事务）。我向他提到了乌克兰的焊接技术，他告诉我，在管道的所有部分中，焊接最为出色，没有任何瑕疵。和导弹发射井技术一样，[24]苏联为阿拉斯加商业管道的修建提供了重要经验。这个例子，以及约翰·奇瑟（John Kiser）在“逆向技术转移”方面的早期成果，提醒了我：苏联几乎不能为美国提供任何具有商业价值的东西，这一普遍观点并不完全正确。[25]

在我的采访中，托马斯·皮克林第一个对此表达了见解，他回忆了自

① 阿拉斯加北坡是美国石油、天然气的产区。位于阿拉斯加州布鲁克斯山脉以北到波弗特海沿岸近海区，是一个向斜下降的斜坡带，又称北极斜坡。

己在波音公司的经历。他所说的案例，是纯粹的企业性合作，主要涉及工程学，此外，还涉及先进的钛冶金技术：

> 我们制造波音 777 飞机时，起落架有两种选择，第一种是 4 个主轮，每个主轮有 4 个轮子，第二种是 2 个主轮，每个主轮有 6 个轮子。俄罗斯的图波列夫图 –154 客机（TU 0154）采用的是 6 轮起落架。所以，我们选择了 6 轮起落架，并与俄罗斯人一起对其进行测试。我们长期从俄方那里购买钛，数量巨大，持续到今。他们为我们提供的最大组件是钛做成的主梁，主梁用来连接 6 个轮子，称为车架横梁。开始时，他们负责锻造钛材料，我们将其运回美国进行制造，后来，我们发现，我们可以在俄罗斯以合资企业的形式进行制造，将生产与制造联系起来，这样子更便宜、更高效。所以，我们在某种程度上离岸外包了这项工作的技术基础。
>
> 特尤金（Tetyukhin）是一家钛工厂的经营者。他是位冶金学家，为我们进行冶金开发。他发展了用于航空工业的钛合金，其对波音公司作用重大。波音公司在俄罗斯长期经营着大规模业务，所以，我们非常担心政治会阻碍我们与他的合作。尽管，我们现在有丰富的钛资源可以选择，但与俄罗斯合作对我们双方都有利。在此过程中，我们向俄罗斯出售了数百架飞机。他们不仅帮助我们制造飞机，还购买我们的飞机。[26]

波音、微软、英特尔等美国跨国公司都在俄罗斯设有大型研究机构。美国的信息技术公司主要对俄罗斯的软件编程和设计感兴趣，正如西格弗里德·赫克尔所言，实际上，苏联先于美国掌握并行处理技术。这些纯粹是企业自己的决策，没有牵涉到任何特殊的政府计划。

正如前面所言，主要出于政治原因，人们渴望在政府资助的合作项目中，发展商业性质的实用技术。商业利益不是项目的主要目的，但其在理论上具体可测，是美国公众及其代表能够理解和领会的东西。当然，对苏联科学家来说，他们迫切希望学习如何将自己的技术技能转化为财富和稳定的就业机会，因此，他们非常渴望参与到这样的努力中来，学习其中的诀窍。

然而，通过政府项目促进商业发展的观念本身就存在问题。一般而言，除了需要执行的合同和特定计划，如小企业创新研究计划（Small Business Innovation Research）和小企业技术转让计划（Small Business Technology Transfer），美国政府对资助私营公司进行研究一事，始终保持着一定的距离。距离的大小随着时间的不同而变化，很大程度上取决于哪个政党控制了白宫（如果可能的话，还包括国会）。民主党政府历来更倾向于为具有潜在社会效益前景的创新投入资金，如能源与环境领域的创新，即使是私营企业也可从中受益，而共和党政府则倾向于谴责在私营企业中“挑选赢家”的做法。

但更深层的原因是，不给私营企业提供资金已经成为政府机构的一种信条。因此，政府如果想要将纳税人资金投入促进私有技术商业化的项目，就会遭遇灰色地带，即使这些项目旨在实现公共政策目标，如防止危险技术的扩散。

防扩散项目就是很好的例子。国际科学技术中心渴望通过科学合作项目取得商业成果，对此，格伦·史怀哲写道，“几乎没有证据表明，这项计划和相关努力短期内对将合作研究成果推向市场产生了重大影响”。他认为，失败的主要原因是“俄罗斯腐败猖獗，政务缺乏透明度，而且官僚体制烦琐，这些削弱了小型企业家们做出的努力，明显地抑制了俄罗斯市场的发展”。[27]除此之外，还有两个因素也造成了同样的影响：一是，因为意识形态和其他障碍，美国政府实施的项目没有充分利用拥有的机会；二是，高科技工业产品在俄罗斯缺乏市场，这个问题更加严重。第二个因素所涉甚广，超出了本书的探讨范围。但，敏锐的观察家经常指出，俄罗斯经济主要依赖于石油、天然气和木材等自然商品，而且，国内财富分配极为不均，俄罗斯更倾向于进口奢侈品，而不是促进工业的发展。总之，这些经济政策从内部阻碍了知识密集型技术在俄罗斯国内市场的商业化。

这并不是说国际科学技术中心完全在商业真空中运作。国际科学技术中心和乌克兰科学技术中心（Science and Technology Center Ukraine）、全球民用研究和开发基金会等国际组织，具有特殊地位，拥有税收和其他方面的特权，能够为促进苏联科学研究的营利性公司处理行政事务和财务交易（但国际科学技术中心和乌克兰科学技术中心的交易要有研究武器的科学家参与）。国际科学技术中心起到了斡旋的作用，成为重要商业活动的间接推动者。在其鼎盛时期，近三分之一的资金来自伙伴计划。尽管国际科学技术中心进行了勇敢的尝试，但与期望的不同，其并没能直接通过自己的活动推动商用科技的发展。

美国能源部国家核安全局的全球防扩散倡议项目规划地更全面，其将商业参与和商业成功作为核心概念和重要过程。如前面章节所述，典型的全球防扩散倡议项目包含一座苏联武器实验室、一座美国能源部国家实验室和一家作为“行业伙伴”的美国私人公司。美国国家核安全局直接资助苏联实验室的工作，资助美国国家实验室的部分工作（但美国国家实验室从来不会满足），每年还要给美国行业联盟提供一小笔资助，用来管理由美国行业伙伴组成的这个联盟。在每个项目中，行业合作伙伴一方需要捐献一定的现金或实物，价值与美国国家核安全局对苏联的投资相等。美国实验室拥有项目中产生的所有知识产权，并准许苏联科学家和美国行业合作伙伴不受限制使用这些知识产权。项目运行结构很复杂，有很多部分会发生变动，还有商业活动的参与，所以，很难向国会议员或公众解释。但在某种程度上，它确实起到了作用。

特里·洛（Terry Lowe）、伦道夫·古施尔（Randolph Guschl）和大卫·贝尔（David Bell），他们三人都参加过全球防扩散倡议项目或美国民用科技研究与发展基金会项目。他们在第 5 章已经出现过，在那里，他们告诉了我们他们加入科学合作的途径。本章中，他们将表达对合作结果的看法。

特里·洛在 2000 年离开了洛斯阿拉莫斯，到私营企业工作，从事纳米技术领域，当时，纳米技术正在蓬勃发展。2001 年，他与其他人共同创立了迈特里康金属公司，通过该公司，他与乌法国立航空研究所（Ufa State Aviation Institute）的鲁斯兰·瓦利耶夫在一个纳米材料项目中成为行业伙伴。在第 7 章已经提到，瓦利耶夫和他的团队极具创意，令人印象深刻。他与洛共同发展了前景光明的研究成果，而洛也吸引了曼哈顿科学公司企业家马文·马斯洛（Marvin Maslow）的大量投资。洛说道：

2008 年，我们将迈特里康金属公司出售，其成了曼哈顿科学公司的子公司，我们取得了成功，这主要是因为曼哈顿科学公司的人采用了这项技术，并将其引入主流金属制造业，我们没有去找他们，实际上，是他们先找到了我们。在那段时间里，曼哈顿科学公司赚了数百万美元。现在，还有其他金属生产商在进行探索，他们想要采用这一技术，目前有多家公司正在进行产品试验，研究如何将这一技术运用到产品中。可以说，我们的技术大获成功。迈特里康金属公司是一家不错的盈利公司。实际上，其所有利益都来自这项技术，而我也从中获利。

顺便提一句，在此期间，我一直与俄罗斯的伙伴保持着联系。事实上，我们没有通过全球防扩散倡议项目，共同完成了一些其他商业项目，我们也在研究其他领域，并且，最近也提出了其他的合作项目。所以，我们的合作一直在继续，并且进入到其他领域。之前，我们研究的是钛，现在，我们关注的是镁和镁合金，以及其在钢材，尤其是在不锈钢上的应用。我们的合作一直在发展，未来也会是如此。当然，我们与瓦利耶夫和他的团队并不总是意见一致，在某些方面，他们会支持我们，但在另一些方面，他们会与我们产生分歧，转向其他方向，这在意料之中。他们取得的商业成就平平无奇，与迈特里康金属公司完全不是一个等级。他们成立了一家名为纳米技术（Nanomet）的公司，事实上，该公司一直在生产和销售纳米结构材料，但他们的销售额是按几十万美元计算。而我们的销售额有数千万美元。[28]

这无疑是全球防扩散倡议中最成功的商业项目之一。其不仅“吸引”了有才华的俄罗斯科学家参加，而且，还为他们带来了稳定的收入。俄罗斯科学家特有的科学技术和优秀的研究能力促进了项目的成功。

在另一案例中，改变一切的并非科学技术，而是收藏库中的种子。我问伦道夫·古施尔，杜邦公司（DuPont）通过全球防扩散倡议项目取得了哪些成果。他回答道：

我无法回答这个问题，因为萨凡纳河国家实验室的成功在十年后才体现出来。但我认为，我们的植物研究人员处理了大量种子收藏库中的样本，这肯定是一大成功。先锋种子公司（Pioneer）投入了大量资金，如果不是对此有信心，他们也不会这么做。

所以我认为其非常成功，其他的，还包括常规的催化，以及一些与氟化材料有关的工作。有一个小组专注于有机氟化学，这相当罕见。世界上很多地方都没有有机氟化学研究。我们进行了一些非常不错的研究。我要重申一点，衡量成功的标准是，除了拨款，人们会使用自己的资金投资。这才是成功。我在 2011 年美国行业联盟年会上曾说过，我们记录了来自三家政府机构的拨款，大概总共是 900 万美元。尽管没有明确的数据，但杜邦公司另外投入了大约一半的资金。[29]

作为一名前竞争性资金管理人员，我认同他的观点。在我看来，衡量一项研究拨款是否成功，除了出版物和专利，就是其资助的项目有没有成功争取到更多的拨款。

对菲根涂层公司（Phygen）的大卫·贝尔来说，最好的证据就是他创造的“奇迹”。他与俄罗斯科学院院士（现任副院长）根纳迪·梅西阿茨（Gennadiy Mesyats）在美国民用科技研究与发展基金会的“走进市场”项目（Next Steps to the Market program）相识。而梅西阿茨又将他介绍给了雅科夫·克罗西克（Yakov Krosik）。雅科夫·克罗西克是以色列人，贝尔与克罗西克保持着长期的合作。贝尔解释道：

在此过程中，雅科夫将我引荐给了基辅的物理研究所，该研究所正在进行一种叫作“等离子体加速”技术的研究，我对此很有兴趣。等离子体加速能够提高薄膜沉积的质量，为解决涂层行业中的最大问题提供了可能。最后，我邀请了一位乌克兰的科学家前往明尼阿波利斯工作，从自身利益来看，我的决定风险极高，甚至有些愚蠢。我们进行了 3 年的研究，我用自己的钱和筹到的部分资金做着这件事，但筹集的资金很有限。我们最终完善了等离子体加速技术。如今，我们的涂层技术成为了金属成形、染色压铸、注塑成型等领域的黄金准则。

他们将这项技术称为“奇迹”。如今，磨损部件的使用时长从原来的 8—16 个小时增至 9 个月。这确实是奇迹。因此，我们公司一直致力于将这项技术引入商业市场，提高各种工艺程序和行业中关键机械部件、易磨损部件的耐磨性，满足市场需求。[30]

这项技术诞生于美国和乌克兰的科学合作，其商业成就辉煌很难超越。

注 释

[1] 2016年4月25日，对安德鲁·韦伯的采访。

[2] 同上。

[3] 2016年1月28日，对西格弗里德·赫克尔的采访。

[4] 见戈维茨（Gorwitz）2011。

[5] 赫克尔指的是他2016年所编辑的书。

[6] 对赫克尔的采访。

[7] 同上。

[8] 对韦伯的采访。

[9] 2016年5月28日，格伦·史怀哲备忘录。

[10] 对赫克尔的采访。

[11] 美俄在生物科学和生物技术领域的独特关系：最近经验和未来方向（Re Unique U.S.-Russian Relationship in Biological Sciences and Biotechnology：Recent Experience and Future Directions）。

[12] 同上。

[13] 2015年10月13日，对劳拉·霍尔盖特的采访。

[14] 德芝娜2002，18。

[15] 史怀哲2013，66。

[16] 2016年1月6日，对艾琳·马洛伊的采访。

[17] 尤其见《防核扩散：美国能源部援助俄罗斯和其他国家武器科学家的项目需要重新评估》（*Nuclear Nonproliferation: DOE's Program to Assist Weapons Scientists in Russia and Other Countries Needs to Be Reassessed*）。

[18] 史怀哲2013，64。

[19] 德米特里·梅德韦杰夫总统在 2010 年 8 月 11 日颁布的政令和在 2011 年 7 月 23 日发表的《俄罗斯退出国际科学技术中心的外交声明》。具体内容见：史怀哲 2013，262-263 附录。

[20] 纳恩和卢格，2015。

[21] 参见第二章开头对基辛格观点的讨论。引用自：艾尔斯斯和帕迪 1986，11。

[22] 2016 年 1 月 11 日，对诺曼·纽瑞特的采访。

[23] 2015 年 9 月 24 日，对托马斯·皮克林的采访。

[24] 见第 7 章，"约翰·齐默曼：导弹发射井技术"。

[25] 见第 5 章，"企业家"。

[26] 对皮克林的采访。

[27] 史怀哲 2013，46-47。

[28] 2016 年 3 月 26 日，对特里·洛的采访。

[29] 2016 年 3 月 21 日，对伦道夫·古施尔的采访。

[30] 2016 年 1 月 14 日，对大卫·贝尔的采访。

9

问　题

无疑，受访者们取得了许多卓越的成就，但不是所有的事情都一帆风顺。在本章，我们将关注科学合作中出现的具体问题。我也要承认，下文讨论的问题大部分都出自美国，而苏联只占一小部分。部分原因是我主要在美国进行采访，还有一部分原因也许是，美国的受访者（以及在美国的俄罗斯受访者），能够更毫无顾忌地谈论美方的问题。

同时，也有苏联的受访者们根据亲身经历形象地阐述了自己国家内部的问题。有时，他们的坦率让我瞠目结舌。虽然熟悉苏联情况的读者对这些问题已司空见惯，但很少有书从第一人称视角来叙述这些问题。

下文中问题呈现的顺序与它们的重要性或者发生率没有关系，主要与受访者提及该问题的次数有关。而富有见地的读者可能对这些问题的重要与否有着自己的见解。

僵　化

所有的机构及其活动都有利也有弊。益处是，机构可以帮助人们共同完成个人无法完成的事情。弊处是，为了解决不同类型的问题，这些机构发展出了一系列常规和步骤，这些常规和步骤促进了成功，但也阻碍了发展。如果人们将这些常规和步骤本身视为目的，或者视为始终需要遵循的“久经考验”的模式，而不是实现机构目标的方法，这些常规和步骤就会变得具体、僵化，甚至适得其反。

在美国和苏联的科学合作过程中，有很多例子都表明，旨在促进科学合作的机构和制度有时产生了、或被视为产生了相反的效果。我们初次遇到这个问题是在国际研究与交流委员会项目和科学院间交流项目。[1] 参与者抱怨配额体制过于死板，并不公平，此外，双方经常在学者、科学家，以及研究领域的分配名额上争论不休。当然，这些烦琐的制度得以实施，很大程度上是因为两国政府都想要获得控制权。

但是，与此同时，为管理科学家的进出，人们将惯例变成协议，这也使得科学家们能够相互往来。因此，这些协议和项目，不只是控制手段，也是科学交流的“保护伞”，使得交流成为可能。双方科学家，只要不是过于莽撞或者自负，都会选择通过这些项目和协议前往另一方的国家。尽管也有如基普·索恩这样的科学家，他们完全是在既有渠道之外进行的交流，但《莱西－扎鲁宾协定》① 中的签证公约从最基本层面上保证了他们的安全，使得他们的访问成为可能。

到 20 世纪 70 年代和 80 年代，美国和苏联关系缓和，双方政府在官方科学技术合作协议中过于注重上层建筑，但不重视、甚至忽视了科学家之间的实际合作研究。高水平会议似乎成了合作项目的主要产物。此外，这些合作项目被置于正式的政府结构中，极易受到变幻莫测的外部因素影响——如两个超级大国之间脆弱的关系。至少在美国，政府可以随意重启

---

①《莱西－扎鲁宾协定》：1958 年 1 月 27 日，美苏于华盛顿签订“文化、技术和教育领域的交流协议”。两国展开了一系列文化往来，赴美的苏联学者 90% 为科学家、工程师，而赴苏联的美国学者 90% 是人文社会科学领域的专家。

或者终止这些项目。对参与者来说，这无疑是一个阻碍，但也不是毫无办法，有些科学家并不依赖正式项目的资金支持和庇护，他们能够而且往往也确实找到了其他方法继续进行合作。

美国国家过敏和传染病研究所（National Institute for Allergy and Infectious Diseases）是美国国立卫生研究院的一个重要部门，其经验表明，正式的政府间协议在国际活动中发挥的作用有限。卡尔·韦斯特（Karl Western）指出：

> 美国国立卫生研究院通常的运作方式是，我们参与官方协议，但我们只将其看作授权文件。我们在合作中所做的科学交流没有通过美苏科学技术协定规定的正式渠道。
>
> 因此这就产生了两个不同的问题。一是通过官方协议，我们要与苏联科学家做哪些事情？二是通过常规的科学渠道，我们要与他们做哪些事情？毕竟，无论科学在何处，美国国立卫生研究院会永远追随科学的步伐。美国国立卫生研究院有一个特点，它不是一家国内研究机构。第二次世界大战后，美国国立卫生研究院获得了特殊的权利，世界上任何人都可以向我们申请资金。或者，他们可以与一个美国科学家合作。而经验丰富的美国科学家甚至可以提交一份提案，申请与中国或者其他国家的研究机构、团体进行合作。

除了美国国立卫生研究院的具体运作程序，还有其他因素需要考虑。这里，我们再次回到了科学合作和外交政策的相互关系问题上。韦斯特告诉我："美国国立卫生研究院的另一个特点是，其在海外所做的任何事情都必须经过国务院的审查。如果该事情意义重大，哪怕不涉及资金，也难以幸免。"[2]

我对他的话感到很吃惊。因为除了特殊情况，美国国家科学基金会资助的活动即使没有通过官方协议，也不会受到审查。韦斯特继续说道：

> 实际上，尽管在科学技术协定或公共卫生协议（public health agreement）下，没有进行任何实质性的科学合作，但会有苏联科学家前来接受研究培训。一些苏联和东欧集团的科学家获得了美国国立卫生研究院的资助，或许他们不是首席研究员，但他们参与了资助项目，更重要的是，他们加入了我们开发的一些人际网。这一切都在秘密中进行。但如果有人提交了相关提案，国务院就会仔细审查，起先是会经过国务院的科学部门，然后送到相关大使那里，大使会查看是否存在不利于国家外交政策或政治利益的部分。

事实上，根据韦斯特所言，美国国立卫生研究院与苏联进行极为重要的国际科学工作时，根本不是通过官方合作活动，而是通过其培训外国科学家的内部项目："机构内部的项目通常最早取得进展。苏联和东欧集团的一些科学家刚取得博士学位，他们正处于职业生涯的成型期，需要专业的研究培训。机构内部的培训项目在两国关系正常化的数年前就早已开展。"[3]

20 世纪 90 年代苏联解体，科学合作迎来巨大机遇，很多领域出现了令人期盼的新合作形式。其中就包括防核扩散领域。当时情况十分紧急，在俄罗斯关闭的核设施里，科学家们连最基本的生活保障都没有，其中一个所长甚至绝望地自杀了。人们担心会发生人才流失和核材料失窃。通过西格弗里德·赫克尔的故事，我们看到了他是如何在美国政府认为不可思议的情况下获得了前往俄罗斯实验室的许可，他是如何在美国政府禁止的情况下与俄罗斯科学家签署了一份研究协议，他是如何在国家安全委员会把协议丢进垃圾桶并否认协议之后，通过该协议促成并监督了"实验室对实验室”项目。赫克尔之所以能做到这一切，只有一个重要的原因：他不是政府雇员。尽管洛斯阿拉莫斯国家实验室进行的研究完全由政府资助，且必须严格按照政府要求保密，但实验室本身由加州大学管理。赫克尔说道：

> 我们行事之所以如此高效，归根结底，是因为我们有这样的机会。我们把握住了机会。我不是政府雇员。我的老板是加州大学校长大卫·加德纳（David Gardner）。所以，当我说：“听着，我想前往俄罗斯，但律师们肯定会立即反对！”他说：“你要去做什么？和俄罗斯人签署协议吗？如果你认为这对国家有益，你就去做。”
>
> 所以我做了我认为对国家有益的事情，促成了俄罗斯之行。提议俄罗斯之行的并不是政府，而是我自己。我得到了加州大学的支持。有趣的是，桑迪亚国家实验室（Sandia）的负责人艾伯特·纳拉斯（Al Narath），没有参加首次俄罗斯之行，因为他们为美国电话电报公司贝尔实验室（AT&T Bell Labs）和洛克希德·马丁公司（Lockheed Martin）工作。尽管那些协议不是为了盈利，目的很好，但他们仍然认为其风险太高。但约翰·纳科尔斯和我在加州大学工作。我跟他前往了俄罗斯。
>
> 政府和科学家的不同之处在于，政府想要阻止事情的发生，而科学家想要做事情，创造新的东西。我们是为了创造新科学、新技术和新事物。所以，我们采用的方法与政府完全不同。里根总统说，“信任对方，但要查证。”作为科学家，我们建立了信任，增进了关系。我们互相往来，住在彼此的家里，长期面对面交流。而我的俄罗斯之行已经达到了50次。所以我们说的是，“从信任中受益。通过信任做一些有意义的事情。”我们也是这么做的。[4]

美国民用科技研究与发展基金会也证明，非政府实体可以在科学合作和公共政策领域取得巨大成就，而政府因为自身的僵化做不到这一点。民用科技研究与发展基金会依法成立，不以盈利为目的，与苏联开展了广泛的项目合作。虽然该基金会最初完全由政府资助，但其活动不受死板规则的束缚，只需得到独立理事会的批准。这使得民用科技研究与发展基金会可以做一些具有创新性的事情，这些事情政府往往不愿意做或者无法做，如大规模推行竞争性补助机制，为苏联的科学研究和仪器提供大量的直接资助，从其他来源（如私人基金会）获得重要支持，甚至为探索如何与地区开展产业研发合作而支付美国民营高科技企业员工的开支。当然，民用科技研究与发展基金会会受到每年国会拨款的影响，但其能通过一些方式与国会委员会私下进行合作，而政府机构很难做到这一点。

艾琳·马洛伊（Eileen Malloy）大使分享了她对政府僵化的更多看法：政府内部信息的传递存在障碍。美国与苏联等国家的国际科学合作牵涉众多、错综复杂，但美国政府机构内部之间却缺少交流。美国国防部是最重要的参与主体之一，但其通常不太情愿与其他机构共享信息。马洛伊说道：

> 国防部资助的很多科学研究，其他机构并不知情。我为国务院监察长（State Department's inspector general）工作了10年。如果我们前往一个国家，我们会试图调查美国政府在该国家投入的资金总额。但这是一个很大的挑战，几乎无法完成，因为没有一个政府机构（包括美国国际开发署和国务院）可以为你提供全部的信息。归根结底，大使的决定需要得到总统同意。但如果总统都不清楚发生了什么，他或她怎么能掌控局面呢？以下事件是很好的例子。美国入侵伊拉克时，我在澳大利亚。澳大利亚民众很反对对伊拉克采取军事行动，在此期间，我们艰难地维系着与他

们的正常关系。所以，我一直在寻找方法来向美国政府表明一个事实，即存在的问题远不止一个。[5]

用科学合作来传递外交信息，并不像看上去那样简单。首先，你需要全面了解情况，这本身就是一个很大的挑战。

缺乏了解

我使用“缺乏了解”一词时，想到的不是文化差异或信息匮乏，而是有些人故意无知或粗心，他们原本可以做得更好。政府雇员有这一问题在预料之中，但有些科学家也深受影响。在国际科学合作中，其表现为对其他国家的科学或科学能力的傲慢态度。

马里兰大学的丽塔·科尔韦尔（Rita Colwell）是一位杰出的环境微生物学家，曾担任美国国家科学基金会的主任。她跟我分享了她以前的经历，当时，她还只是一位年轻的女科学家，她提议前往国际会议，但遭到教授们的反对，教授们告诉她，参加国际会议只会浪费她的时间。她告诉我，这不仅仅是时间或性别的问题。对其他国家的科学，美国科学界普遍存在一种屈尊俯就的态度。试图阻止她进行国际交流的那些人问她：“其他国家的人科学水平不是很好。你怎么看他们？”她补充说：“但其他国家的科学家其实很优秀。”[6]

艾琳·马洛伊从她多年的外交生涯中给我举了一些其他的例子。其中有两个故事碰巧涉及来自美国能源部的项目经理。第一个故事发生在莫斯科的谈判桌旁：

我认为我们做得很好，但让我烦恼的是，这一切都是由国防部或能源部管理，其派出的人除了这个项目，绝大多数都没有其他海外经验。他们所有的决策和战略都是建立在这次有限的接触上，没有任何针对俄罗斯的专业知识。他们不会说俄语，依赖于口译员，而双方的口译员都有很多不足之处。

在一次与俄罗斯核能部的会议上，有一个非常难缠的俄方高级官员，他一直训斥我们，对我们大吼，就只差翻脸了。能源部所有的人都很紧张。他刚走出会场，能源部的工作人员都在说："天哪，我们该怎么办？我们应该给他他想要的。"

我说："不。"

他们问："那你打算怎么办？"

"坐在这里等着他，他会回来的，"我回答道。

他确实回到了会议室，继续双方的讨论。能源部的人说："嗯……"

他回来的时候，带了一个口译员。这个口译员经常参与类似的双边会议，对这个官员的套话很熟悉，因此在另一场会议中，她的翻译比他提前了两句。我听出来了。我坐在那里，脸上挂着灿烂的笑容。突然，这个俄罗斯官员意识到了，他分出了一半注意力，听出她提前翻译了他打算说的话。但是能源部的人没有发现……这一经历很有趣，很新奇。美国能源部从政府那里得到了大量资金，数额前所未有。能源部的人有技术专业知识，但我们需要的是美国政府各部门的共同努力。[7]

不仅政府各部门没有通力合作，而且很多科学家、政府工作人员和其他相关人员都没有意识到不同国家有着不同的文化、不同的规范和规则。进行政府协议磋商时，在美国行之有效的规则，在俄罗斯往往表现得相当糟糕。

马洛伊告诉我的第二个故事令人啼笑皆非，同时，也把上述观点解释地很清楚：

我跟国家核安全局的人发生了另外的矛盾，我第一次到能源部时，他们向我介绍了他们的项目，并提到他们正在为俄罗斯核设施的工作人员提供采购冬季制服的资金，用以抵御寒冷，这样保安们就可以到户外进行巡逻和检查。

我回答道：“想法很好。但关于制服采购，你知道该问俄罗斯人哪些问题吗？”

他们不解道：“什么意思？”

我问：“俄罗斯人在哪里采购的这些制服？是你们提供的吗？”

“哦，不，”他们说，“我们给他们一笔钱，他们在当地制作这些制服。”

我问：“俄罗斯人是在哪里制作的制服呢？”我指出这些制服一般都是来自古拉格劳改营（gulag），但他们并不相信我。

因为美国法律要求，我们不能购买任何古拉格劳改营生产的商品。所以，大约一个月之后，他们很高兴地回来找我。

他们告诉我：“我们问过俄罗斯人了，他们保证，不会让这样的事发生。”

也许，制服真的没有来自劳改营，反正能源部的人是这么认为的[8]。

当然，对其他国家缺乏了解并不是美国人特有的弱点。苏联人更不了解美国的情况。这不仅是因为无知或文化差异，也是政府宣传的结果。冷战时期以来，政府宣传成为许多书籍的主题，很多人都很熟悉。[9]

提到缺乏了解，腾吉兹·特兹瓦兹跟我分享了一则轶事，说明了苏联科学家交流回国后会遇到的情况。

> 1984 年的一次科学交流中发生了一件有趣的事情。我们在纽约港看到了一张里根总统的巨幅照片。任何人都可以在里根的照片旁拍照。因为照片的背景是白宫，所以看起来就像你在白宫前和他交谈。我们小组的所有成员都在里根总统的照片旁拍了照。我们回到苏联后，工作机构的党委打电话给我，要求我不要把这些照片给任何人看。他说，因为照片的事情，克格勃（KGB）传讯了他。[10]

我问他，党委的人是否知道那是一个纸板人？他回答："不，他们不知道。""他们以为里根总统在白宫会见了我们。他们对我说，'作为共产党员，你怎么能和我们敌国的总统一起合影呢？'他们想开除我的党籍，并解雇我。我解释道，那不是真人，只是一个实体模型。但他们不相信我。实在是滑稽可笑之极。"[11]

资　金

我在此处提到"资金"并不是想说资金不足。事实上，许多项目都得到了大量拨款，尤其是防扩散项目。然而，我认为，自 1990 年后，从一开始，美国政府的国际科学合作资金结构或多或少就对整个项目合作系统造成了扭曲。

不用于政府机构核心使命的专项资金，其使用目的基本与机构的核心使命分离开来。当然，专项资金有充分理由存在，但总的来说，如果其使用目的孤立时间太长，人们就会认为这一目的是该机构目标的附加部分，而不是不可分割的存在。从管理的角度来看，可以认为，如果专项资金的目的是为机构带来持久的利益，其应该成为机构目标不可分割的一部分。而两者分开的越久，机构的工作人员就越会认为两者之间没有关系。

以美国国家科学基金会为例，在美国国家科学基金会的早期历史中，国际科学合作资金被单独划为一类。当时，该基金会狭隘地将使命定义为促进美国科学健康发展，而现在，人们普遍认同“科学无国界”的观点。不管出于什么初衷，美国国家科学基金会为国际活动提供的资金不断增长，并成立了独立的国际项目部。国际项目部的负责人雄心勃勃，每年都努力地获取更多资金，最终引起了美国国家科学基金会其他分部的注意（尤其是面向学科研究的分部）。其他分部意识到，独立运行的国际项目部占用了基金会的大量资源，经常与基金会的核心研究项目竞争资金，而事实也确实如此。

更糟糕的是，国际项目部资助的合作项目与其他分部的研究项目会分开进行评估，所以，其他分部普遍认为国际项目部在质量和知识领域相关性上不如他们。他们的观点并不是毫无道理。但这并不意味着国际项目部资助的国际项目没有价值，这些项目只是与其他项目不同，且具有独立性，不被视为美国国家科学基金会核心使命的一部分，而且可能科学竞争力不如核心研究项目。最终，此类观点变得根深蒂固、难以处理，国际项目部被大幅缩减，成为国家科学基金会主任办公室的一部分，该办公室的工作人员通常在政府机构任职，他们对国际项目部的资金进行了重组和重新规划，以便与政府机构的目标保持一致。

我在这里讲这个不幸的故事不是为了批评或诉苦，而是为了说明一点：国际科学合作资金的结构和性质极大地影响了资金的使用和使用人的态度。在政府层面的国际科学合作的大背景下，类似的情况在美国和苏联60年间的科学合作中时有发生。最初，在冷战期间，美苏主要通过交流项目进行合作，这些项目有独立的资金。例如，科学院间交流项目最初是应国务院要求，由国家科学基金会的国际项目部资助，有专门的预留资金。美苏关系缓和期间，华丽、正式的大型政府协议随之出现。为了运转烦琐的体制，各机构内部需要设立特殊类型基金，特别是用于管理和访问的基金。

为了更好管理和进行科学研究，这些项目会举行各种会议、进行各类代表团访问，频率比以前更高，而机构的资金使用模式开始反映这一新的情况。1979 年我到国家科学基金会工作时，美苏项目的年度预算包括一项 300 多万美元的特别拨款，这还不包括工作人员的薪金和差旅费，这两项费用需另行支付，而整个国际项目部的预算约为 1000 万美元。我敢肯定，我们的部门负责人一定为之苦恼。

其他机构就没有这么幸运了。通常，这些机构没有专门用于美苏合作的预留资金，所以当联合委员会同意进行这样或那样的合作研究时，这些机构会愤愤地抱怨，没有资金，研究任务根本无法完成。除非这些机构在苏联发现了独特的现象或研究，且对机构的核心使命至关重要，否则根本没有资金用来做其他事情。例如，美国地质调查局（US Geological Survey）前往西伯利亚贝加尔湖的考察和美国国立卫生研究院在俄罗斯关于艾滋病和结核病的工作，就获得了专项资金。但这只是个别特例，从整体来看，在 20 世纪 70 年代和 80 年代的 11 项政府协议中，类似的激励并不常见。

20 世纪 90 年代，资金结构问题越发严重，造成的危害也与日俱增。一方面，美国政府因美苏合作而提供给许多机构的资助锐减。例如，1991 年，美国国家科学基金会提供给新美俄基础科学项目的预算约为 13.5 万美元，按照美国国家科学基金会的标准，几乎等于没有。另一方面，大量的新项目上线，这些项目可分为两类，索罗斯的国际科学基金会项目和国内外的防扩散项目。国际科学基金会的项目投入高达 1 亿美元，旨在帮助苏联民用研究领域的科学家。防扩散项目主要关注以前从事大规模杀伤性武器研究的科学家。大量的第三方资金投入到了苏联的科学中，加上苏联的科学基础设施四分五裂，我能够理解为什么许多机构不再将与苏联的科学合作视为主要目标的一部分，这些机构下调了合作的级别，合作沦为次要目的。

在防扩散等领域，为解决具体问题，新的特殊项目迅速涌现。其中不少项目是为了解决苏联的生物武器问题。例如，国务院资助的生物产业项目（Bio-Industry Program）、生物技术参与项目以及其他项目。这些项目为执行任务的机构带来了大量的特殊资金，就像生物技术参与项目给卫生与公众服务部（Department of Health and Human Services）带来资金一样，其既带来了新的机会，也造成了机构对特殊外部资金的依赖。国际科学技术中心和乌克兰科学技术中心为民间机构和其他组织提供了与苏联科学家进行科学合作的新机会，只要他们能够证明，后者参与了大规模杀伤性武器的研究。虽然这些活动对全球安全来说非常重要，但毫无疑问，这也意味着，负责这些活动的机构需要将内部的不少科学家从其他领域中转移出来，重新定位到这一领域。

因此，依赖这些特别款项与俄罗斯或乌克兰进行科学合作已成为惯例，以至于在2010年后，当这些资金开始枯竭时，各机构没有什么动力来开展新项目。很多项目失去了特殊资金，就等于失去了资金来源。当然，火上添油的是，美国与俄罗斯在这段时期一直处于敌对状态。

F. 格雷・汉德利（F. Gray Handley）是美国国立卫生研究院过敏和传染病研究所的高级国际项目经理，他在采访中反思了这些问题：

> 此类型的协议都有一个共同的问题，它们的签署是出于政治因素。如你所知，这些协议没有长期的资金来源。所以，除非有强劲的后台、强烈的科学需要，或者其他我们特别想接触的存在（如某位科学家），研究机构一般很难找到资源，因为我们是基于同行评审进行的资金分配。部门负责人基本上没有资金可以投入到特定的双边项目中。我们管理资源的方式避免了资源的滥用，但也阻碍了特定项目的开展。当我们接到如“研究人工心脏”项目时，我们甚至连组织会议的资金都没有。现在的情况比以前更

糟糕。

我唯一一次与苏联进行紧密合作，是在苏联解体的时候。当时，国务院要求所有科研机构想办法与苏联和俄罗斯进行合作，生物技术参与项目为我们提供了资助，我们因此获得了前所未有的机会。此外，国际科学技术中心和乌克兰科学技术中心也为我们提供了资金。这些机制的建立为国立卫生研究院提供了从未有过的机会，这些资源使得我们可以进一步寻求合作。

我们还参与了将俄罗斯生物武器研究人员转移到其他健康科学领域工作的行动。在那十年的时间里，我们通过国际科学技术中心、乌克兰科学技术中心以及生物技术参与等国务院资助的项目获得了资源，我们能够支持我们的科学家在俄罗斯和苏联寻找合作伙伴。很多科学家都找了合作伙伴。苏联的组织会向我们提出申请，我们会进行审核，给他们打分，跟踪最新进展，对合作项目进行科学的管理。有时，我们内部的科学家也可以分到资源，并从中获益。所以，我认为，我们做出了一些成就。我们机构的相关预算不是很多，但我不确定这是否是普遍情况。总的来说，只要资源到位，这些项目就能发挥出不错的影响。[12]

后　勤

后勤一直是地质科学考察面临的一个严重问题。地质科学家会前往特定的偏远地区进行调查。我曾直接接触过一些大型的偏远地区地质考察合作项目。这些项目的考察地点几乎都在苏联，地质科学家们前往西伯利亚北部研究永冻层，前往吉尔吉斯斯坦调查地震和地震引起的其他现象[13]，前往贝加尔湖考察地球的早期气候和板块运动。

在苏联时期，此类项目想要获得批准，过程非常复杂，需要经过多层审查。尽管审查要求烦琐、过程漫长，有时甚至会让人非常沮丧，但苏联的研究机构很擅长这类研究，地质考察合作往往很成功。然而，1991 年之后，就像我们早已知道的那样，“一切都乱套了”。研究所失去了资金和资源，负责签发许可证的政府部门并不明确，交通和其他服务变为私有，特别是在偏远地区，“Bakshish”（小费）必不可少。[14]

在那期间，只有最勇敢（或最愚蠢）的美国科学家才会试图凭一己之力前往苏联进行研究。朱莉·布里格姆－格雷特就是一个很勇敢、也很幸运的人，她前往位于西伯利亚东北部的埃利格格特根湖进行考察，第 7 章已经详细介绍过她取得的科学成果。她的经历也很有趣，和她的科学成就一样令人印象深刻，有时甚至有些吓人，她遇到过公开行贿，以及敲诈勒索（她拒绝了，但代价是她被困在地球上最偏远的地方之一），还有人故意损坏了她的一个关键科学仪器。我将在第 11 章中详细介绍她的这段经历。

苏联科学的特质

尽管很少有美国科学家提出，苏联或俄罗斯的科学水平也是影响合作的消极因素之一，但确实有这样的情况。其中一个比较显著的例子，就是卫生科学。苏联或俄罗斯的卫生科学存在明显不足，也许部分是因为李森科主义（Lysenkoism）① 严重破坏了苏联的基础研究基因。但还有其他因素在起作用，其中有一些是体制问题。美国国家过敏和传染病研究所的卡尔·韦斯特告诉我：

① 李森科主义（Lysenkoism）：苏联 20 世纪 30—60 年代的一种技术和理论研究体系。指的是在指导农业生产上不是依靠严格的科学实验，而是借助于浮夸和弄虚作假。在苏联科技史上发生的“李森科事件”就是科学与政治斗争、政治权威取代科学权威裁决科学论争的可悲事件。

我认为，在俄罗斯，我们并没有真正取得过重大成功，俄罗斯的卫生科学人员，很多没有受过良好培训，很多对研究不感兴趣，还有很多因循守旧，不愿改变。他们没有同行评审体系。政府和官僚机构腐败严重，会在一开始就拿走一半的研究资助。而美国国立卫生研究院会将资助全部发放到申请人手中。所以，我得出结论，同一实验，在其他地方更容易完成，因为在俄罗斯你会一直经历各种麻烦和挫折。[15]

我问他："俄罗斯的卫生科学是否有某种相对优势，使美国对其特别感兴趣呢？"韦斯特进一步说道：

从我们研究所的角度来看，我认为没有。合作存在着大量阻碍。我已经说过，在俄罗斯，医生（包括兽医）和护理人员都没有接受过深入的科学知识培训，他们只是优秀的从业人员……也有个别科学家才华横溢、极具创意，美国国立卫生研究院会被他们吸引，但生物医学和公共卫生学的工作人员普遍达不到标准，我们与他们打交道时遇到了很多麻烦。此外，在很长一段时间里，俄罗斯经济面临困境，而生物学并不是最受重视的领域，所以尽管已经进入90年代，但俄罗斯的科学家以及他们的盟友，还在70年代的设施里工作。

研究设施同样达不到标准，在这些设施里研究传染性病原体并不安全，如艾滋病、结核病（尤其是耐药结核病），但困扰我们的是我们需要尽可能地进行更多的研究。如果俄罗斯有先进的实验室、受过良好培训的科学家，合作就会变得容易多了。

所以，我认为，生物学家们达不到标准造成了很大的问题，他们没有接受过研究培训，对研究也不感兴趣。苏联解体后，新

> 独立的国家里只有格鲁吉亚共和国重组了自己的科学体系，并将研究纳入到了新的卫生体系中。[16]

韦斯特继续说道，除了设备和培训的质量，苏联科学结构本身也是一大障碍：苏联科学研究机构庞大而且高度专业化，导致苏联有着严格的垂直学科划分。相比之下，美国国立卫生研究院采取的是跨学科、以问题为导向的研究方法，其关注的不是学科，而是问题，这种研究方法更全面。以疾病研究为例：

> 这是苏联科学的另一个特点。他们确实有这些学科，并且想进行科学合作，我们会说："你要用这门学科来研究什么疾病或什么病原体？因为我们没有专门从事该学科研究的人。"所以双方没有太多共同点。
>
> 我们正在研究埃博拉病毒和寨卡病毒。但我们是根据疾病或病原体来综合运用所有学科。这点很重要。现在，我们的研究成果可以运用到其他黄热病毒和疾病，其确实是一个多方面的针对性工作。然而，在苏联的体制下，如果你研究自己职责之外的学科，你就会受到怀疑。[17]

情报收集与保密

从某种意义来说，这个话题并不起眼，因为，人们普遍认为（可能是真的），至少在 1991 年之前，苏联所有前往美国或其他非社会主义国家的科学家都会得到指示，有时，苏联情报部门甚至会在一些科学家动身前给他们安排任务，要求他们在回来之后提交报告。如果出国的科学家还是共产党员，这些就是基本的要求。所有苏联科学家是否完全按照要求行事则是另一回事，我个人对此表示怀疑，因为科学家们有着不同的性格，他们不一定愿意做苏联当局要求或希望他们做的事情。美国政府也渴望从参与合作的美国科学家那里搜集苏联的科技信息，尤其是军事运用领域，只是采用的手段更温和。这不足为奇。而我在采访中听到的话为这些看法提供了证据。

莫西埃・卡加诺夫（Moisiei Kaganov）是朗道学派（Landau School）的资深物理学家，他告诉我，在20世纪60年代初，著名物理学家伊利亚・利夫希茨（Ilya Lifshitz）安排他负责组织一场关于固体理论的国际会议（关于这次会议，卡加诺夫还讲述了另一个故事，见第11章）。卡加诺夫多年后移居美国，在此之前，他从未到过美国。在下面的摘录中，卡加诺夫回忆了他与米哈伊尔・米哈伊洛维奇（Mikhail Mikhailovich）的对话，米哈伊洛维奇是哈尔科夫物理技术研究所（Khar’kov Institute of Physics and Technology）的督查副主任。

> 我们在背后都叫他“米哈・米哈”。会议在莫斯科举行，一切都已经安排好了。我必须前往莫斯科，会议期间都待在那里，确保会议万无一失。在我收到旅行证件之前，米哈伊洛维奇邀请我去他的办公室。在办公室，他拿出了一张纸，脸上带着神秘的表情。他给我看了一个很长的分子式，然后含混不清地说什么让我向西方科学家打听某种化合物。我不清楚他说的化合物是什么，也不想弄清楚。我很生气，要求他停止幼稚的间谍游戏。他也没有坚持。[18]

当然，并不是所有的苏联科学家都像卡加诺夫一样大胆。但是，米哈伊洛维奇没有追究此事，这表明，任务本身不可避免，但并不是所有人都会服从任务要求。

在美国，从参加交流与合作研究项目的美国科学家那里收集情报，要考虑的不只是政治问题，还牵涉到科学家们的情绪。20 世纪 70 年代初，我在美国国家科学院工作时第一次接触到情报问题，当时，许多大学院系都断然拒绝任何与国防或情报相关的调查。在出国前接到指示并受到盘问是很多科学家极为反感的事情，而且合情合理。我的心情非常复杂。我必须承认，当时，我认为美国需要与苏联进行科学合作的一个关键原因是，我们必须“了解敌人”，这是我在冷战时期的想法。尽管交流计划由美国国家科学院这个独立的科学机构负责实施，但却深受后“斯普特尼克”思潮（post-Sputnik idea）[①] 影响，作为一个国家，我们需要了解苏联正在进行哪些科学研究，我们也要有崇高的理念，致力于与世界上所有的杰出科学家进行合作与对话，无论他们身处何地。但是，民众的反越南战争情绪愈演愈烈，我对美国政府的动机产生了怀疑，因此，我深深陷入到矛盾之中。

我感到有些意外的是，我发现美国国家科学院的政策（或者至少是隐藏的惯例）使得我的观点变得无关紧要，至少与我的工作无关。我们要求所有出国交流的科学家回来后提供报告，并会定期与国务院分享这些报告。我确信，这些报告最后会被送到国务院的情报研究局（Bureau of Intelligence and Research），而该局当然与情报部门有着密切的联系。还有一个很奇特的人会定期来访，他叫梅奥·斯顿茨（Mayo Stuntz）。据我所知，他是一名中央情报局的官员，他有一间很小的办公室，位于西北十九街（Nineteenth Street Northwest）和宾夕法尼亚大道（Pennsylvania Avenue）的拐角处，楼下有一家西维士药店。梅奥是一个非常亲切的人。他有一顶软呢帽，这顶软呢帽太小，戴上后，他就活像直接从一部糟糕的间谍电影中走出来的角色。如果有苏联和东欧国家的科学家来访，他会向我们询问这些科学家的行

① 后斯普特尼克思潮（post-Sputnik idea）：苏联在 1957 年发射的“斯普特尼克”号人造卫星，受苏联率先发射“斯普特尼克”系列卫星的刺激，大幅缩短了美国民众审时度势和自我觉醒的周期。“斯普特尼克”号不仅沉重打击了美国人的民族虚荣心，也激发了对反智主义思潮为教育系统及泛化的美国生活带来的后果的广泛关注。

程。管理人员通知我们，行程属于公开信息，情报部门有权知道。很明显，获取行程的目的是为了得到接待方的位置信息，以便当地特工与接待方取得联系。因为交流委员会（the Committee on Exchanges）的存在，这些信息很可能也被分享给了联邦调查局。交流委员会是一个高级别跨部门的委员会，受人尊敬，由情报部门的人员担任主席，其活动受到保密，委员会需要检查所有将要进行的交流访问，并对威胁到国家安全的交流项目采取对策与行动。

我曾在美国国家科学院以及美国国家科学基金会工作，两个机构的工作人员都被严令禁止与交流委员会联系。尽管我们没亲眼看见，但我们非常清楚，国务院苏联事务局处理着转交事宜。我们会将国外来访者的行程安排提交给苏联事务局，几周后，苏联事务局会将审核结果交给我们。有时，交流委员会会直接批准这些行程，有时则不予通过，偶尔，委员会会单独禁止某一特定行程中的某次访问。[19]这是学术访问必须经过的程序，不仅在科学交流项目中如此，在富布赖特项目（the Fulbright Program）和国际研究与交流委员会等其他组织中也是如此。虽然我对此感到很反感，但认为这么做还是有一定的道理，任何一个头脑正常的人都不会想成为国家敏感军事技术的泄密者。这听起来像是辩解，也许这真的是辩解。但想要了解本书中出现的合作项目，这是不可不谈的一个重要问题。接下来我将继续讨论这一话题。

对于国外来访人员，美国国家安全部门内部存在天然分工。中央情报局的工作是收集情报，联邦调查局的工作是防止情报泄露。后来我才知道，这两家机构有时会因某一特定的访问计划发生激烈冲突。中央情报局想通过苏联或匈牙利科学家获取情报，了解他们在国防技术方面的工作或打听他们知道我们的哪些信息，而联邦调查局的任务是阻止任何具有潜在安全威胁的人（通常是来访者[20]）获取我们的情报。

这种自然的内部结构冲突通常有利于开放科学交流，所以，大多数访问最终都得到了批准。我们从中总结出了一个重要结论：比起防止敏感科学技术信息的泄露，美国政府更希望收集到对手的此类信息。后来，作为国家科学基金会的一名政府雇员，我对此有了更深入的了解（尽管仍有不足）。在很多方面，中央情报局和国防情报局（Defense Intelligence Agency）实际上通常是我们在交流委员会及其后续委员会的“盟友”。与联邦调查局、负责出口管制的商务部（the Commerce Department）以及美国军事研究机构相比，中央情报局和国防情报局很少反对科学交流访问。美国的军事研究机构基本不会赞同科学交流访问，除非访问中有他们特别想知道的信息。当时我获得了最低级别的机密安全许可，因此，我不能继续进一步评论这些问题。但请读者相信我说的话。

诚然，接待过国外访客或访问过共产主义集团国家的许多美国科学家，曾收到过政府官员的指示、受到过政府官员的盘问，但这并不是普遍惯例。根据我的经验，这种情况可能在 1972 年前冷战期间的早期交流项目中最为普遍，我们在第 1 章讨论过。后来，参与合作的美国科学家数量激增。而且，这种情况在某些科学领域肯定比其他领域更普遍。

比如物理学，苏联和美国是世界理论物理和核物理领域的引领者，两国参加交流的科学家经常从事国防相关研究，即便是大学教授或科学院研究人员也不例外。材料学和化学（特别是炸药与火箭燃料）的情况可能与物理学相同。微生物学与细菌战有关系，因此也会受到重点审查，毕竟众所周知，如舍米亚金生物有机化学研究所（Shemyakin Institute of Bio-Organic Chemistry）等苏联“民用机构”得到了军方的大量资助。流体力学可以运用于军舰设计，所以同样更容易受到审查。另一方面，地质学家、土壤工程师、地震工程师、石油化学家、动物学家、植物学家和人类学家等不是情报部门重点关注的对象。我同样必须承认，我上述所言并未经过证实，因为我从来没有、也从不试图获取这些信息，但多年来，我经常从不同科学家那里收到反馈，通过这些反馈，我有理由认为我的观察是正确的。

而且，就算美国国家安全机构要求科学家们提供情报，他们也不一定会遵从。引力理论学家基普·索恩与我分享了两个有趣的故事：

美国国家航空航天局的喷气推进实验室（Jet Propulsion Laboratory in Pasadena）位于加利福尼亚州的帕萨迪纳。在20世纪60年代末到70年代中期，每次我前往俄罗斯，我在喷气推进实验室工作的朋友就会说“他们过来询问我的情况”。但我不清楚“他们”指的是中央情报局还是联邦调查局。我的朋友们还告诉我，“我们告诉他们，如果他们直接找你，你肯定会拒绝合作。”所以他们从来没有直接找过我。

不仅如此。约翰·惠勒（John Wheeler）曾是我的导师，当时，他正在参与制定美苏两国的核武器军备控制协商方针。我与惠勒是好朋友。他与国务卿威廉·罗杰斯（William Rogers）有一段关于我的对话。惠勒告诉罗杰斯说：“索恩是两国物理学界的重要沟通渠道，他所做的一切不应该受到阻碍。”我不清楚惠勒说的话是否产生了什么影响，反正他告诉了我那次对话。总之，情报机构从来没有问过我，我在俄罗斯做了些什么。

但另一方面，联邦调查局负责记录所有苏联来访人员的出入情况。洛杉矶办事处的贝文斯先生是我在联邦调查局的联络负责人。每次布拉金斯基刚到不久，贝文斯先生就会为了他的事来找我。我会说：“是的，他在我这里。这是他的行程。”贝文斯回答说，布拉金斯基离开时，他可能会回来进行确认。所以，他只是在尽职地做调查工作。

但有一次，贝文斯先生来了后对我说，“我能不能进你的办公室跟你聊聊布拉金斯基？”我说：“当然可以。”

> 我知道布拉金斯基在办公室。于是，我带着贝文斯走进办公室，对布拉金斯基说：“这是联邦调查局的贝文斯先生。”然后我又对贝文斯说：“这是弗拉基米尔·布拉金斯基。你们为什么不直接交流呢？”
>
> 经过大约30秒的沉寂后，贝文斯先生提起裤口，指着自己的腿说：“看，我和你一样，有血有肉。”然后，他们进行了一场奇怪的对话。我强烈建议布拉金斯基也对克格勃这么做，但他没有答应。[21]

当然，情报收集和科学合作之间还有很多可说之处。但因为我没有直接接触过情报工作，而且作为政府雇员，某些信息我需要保密，所以，此处，我将结束这个话题。[22]

美国前外交官约翰·齐默曼跟我分享了一个故事。这是我最喜欢的故事之一，关于一块被“隔离”的黑板：

> 科技项目不仅可以帮助科学发展、促进美苏两国科学家之间的思想交流，也可以让我们更好地了解对方的意图。由于双方对敏感话题的分类不同，尴尬的事情偶有发生。我经常想起一个有趣的案例。讨论热核聚变时，科学家们可能会无意间提及核弹头设计问题。如果我没有记错，当时，美国对核弹头的形状和设计保密，而苏联对材料保密。1977年或1978年，双方核武器研究人员举行了一次双边会议，一位苏联科学家在黑板上画了一个核弹头的形状，在他看来，这没什么，但美国人却大惊失色。据媒体报道，联邦调查局没收了这块黑板，因为在他们看来，这块黑板含有机密信息。当然，并非所有的事件都如此戏剧，但在某些情况下，双方确实应该谨慎行事。[23]

腐 败

人们可能会认为，腐败问题显而易见，或者更准确地说，腐败问题一直存在，根本不需要讨论。国外的拜访者对苏联的腐败事件已习以为常，很少会感到吃惊。一般来说，确实是这样。但是，有一个案例，腐败到明目张胆，没有任何疑点，所幸，全球民用研究和开发基金会的基础研究和高等教育计划管理委员会迅速采取了补救措施。

在第一阶段，也是主要阶段，基础研究和高等教育计划在俄罗斯的大学建立了 16 个研究和教育中心。这些研究和教育中心是大胆的尝试，有着充足的财政支持，目的是为了促进俄罗斯现代研究型大学的发展。美国和俄罗斯都投入了大量资金。俄美双方组成了一个专家小组，对这些研究和教育中心进行了深入详细的评价和实地考察，根据结果，几乎所有最初成立的研究和教育中心都成功在第二阶段获得了后续的资助。只有一个例外：克拉斯诺达尔（Krasnodar）的库班国立大学（Kuban’ State University）。

克拉斯诺达尔地区（Krasnodar area）位于俄罗斯南部，阳光充足，是扎波罗热哥萨克人的家乡，扎波罗热哥萨克人在历史上非常有名（当然，对犹太人来说，哥萨克人臭名昭著）。该地区因自身的特性和一定程度上的独立而闻名于世。库班国立大学的校长在科学领域卓有成就，非常有影响力。然而，我们发现他的一些亲戚在资金充足的研究与教育中心担任行政职位，由此，我们开始怀疑事情不对劲。马克西姆·弗兰克－卡门斯基参与了考察，他说：“该校校长将研究与教育中心的资助全部给了他的女儿、妻子、女婿和其他亲人。”

根据实地考察的要求，俄罗斯方需要进行展示。洛伦·格雷厄姆和卡门斯基是考察委员会的美方专家。卡门斯基回忆说，在一场讲座中，“校长女儿的主题是‘时尚如何影响气候’。时尚如何影响气候？竟然是时尚如何影响气候，而不是气候如何影响时尚！她说话的时候，委员会所有人都笑得停不下来，在地板上打滚。这简直令人匪夷所思。”[24]

在从克拉斯诺达尔返回莫斯科的路上，考察委员会尚未决定是否应该仅凭一次荒谬的演讲就取消该大学研究与教育中心获得资助的资格。委员会向库班国立大学的校长表达了自己的担忧，但校长否认演讲者是他的女儿。校长的回答以及财务使用情况的进一步审查结果都令人失望，两国的管理委员会成员一致决定取消拨款，不再给予库班国立大学的研究与教育中心任何支持。

库班国立大学并不是唯一有行政或财政问题的俄罗斯机构。我们项目以及其他项目的财务管理系统就是为了预测和解决这些问题而设计的。然而，库班国立大学校长为了经济利益使得库班国立大学的科学诚信受到了质疑，这一事件确实出人意料，闻所未闻。

注　释

[1] 见第1章。

[2] 2016年5月3日，对卡尔·韦斯特的采访。

[3] 同上。

[4] 2016年1月28日，对西格弗里德·赫克尔的采访。

[5] 2016年1月6日，对艾琳·马洛伊的采访。

[6] 2016年6月9日，对丽塔·科尔韦尔的采访。

[7] 对马洛伊的采访。

[8] 同上。

[9] 耶鲁大学的弗雷德里克·C. 巴格霍恩（Frederick C. Barghoorn）是我读本科时的教授，他经常谈到苏联外交政策的“镜像假说”：苏联人会假设，美国在相同情况下，会与苏联持有相同的目标。我发现这个概念不仅有利于研究苏联的外交政策，而且在生活中也用处良多。

我遇到这些情况的方式常常很有趣。我已经讲过，20世纪70年代初，我向刚到美国的苏联科学家解释旅行支票的概念时，遇到了很大的挑战。通过不停地沟通，他们比之前更能听懂我不流利的俄语，而且每一次沟通都是在弥合巨大的文化鸿沟，因为在苏联根本不存在类似的东西。据我所知，我们的客人中没有一个人身无分文或挨饿，所以这些重复的沟通可以算作增进相互了解的辉煌成就。

[10] 2015 年 12 月 7 日，对腾吉兹・特兹瓦兹的采访。

[11] 对特兹瓦兹的采访。

[12] 2016 年 4 月 20 日，对 F. 格雷・汉德利的采访。

[13] 20 世纪 90 年代末，吉尔吉斯斯坦山区的一个地震探测网络探测到来自中国西北地区一次地震。

[14] 显然，"Bakshish" 一词起源于波斯语，克拉拉・巴顿（Clara Barton）曾巧妙地将其定义为"提供最微不足道的服务，却期待和要求一笔金钱作为礼物"。在美国，我们可以称之为"贿赂"。"Bakshish" 一词在欧亚大陆和中东有着深厚的文化和历史基础。

[15] 对韦斯特的采访。

[16] 同上。

[17] 同上。

[18] 2015 年 10 月 16 日，对莫西埃・卡加诺夫的采访。

[19] 但也经常有意外，例如，苏联激光物理学家前往洛斯阿拉莫斯科学实验室的访问偶尔会得到批准。大概洛斯阿拉莫斯的科学家想知道苏联在研究什么。

[20] 其通常以"驴花栗鼠"（Donkey Chipmunk）这一代号出现在我们经常看到的非机密国务院电文中。

[21] 对索恩的采访。

[22] 奥德拉・沃尔夫（Audra Wolfe）写了一本引人入胜的书（沃尔夫，2013），书中重点讲述了中央情报局发起的一些极为荒诞、令人惊恐的早期情报项目。如果读者想进一步探讨这个问题，可以读读这本书。

[23] 2015 年 9 月 30 日，对约翰・齐默曼的采访。

[24] 对弗兰克 - 卡门斯基的采访。

10

苏联科学的特点

前　言

国际科学合作的核心是“互补”：合作双方可以弥补彼此存在的不足，如实验知识与理论知识的互补，不同知识领域的互补，数据库的互补，等等。事实上，“互补”对科学本身来说也至关重要。我们愈发意识到，只有学科和研究方法交叉融合，不同个体用不同的方式感知和思考周围世界，知识才会进步。

那国际合作的互补情况如何呢？国际合作这么重要仅仅是因为科学家甲碰巧是住在甲国的理论家，而科学家乙碰巧是住在乙国的实验家吗？当然，这也是一种解释。但有一些人将科学无国界、科学只有一种通用语言的概念极端化，他们认为这就是事实。

虽然这一观点普遍存在于科学界，但我认为，其本质上是还原主义[①]，无法令人满意。该观点忽视了不同国家有着不同的科学运作方式、科学结

① 还原论或还原主义（Reductionism），是一种哲学思想，认为复杂的系统、事物、现象可以将其化解为各部分之组合来加以理解和描述。还原论方法是经典科学方法的内核，将高层的、复杂的对象分解为较低层的、简单的对象来处理；世界的本质在于简单性。

构、资助方式、科学历史背景，甚至忽视了语言对科学合作的影响。是否有些文化更能理解我们如何以不同的方式认识事物？现代科学的经验主义是凭空出现的吗？如果大卫·休谟（David Hume）生活在传统社会，而不是当时世界上工业和技术最发达的国家，他还能提出绝对的经验主义哲学吗？

数学作为科学的通用语言，有着精确和稳定的特性。但是，在任何时期任何国家，数学的教学方式和理解方式都一样吗？科研人员使用数学的方式普遍相同吗？是不是有些国家的科学家更依赖于某些数学领域，比如计算数学，为什么呢？

那么科学本身的结构呢？美国的科学研究与大学密切相关，企业投入研究开发的资金远远超过政府，而在苏联，科学研究与高等教育严格分开，开发研究与军队的需要紧密联系在一起，绝大多数由政府资助。这些会导致美国与苏联有着不同的科学研究方法并取得不同的研究成果吗？

基于我个人对美国和苏联科学体系的接触，我认为，在差异巨大的科学环境中，人们对待科学和思考科学的方式确实存在不同。

从历史来看，可以肯定的是，与苏联科学家相比，美国与西方科学家整体上可以轻易地获得复杂的实验设备和先进的计算机设备。有一位苏联物理学家曾告诉西格弗里德·赫克尔："你们真懒，只使用海量数据运算的计算机进行计算，但我们却必须用头脑计算。"我听到过很多次类似的话。那么，这是否意味着美国的科学风格，或者至少是物理学，更倾向于归纳，而苏联或俄罗斯的科学风格更倾向于推理呢？这么说，肯定过于简化。我一直想知道，文化和科学的相互作用是否存在一些值得研究的线索。因此，我在采访时，如果遇到合适的机会，就会提出这个问题，我很期待受访者们的回答。我会在本章分享我的发现。虽然受访者们的回答本质上只是个人的看法，而不是严谨的哲学推理和分析，但考虑到他们在科学和文化界的丰富经验，他们的观点值得深思。

此外，自 1991 年苏联解体以后，苏联所属各独联体国家的科学改革进程一直备受关注。甚至在此之前，许多苏联和外国的观察人士都很清楚，苏联陈旧、自上而下、以科学院为主导、以军事为导向的科学研究体系必须改变。而苏联体制的崩溃为开展科学制度改革提供了机会。一些受访者对制度变革过程做出了有趣的评论，特别是格鲁吉亚和乌克兰的制度变革，而我多年来也一直密切关注俄罗斯的科学改革，有一些自己的看法。这些都将会在本章中呈现出来。

如果读者不熟悉苏联科学的历史背景，可在深入研究受访者的观点前，先阅读下面一节的内容。而如果读者很熟悉这一历史背景，无疑会发现我的阐述过于浅薄，因此，这部分读者可以跳到下一节，直接阅读后面受访者们提供的第一手新资料。

苏联科学简介

纵观俄国历史，科学基本上是为国家的需求服务。更具体地说，最初，俄国引入科学是为了加强军事防御：17 世纪沙皇阿列克谢一世（Tsar Aleksey I）引进德国大炮，在 17 世纪末、18 世纪初，彼得大帝（Peter the Great）引进荷兰的造船技术。俄国长期征战瑞典、波兰、波罗的海地区、土耳其和其他地区，在这些科学技术的帮助下获得胜利，跃升为世界帝国。1724 年，彼得大帝在统治晚期建立了圣彼得堡科学院（St. Petersburg Academy of Sciences），用以发展军事技术所需的科学知识和原理，圣彼得堡科学院是俄罗斯科学院的前身。1762 年，叶卡捷琳娜大帝（Catherine the Great）登上皇位。她深受欧洲启蒙运动影响，大力支持科学院的发展，因此，科学院吸引了众多外国杰出科学家和俄国新兴科学界的精英。

在接下来的一个半世纪里，在国家和私人慈善家的支持下，俄国科学繁荣发展。苏联时期，特别是斯大林掌权后，军事对科学技术的需求加剧。

保守估计，苏联有四分之三的科学经费来自军方。

此外，苏联科学体系的另一个特点是，研究与教育严重分化。如上文所述，在斯大林时期，科学研究前所未有地集中于苏联科学院下属的研究所以及一些工业部门的研究所，这些研究所进行着核武器和其他武器的应用与发展研究。除莫斯科和圣彼得堡的大学外，其他大学基本上沦为了教育机构。科学院可以根据自己的偏好，分配科研经费和科学设备采购经费，而且很多科学设备都是由优秀的技术人员自行制作。在科技发达的国家，研究与教育基本不会分离开来。然而，在苏联，由于与军事相关的研究获得了大量资助，大批科研人员参与其中，而研究所本身承担起了为优秀大学毕业生提供高等教育的责任，所以，苏联的科学体系似乎运行良好。

但这个体系的效率非常低。格雷厄姆和德芝娜写道："根据一位苏联国家计划委员会官员的说法，美国科学家的平均工作效率是苏联科学家的四倍。"[1] 苏联科学资金的来源和本质以及管理方式直接导致了这一后果。前面已经说到过，财政资助没有通过竞争机制，而是自上而下地分配给科学院和工业部门的研究所，再由研究所所长分配给研究团队和个人。作为一种评估和资助科学研究的方法，基于成果的同行评审在苏联完全不存在。相反，苏联施行以军事为导向的计划经济，计划型的研究管理体制是整个大环境的缩影，这种管理体制虽然产生了很多优秀的科学成果，但也滋生了不公与腐败。苏联无法从西方市场购买现代科学设备，这意味着即使是最优秀的苏联科学家也不得不临时自行制作器材，尽管这些器材很巧妙，但通常不如西方同行使用的实验器材，效率也更低。特别是在应用研究方面，对西方工艺和设计的复制和逆向分析研究非常普遍。

尽管如此，苏联科学院的研究所确实进行了一些出色的基础、非军事研究，特别是在物理和数学等领域。事实上，也正因为研究环境相对落后、研究设备相对匮乏，苏联的科学家们形成了独特的见解和研究方法，为与其他国家在很多领域的互补奠定了基础，同时也成为许多科学合作成功的关键。

出人意料的是，在这种自上而下的体系中，科学家也有一定的自由可以选择研究主题，特别是在基础研究领域。研究所、实验室和团队的大量资助使一些顶级科学家能够从事与特定项目无关的基础科学研究。尽管依旧受限，但无疑，苏联科学家很珍惜在基础研究领域的自由。事实上，许多那个时代的科学家现如今仍会缅怀那段经历。在某种程度上，这也是因为，该科学体系下，科学家的待遇很好，尤其是高级科学家和科学院的院士。他们有着丰厚的薪资，通常能免费分到体面的公寓，还能获得优质的进口商品和食物以及专门的度假疗养院等一系列福利。在苏联，科学家身份是对个人才能的认可，象征着极大的荣耀。而研究所对很多人来说就像避难所，可以用来躲避政治风波，在研究所里，科研成果确实有一定的意义。用罗尔德·萨格迪夫（Roald Sagdeev）回忆起的一首饮酒歌来说就是:“只有物理学才有意义。”[2] 客观地说，在其他发达国家，优秀的人才会从事各行各业，而在苏联，他们更倾向于从事科学工作。

本节主要对苏联科学做了简要介绍，我希望能对普通读者有所帮助。我从我之前的采访中收集提炼了具有真正深度和内涵的佐证材料。

受访者们的观点

苏联的科学风格

俄罗斯在物理学上似乎没有形成独特的风格。但俄罗斯确实存在不同的物理“学派”。“学派”也许是俄罗斯（以及乌克兰）硬科学最古老的特点，可追溯到 19 世纪德国物理学元老们所创的学派。

其中，朗道学派最为著名。朗道学派以伟大的犹太物理学家列夫·达维多维奇·朗道（Lev Davidovich Landau）命名。朗道学派（Landau School）不是一所有围墙的学校，读者不要将其与位于莫斯科的俄罗斯科学院朗道理论物理研究所（Landau Institute of Theoretical Physics）相混淆。1962年，朗道在一场车祸中受伤，1968年，他因旧伤复发不幸辞世。为纪念他，朗道理论物理研究所就以他的名字命名。事实上，朗道学派的发源地不是俄罗斯，而是乌克兰的哈尔科夫物理技术研究所（Khar'kiv Institute of Physics and Technology），以前称为乌克兰物理技术研究所（Ukrainian Institute of Physics and Technology）。朗道后来搬到了莫斯科，领导苏联科学院物理问题研究所的理论部（Theoretical Department of the Soviet Academy of Sciences's Institute of Physical Problems），苏联科学院物理问题研究所就是现在的莫斯科的卡皮察物理问题研究所（Kapitsa Institute of Physical Problems）。1938年，苏联肃反运动期间，朗道因将斯大林政权与希特勒的独裁政权相提并论而被捕，一年后，彼得·卡皮察（Peter Kapitsa）为他给斯大林写了一封私人信件，苏联当局这才释放了朗道。

尽管朗道学派不是一所实体的学校，但它有自己的规章制度，事实上，朗道学派甚至会给会员颁发证书。鲍里斯·什克洛夫斯基自豪地向我展示了他的朗道证书（Landau certificate），这张证书挂在他明尼阿波利斯办公室的墙上，象征着荣誉。罗尔德·萨格迪夫在他的书中详细写道，要想成为朗道学派的一员，必须通过一系列被称为“朗道最低标准”的考试。[3]不管是以前还是现在，成为朗道学派的一员，一直是令人向往的荣耀。总的来说，俄罗斯的科学“学派”受人尊敬，因此，对于普京政权下俄罗斯科学面临的困境，俄罗斯科学界关注的似乎不是严重制度化且获得大量资金的科学院，而是这些“学派”。

塔夫茨大学（Tufts University）的宇宙学家亚历山大·维伦金（Alexander Vilenkin）在移民美国前曾在哈尔科夫大学（University of Kharkiv）学习，他讲述了朗道学派富有挑战性的标准和文化：

朗道的学生受到了朗道风格的影响，如果你在一场研讨会上发言，你有五分钟的时间来证明你不是一个笨蛋。而你的发言对象直接是朗道，其他人不理解不重要，只要朗道理解了，人们就会认为："这个人很优秀。"这就是你的目标。所以，朗道学派的研讨会很不一样，基本上你就是在讲解你的研究工作，不像俄罗斯的研讨会，如果有人要求你发言，你就得讲两个小时，你在介绍完自己的研究成果是什么后，剩下的时间基本上是在黑板上做推导。但这里，没人想看你的推导。他们想知道你做的是什么，如果他们觉得有趣，就会看你的论文。[4]

关于俄罗斯物理学中的风格和"学派"，基普·索恩说道：

我认为至少在理论物理学中，学派可能与特定的文化或哲学传统没有多大关系，而是与个人有关。在理论物理学中，真正的重大突破通常来自个人，这些人的创造力和洞察力通常比大多数人都要突出。整个科学界对于科学的整体进步至关重要，但理论上的巨大突破通常得益于个人。

列夫·朗道在20世纪俄罗斯的教学和研究中产生了巨大的影响。在天体物理学领域，有泽尔多维奇和金兹伯格。这些人都有很强的直觉。泽尔多维奇几乎完全依靠直觉和他惊人的能力工作，他能建立一个非常简单的数学模型，用来推导复杂的物理问题。他很擅长这么做，他的能力独一无二。还有一些人有着不同的风格，他们不是通过直觉而是通过计算来取得巨大的突破，苏布拉马尼扬·钱德拉塞卡（Subrahmanyan Chandrasekhar）或许没有非常敏锐的直觉，但他计算能力惊人，而且能准确判断计算的方向。在俄罗斯，泽尔多维奇和金兹伯格都有着极其敏锐的直觉，而朗道虽然也有敏锐的直觉，但他更善于分析。总之，我认为，学派与风格取决于这些人以及他们的研究方法，这很难说清楚。朗道创建了朗道学派，而泽尔多维奇和金兹伯格并不是朗道学派的一员。在某种意义上，泽尔多维奇和金兹伯格自成一派。[5]

索恩接着澄清道，虽然俄罗斯物理领域的差异更多是个人风格造成的，而不是文化影响的结果，但这并不意味着该领域没有文化界限：

文化差异不可避免。在与苏联科学家合作时，你必须处理好文化差异造成的障碍。我能克服这些问题，是因为泽尔多维奇很好相处，也因为后来，我尝试通过校际合作来增进与布拉金斯基的关系，而且在朋友们的帮助下，中央情报局和联邦调查局没有干扰过我。文化界限和障碍都实实在在地存在，你需要想办法去解决。但是在我的研究领域里，没有任何界限或障碍，因为我们研究着相同的问题，我们非常尊重彼此，并相互影响。

因为语言不同，沟通存在极大的阻碍。大多数美国科学家需要通过翻译成英文的俄罗斯期刊来了解苏联的科学研究情况。在20世纪60—70年代，期刊翻译大约会延迟9个月。幸运的是，我能读懂一些俄语，因此，我可以提前获悉这些信息。泽尔多维奇会将删减版的期刊寄给我，有时是英语，但通常是俄语，因为泽尔多维奇，我收到了所有重要的俄语期刊。我也会帮助他的团队获取西方最有影响力的天体物理学刊物——《天文物理期刊》。[6]

索恩的评论还指出了另外一点，苏联的所有科学领域在发展过程中都与世隔绝。这既是弊端，但从某种意义上来说，也是优势。苏联的科学机构极难获取国外的科学期刊，导致苏联科学跟不上世界科学的快速发展，这对苏联的所有科学领域都是一个巨大的劣势。然而，有些黑色幽默的是，这种隔绝也成了一种优势，加拉帕戈斯群岛（Galapagos Islands）因隔绝进化出了独特的物种，而苏联也因隔绝形成了独特的科学研究方法。鲍里斯·什克洛夫斯基解释道：

> 我大概有一半的知识源自国际期刊和美国期刊。这些期刊出版后，我们可能要隔 9 个月到 1 年的时间才能拿到这些期刊。所以，从这个角度来说，我们处于劣势。但实际上，到后来，至少对我和我的一些同事而言，这成了一种优势，因为我们不用急于跟上当今的科学潮流。我们有时间进行深入的思考，并创造出一些原创的东西。结果证明，得益于这种半隔离状况，我们所做的都是原创性工作，当然后来，我们的研究成果得到了西方科学界的认同。[7]

苏联科学风格有一个与众不同但极为重要的地方，其涉及的不是研究方法，而是在某些领域，科学与教育存在有机联系。其中一个领域就是数学。数学奥林匹克竞赛作为一种传统，在整个苏联都非常受欢迎。数学天才处于苏联科学的核心地位，甚至有人认为，高度重视数学技能可能是苏联和俄罗斯科学的主要整体特征。关于俄罗斯数学的独特之处，几何学家玛乔丽·塞内查尔评论道：

> 我只能谈谈我自己的印象，俄罗斯数学浅显易懂，不同于其他国家的数学，尤其是法国和美国。俄罗斯人会尝试从本质上解释数学知识，以便学习者理解，他们不会用成堆的抽象概念来吓退学习者。还有一部分原因是俄罗斯有一个悠久的文化传统，顶尖的数学家会为学校的学生写书。

> 这些儿童数学书在我前往苏联之前就已经有了英文版本，我知道这些书，还拥有其中的一部分。这些书虽然是为小学生或初中生所写，但即使大学生来读也会觉得很有趣。这些书如同魔法书一般，解释了数学知识的主要概念，告诉了我们如何运用和表达这些数学知识，我当时并不知道，所有这些书都是由世界著名的数学家所写。这个传统产生了极大的影响，使得苏联的数学与众不同。
>
> 苏联的数学家无论是与孩子还是同事交流，都会用易懂的语言，这就是他们的说话方式。我问过苏联的同事，他们说，数学家认为这是自己的责任。与美国不同，在苏联，大学和数学学派没有分离开来。尽管苏联的大学并非是研究型大学，但是，紧密的连续性贯穿了高中、大学、研究机构。跟我交流过的每个人都认为，这是很自然的事情，他们想要年轻人进入这个领域，希望年轻人可以理解他们说的话。[8]

尽管斯大林在20世纪30年代早期出于政治目的，人为地将研究与大学分离开来，造成了极大的损害，但科学与中小学教育之间的这种联系从苏联时期直到今天一直非常紧密，已经成为文化的一部分。即使是汇聚了优秀老师和精英学生的“学派”也带有这一特点。虽然苏联的科学机构可能在高级研究中没有关注这种联系，但在苏联科学教育的文化中，这种联系仍然比世界上其他国家都要紧密。

提到苏联科学与机构的关系，不可不提无处不在的情报工作。有两位受访者对此做出了具体的评论。他们所说的都是大家所熟悉的，不是什么新鲜事，但很少有人将其记录下来。

其中一位受访者是雷瓦兹·所罗门尼亚（Revaz Solomonia），他反思了普京政府最近的国外论文发表政策和规则后，评论道：

> 也许俄罗斯正在重回斯大林时代，重新将自己封闭起来。在苏联时期，如果我们要在国外的期刊上发表一篇论文，我们需要得到特别委员会的许可。这是一个非常荒谬的事情。你必须给这个委员会写一封信，我记不得这个组织的名称了，在信中你需要写道："我的论文里没有包含任何新信息。"如果你的论文没有包含任何新信息，你为什么要发表这篇论文呢？又有谁会对这篇论文感兴趣呢？我不知道是否俄罗斯正在重返斯大林时代。[9]

我从许多苏联科学家那里听到过这个故事。同样众所周知的是，在苏联，每个科学代表团要么隐藏着一名情报官员，要么隐藏着一名线人。亚历山大·鲁兹迈金（Alexander Ruzmaikin）和基普·索恩在采访中明确地讨论了这个问题：

> 鲁兹迈金："我们知道整个运作过程。克格勃会直接在代表团中安插他们的人员。如果有苏联科学代表团前往华沙、巴黎或伦敦参加会议，克格勃的人员会伪装成科学家混入其中。但我们可以轻易辨识出这个人。我们知道哪些人是在科学领域工作，尤其是在同一领域时，我们就更加清楚了，因此如果你看到一张陌生的面孔，你就会尽力避开他。还有一种情况：有些科学家在为克格勃工作，比如莫斯科国立大学的一位教授，科学博士T（代称）。也许你知道他的名字。"
>
> 索恩："是的，我知道T这个人。"
>
> 鲁兹迈金："他是一名克格勃的少校。"
>
> 索恩："是的，他也是我们的监督人。在代表团里，他不是一个很出众的物理学家。大家都知道他的身份……我不了解他，但很明显，他会向克格勃汇报代表团的情况。"

鲁兹迈金:“不,不,他的等级很高。克格勃少校是一个非常高的军衔,比陆军少校或海军少校高得多。此外,有些人会出于自愿或迫于压力向克格勃汇报信息。I(代称)就是其中一个。”

索恩:“是的,I 教授也是。”

鲁兹迈金:“我们都知道,I 教授会向克格勃告密。我认为,他这么做是出于嫉妒。每次出国访问,我们所有人都必须写一份报告。如果 I 教授有不喜欢的人,他就会在报告中针对那个人。像 I 教授等人甚至会将外国科学家和自己同事的个人私事也汇报给克格勃。拉希德·苏尼亚耶夫(Rashid Sunyayev)有一次就陷入了巨大的麻烦,因为他的同事举报他不仅跟两个美国人共进晚餐,还交谈甚欢。我不知道是谁举报了他。但泽尔多维奇救了他。”

索恩:“不仅如此,我们之前讨论过,布拉金斯基在那次哥本哈根的会议后,陷入困境,而 I 教授正是告发人之一。[10] 虽然不仅仅是他告发了布拉金斯基。”

鲁兹迈金:“我明白。I 教授这么做,是因为嫉妒,他嫉妒心很强。他认为自己是一个天才,但没有人认可这一点,他没有任何成就。”[11]

然而,鲁兹迈金指出,并不是只有苏联有提交出国科学访问报告的要求。

作为加利福尼亚帕萨迪纳喷气推进实验室的工作人员,他发现,美国国家航空航天局要求他们写的出行报告可能难度更大。

其就像是一项规章制度。现在,美国国家航空航天局也有类似要求。比如说,如果有机构邀请我明年春天去欧洲,我需要先向喷气推进实验室提交出行申请,实验室会将我的申请上报给国家航空航天局。三个月后，国家航空航天局会同意我的申请。但如果我未经批准，就擅自购票，并支付了报名费，我就会陷入麻烦。在俄罗斯也是一样，如果你想要出国交流，你需要出示组委会的邀请函，证明你有学术会议要参加。你必须先提交申请，然后，会有人回复你的申请。而现在的国家航空航天局比克格勃还要严格。我知道如何绕过克格勃的规则，但我不知道如何绕过国家航空航天局的规则。那些规则很严格、很苛刻。你从国外回来后，必须写一份“报告”，汇报你此次交流的经过和收获。通常你会说，我参加了这个会议，在会议上进行了发言，遇到了某位教授（比如索恩教授），我们探讨了某个问题，有些人也会提到自己与某个人一起共进了晚餐等等。在苏联，我会尽量绕开私人事务，因为我知道克格勃在看报告时会重点关注私人事务，所以，我只汇报与科学相关的内容。[12]

科学与语言

索恩提到的另一个文化因素是语言。亚历山大·鲁兹迈金很重视自己与英国科学家的合作，因为这对他学习如何用英语写作科学论文帮助极大，[13]他认为，俄罗斯物理学家至今仍在使用的特殊语言习惯与世界脱轨：“他们写论文时，会假定你理解他们的意思。有时候，我的俄罗斯朋友会发送一些俄语的科学文章给我，让我阅读，我现在基本读不懂这些文章了，因为这些文章的真正意思很难揣摩。”[14]

在之后的采访中，我一直努力抓住各种时机，继续探索科学和语言之间的关系。我在采访植物学家彼得·雷文时，有了重大发现。雷文指出，语言差异不仅影响了植物学，还极大地丰富了植物学。我冒昧地引用了他的评论：

生物种类繁多，且有时彼此之间区别并不明显，因此生物分类学庞大而复杂。我们对许多生物知之甚少，对这些生物进行分类时，我们会基于已知的信息，进行一系列不同程度的假设，做出决定。

20世纪60年代早期，我从事于民俗分类研究，在民间，人们对许多植物和生物的观察和分类没有书面记录，只是口口相传着它们的名称，民俗分类系统就是为了用来归类这类植物和生物的名称。实际上，百姓使用的名称与正式的学名区别极大，如果一种植物用途广泛，其在方言中可能会有多种名称，但我们认为这是同一个物种，而如果这种植物用途极少，情况则相反。

语言是我们交流的方式，但语言的原理很复杂。语言不是代码，不同的语言有不同的思想表达方式，相同事物在不同语言中的名称也不尽相同，其反映了更深层次的思想原理。计算机可以帮助我们理解不同之处和相似之处，比如在植物学中，计算机使得我们能够处理更多的信息以及各部分信息之间的关系，这是其他任何方式都无法比拟的。给不同种类的生物命名时，我们可以借助计算机的帮助，计算机数据库可以储存已知的所有信息。

生物分类学的要点之一是，在给定的标本群或个体群中存在多少物种。在计算一组特定标本群的物种数量时，俄罗斯、中国和美国科学家可能得出不同的结论，因为在某种程度上，他们的侧重点并不相同。类型分类反映生物差异程度，进化分类反映生物亲缘关系。物种的灭绝和变异有时会很突然，有时则是循序渐进，而物种之间的差异有时很明显，有时则相当微小。植物学家通过实际观察获得信息，得出结论，不管他们如何在特定的分类系统中使用这些信息，这些信息都具有长久的价值。我不是哲学家，但我知道，我们不能假设自己完全知道或者理解外面的世界。

> 歌德（Goethe）或亚历山大·冯·洪堡（Alexander von Humboldt）等人引导我们从整体思考自然世界，但我们总是倾向于将其拆分开来，以便就其特定部分进行交流。如果我们只通过口头语言分类，我们只能“记住”有限的名称，因为我们大脑的记忆有限，且容易忘记这些信息。通过书面形式，我们可以记录下所有的名称。如果我们使用电脑的数据库，不仅可以记录下所有的名称，还可以记录每种植物的各种特征，甚至可以记录下准确的测量数据用以归纳生物的特点。从哲学上来说，我们既要研究统一的自然世界，也要研究自然世界中的各个部分。冯·洪堡认为世界是一个有机的整体，他是这一观点的最早提出者之一。在我们的时代，英国哲学家詹姆斯·洛夫洛克（James Lovelock）利用大地之母盖亚（Gaia）的概念，提出了一些关于整体性的相似观点。[15]

虽然我并不熟悉研究语言与科学关系的文献，但作为一名俄语习得者，我经常在想，语言本身是否会影响俄罗斯（以及其他斯拉夫语国家）科学家如何看待这个世界和进行科学研究。我想将这个问题暂时留给读者们来思考。此外，受访者们为我提供了丰富的见解，上文只是一小部分，但我认为，这些见解的意义重大，极具价值。

科学改革

苏联的每一个成员国都试图解决斯大林模式的遗留问题：自上而下的科学资助模式、高度垂直的研究机构组织，以及研究与教育的严重分离。这些国家都设法推行一定程度的改革，有些取得了巨大的成功，有些则仍在探索。在19世纪和20世纪，旧体制契合了军事帝国专制和独裁的需求，但其并不适用于市场经济，在市场经济中，技术创新需要提前对民用和军事需求做出反应。

1988 年，时任苏联科学院空间研究所（Space Research Institute）所长的罗尔德·萨格迪夫从内部批评了苏联科学体系。后来，萨格迪夫成了美国科学家。他在《科学与改革：任重而道远》[16]一文中指出，苏联科学受到多重因素的困扰，“落伍的官僚主义”横行，科学标准不断降低，科学技术发展规划不力，计算机设备落后，并且与国际科学界相隔绝。“改革”刚刚开始，但他却认为，改革并不完整。[17]在某种程度上，萨格迪夫 1988 年对改革的看法本身就受到了时代的限制，其甚至没有触及市场经济转型过程中会发生的变化。毫无疑问，当时没有任何人预见到了最终的结局，一切都猝不及防地发生了。

接下来，我们首先一起来看看 1991 年以来的俄罗斯科学改革。在本书的采访中，我没能通过与俄罗斯人讨论科学改革问题获得最新的信息，而且这些问题牵涉甚广，说来话长，我尚未全部记录下来，所以，此处我将简要地进行概括。

1991 年后，俄罗斯科学改革主要面临两个问题。首先是俄罗斯科学院所扮演的角色。俄罗斯科学院继承了苏联科学院庞大的主体部分，包括大约 600 个研究所和大量相关土地资产，其成为俄罗斯最大的土地资产持有者之一。20 世纪 90 年代初，俄罗斯科研机构基本失去了国内科研资金来源，许多研究所开始将闲置的工作空间出租给商业企业，主要是小型企业。鲍里斯·叶利钦执政早期，俄罗斯陷入疯狂购地狂潮，俄罗斯科学院拥有的土地资产在私人投资者和国家看来极具诱惑力。此外，更重要的是，许多人清楚地认识到，科学院自上而下的结构体系，适合计划经济，与新兴的市场环境不相容，在市场经济中，创新和竞争是经济增长和生存的关键。

其次是研究和教育的分离问题。在苏联体制下，除个别例外，科学研究高级培训属于科研机构的职权范围，而非由大学负责。西方研究型大学在教育上表现出色，引起了俄罗斯的强烈兴趣，俄罗斯发起了一些项目，想要将俄罗斯大学提升到世界前100名。此外，举步维艰的俄罗斯大学以及一些研究所，了解到美国部分大学通过“技术转让”取得了巨大成功，他们设想用科技创新来解决严重的财政危机。显然，他们的想法行不通。[18]尽管如此，研究与教育需要在充满活力的大学系统中重新统一起来这一观点在俄罗斯普及开来（特别是在政府中），当然科学院肯定并不认同。

20世纪90年代初，经济学家鲍里斯·萨尔蒂科夫最先为改革发声。1991—1996年，他曾在叶利钦时期担任俄罗斯第一任科技政策部部长。萨尔蒂科夫主张彻底重组俄罗斯的科学体系，大幅削减俄罗斯科学院的地位，减少官僚主义对科学的影响。1997年，萨尔蒂科夫在《自然》杂志中发表了一篇文章，向西方读者介绍了他的构想。他呼吁进行深入改革，打破国家在科学院和工业部门的集中研究网络，加强研究和教育在大学的整合。[19]

萨尔蒂科夫是一个秉性温和、彬彬有礼、甚至品德高尚的人，但他在这场改革运动中，树敌颇多，基本没有交到朋友。1997年，他所在部门降级为国家委员会，进一步的改革实际上被暂时搁置。

1992年年末，俄罗斯政府成立了俄罗斯基础研究基金会，启动了一项竞争性拨款计划，其朝着结构改革迈出了重要一步，但却又不够坚决。[20]俄罗斯基础研究基金会长期严重缺乏资金，能为科学家们提供的帮助很小。

尽管萨尔蒂科夫为倡导重大的结构改革付出了政治代价，但之后的历任教育与科学部（职能合并）部长特别是安德烈·福尔申科[21]，采取了更为激进的措施。他们主张为科学院设立新的章程，并想要剥夺科学院对数百个研究机构的管理权，同时，他们也呼吁提高研究人员的薪资，减少研究人员的数量，最重要的是，加强大学在科研中的作用，整合研究和教育，并将现代研究型大学的概念有效引入俄罗斯。最终，这些提议都得到了通过，但政府内部对有些提议存在较大争议。科学家们发起了抗议活动，而当局装聋作哑。最后，仍然有很多问题没有解决。[22]

2013年，弗拉基米尔·福尔托夫（Vladimir Fortov）当选俄罗斯科学院院长，不久后，新成立的联邦科研机构管理署接管了科学院下属的研究所。2017 年，俄罗斯发生了一件令人吃惊的事情，福尔托夫辞职了。这无疑引起人的联想。2017 年年初，俄罗斯科学院计划举行下一届院长选举。即使在苏联时期，科学院都可以独立、秘密地进行选举，不受政府干预，这是科学院最重要的特权之一。然而，此次的选举却与以往不同。福尔托夫为连任院长再次参选，他在竞选文件[23]中重申了科学院有权制定基础研究政策以及为以前的附属研究机构设定优先级别。

福尔托夫支持科学院独立，尽管表态相对温和，但政府显然并不支持他的行为。《托洛茨基：临时刊》(*Trotskiy Variant*) 因独立公正，在俄罗斯科学界广泛传阅，据其中一篇文章报道，克里姆林宫传唤了福尔托夫，要对他所在的高温联合研究所 (the Joint Institute for High Temperatures) 进行财务违规刑事调查。他返回科学院后，于 2017 年 3 月 22 日辞去院长职务，并指定副院长瓦莱里·科兹洛夫 (Valery Kozlov) 为代理院长。[24]

2018 年 5 月，俄罗斯科学院下属研究所的归属盖棺论定。俄罗斯政府取消了教育与科学部，用两个新的部门取而代之，分别是教育部、科学与高等教育部。联邦科研机构管理署并入了科学与高等教育部。而且，联邦科研机构管理署的负责人米哈伊尔·科图科夫 (Mikhail Kotyukov)[25] 出任科学与高等教育部部长。

由彼得大帝创立的俄罗斯科学院彻底失去了曾经的辉煌和权力。这些就是俄罗斯科学改革目前的主要成果。虽然许多敏锐的俄罗斯科学观察家认为，在后苏联时代，科学院的改革以及研究与教育的结合意义重大，但俄罗斯政府采取的方式将给俄罗斯科学留下难以抹去的影响。

巧合的是，90 年前斯大林出于不信任，将研究从大学中剥离开来，转移到苏联科学院，而现在俄罗斯的科学改革与斯大林当时的做法大同小异。从政府的角度来看，现在的情况无疑更好掌控。高级研究不再封闭于半独立性质、令人烦恼的科学院内，而是通过新的科学与高等教育部以及传统的工业部门直接由政府控制。这种安排很难促进知识经济的发展，在知识经济中，私人企业对科学研究的资助数额往往要高于政府。其虽然最大限度地确保了政府的控制力，但很可能也严重阻碍了科技创新。

现在，让我们一起来看看格鲁吉亚和乌克兰。2015 年 12 月，为了写这本书，我前往了这两个国家。在科学体系改革方面，这两个国家采取了截然相反的政策。

实际上，拉脱维亚和爱沙尼亚是最早开始实施深化改革的原属苏联的国家。这 2 个国家将科学院下属的研究机构分配到各个大学，当时，一些苏联势力范围内的邻国也采用了这一模式，特别是波兰。2005 年至 2006 年，格鲁吉亚加入了他们的行列，格鲁吉亚政府将格鲁吉亚科学院的研究所转移到大学和其他机构，而科学院本身只剩下咨询和象征作用。格鲁吉亚科学院的预算被大幅削减，完全不能与之前相比。今天，如果你问格鲁吉亚的科学家情况如何，你听到的第一件事就是，格鲁吉亚政府取消了科学预算，格鲁吉亚的科学研究岌岌可危。格鲁吉亚深受战争和侵略的困扰，且经济动荡不安，这肯定在一定程度上导致了科学研究面临的危机。

但 2015 年 12 月，我前往格鲁吉亚的大学采访了一些科学家后，听到了不同的观点，他们的看法很有趣。雷瓦兹·所罗门尼亚是第比利斯伊利亚国立大学（Ilia State University）化学生物学研究所（Institute of Chemical Biology）所长，他告诉我，研究所由大学管理后，他“有了更多机会进行科学研究”。他解释道：

> 研究体系因此发生了变化，在此之前，研究与教育是完全分开的。科学院研究所掌握着最先进的科学技术知识，但科学院的研究人员作为国家最优秀的科学家，却根本没有参与大学教学。

大学主要是教学型大学，老师们在专业知识上不如研究所的科学家。现在，研究与教育结合起来，科学发展得更好了……自 2005 年改革后，研究所不再承担博士生的教学工作。研究所怎么能用来培训博士生呢？

首先，毫无疑问的是，研究与教学不能分开。我认为，这是一个基本的概念。我大概有 25 年没去过俄罗斯了，我不知道那里发生了什么，所以，对俄罗斯的情况我不予置评，但我很清楚格鲁吉亚的情况。改革之前，格鲁吉亚沿用着苏联的科学体系。例如，当时，我所在的生理研究所（Institute of Physiology）有一个委员会，这个委员会有权授予博士学位，因此，生理研究所有很多博士生。

在 2004 年至 2005 年，格鲁吉亚做出了一项决定，将科学院下属的研究所全部转移出去。而且预算非常低。许多研究所几乎空无一人，只有部分获得了国际资助的研究所还在运行。我认为，政府应该给那些已经在读的博士生两到三年的过渡期。政府的决定使得研究所所有人失去了经济来源，而大学成了唯一拥有博士学位授予资格的机构。所以，现在所有大学都有机会招收到博士研究生，更优秀的研究人员也自然而然地进入了大学机构里面。大多数研究机构并入了大学。大学有着更充足的资金、更高的预算、更多的年轻人，而且研究在大学进展得更好。[26]

我在伊利亚国立大学认识了祖拉布·贾瓦基什维利（Zurab Javakishvili），他是伊利亚国立大学地球科学研究所的所长，我进一步向他请教了这个问题。我问他，研究所并入大学后预算反而增加是否属实，他确认了这一点。为什么会这样呢？“因为政府可以轻易削减科研经费，但很难削减教育经费。”随后，他顺便提到了一件很有趣的事情：科学院有 6 个研究所研究地球科学，但在大学，只有一个地球科学系，该系涵盖了地球科学的所有学科和领域。[27]这不仅可以缩减工作人员，也是大学普遍采取的政策。地球科学系涵盖了矿物学、地球化学、地球物理学、磁学和其他相关学科，学生们可以接触到其中的多个领域，同时，可以与教师一起从事跨学科的项目。

通过与他们两人的讨论，我发觉，格鲁吉亚科学院的解体不仅让许多科学家前往大学任教，而且也使得综合性科学研究方法取代了高度的专业分化。从这个意义上来说，格鲁吉亚的科学改革似乎改善了科学氛围，促进了高等科学教育，正如所罗门尼亚所言，改革不仅将研究与教育联系起来，还改变了科学学科高度分化的情况。关于苏联各成员国的科学改革，很少有人做出这一结论。我不禁期待，在俄罗斯等改革更为深入的苏联各成员国，其能达到多大程度上的验证。

乌克兰的科学改革则是另一幅景象。至 2015 年 12 月，乌克兰政府一直拒绝对传统的苏联科学体系做任何变更。虽然乌克兰的一些大学确实有采取措施来提高他们的研究质量，比如基辅理工学院（Kyiv Polytechnic Institute）和独立的基辅莫希拉学院（Kyiv-Mohyla Academy），但拆分或重组科学院体系本身多年来一直受到各种阻碍。自 1991 年以来，乌克兰历任总统至少否决过两项关于科学改革的法律。乌克兰国家科学院（National Academy of Sciences of Ukraine）以及其院长鲍里斯·叶夫诺维奇·巴顿（Borys Yevhenovych Paton）声望极高，这给改革带来了极大的阻碍。据说，巴顿出生于乌克兰国家科学院成立的当天，他们的年龄相同。康斯坦丁·尤申科（Konstantyn Yushchenko）是巴顿焊接研究所的高级科学家，他告诉我，尽管巴顿已经 97 岁了，但他仍然精力充沛，每天游泳，并且会亲自参与科学院的决策。[28]他深受人们尊重。苏联为他树立了雕像，据说他是唯一一位在生前获此殊荣的科学家。他牢牢把控着科学院的研究所，因此苏联解体后，他在乌克兰有着不可小觑的强大影响力。还有人对我说，在巴顿的有生之年，乌克兰都不会进行任何有实际意义的科学改革。时间已经从 20 世纪跨越到 21 世纪，但乌克兰的情况没有任何变化。

乌克兰国家科学院保留着令人羡慕的特权，但与此同时，乌克兰的科学却正在遭受严重的损失。除战争、经济动荡和腐败之外，还有一个根本原因。雅罗斯拉夫·亚茨基夫是基辅重点天文台（Main Astronomical Observatory）的负责人，也是乌克兰国家科学院的官员，他说："根本问题是，乌克兰想要生存就必须发展科学技术，但政府高层对此没有概念。我们不是俄罗斯，我们不是哈萨克斯坦，我们不是土库曼斯坦，我们更不是罗马尼亚。只有发展高科技，我们才能在世界上找到自己的位置。"[29]

但不知是因为财政紧张，还是因为科学院的阻碍，或者是认为乌克兰目前的科学水平无法对国家经济发展作出重大贡献，乌克兰政府在苏联解体后没有追求发展"知识经济"。亚茨基夫说，这样做的结果就是乌克兰出现了大规模的人才流失。虽然我没有读到过任何乌克兰与俄罗斯人才流失的比较研究，但亚茨基夫所说的情况极为严峻：

> 我所有年轻的同事都早已出国。例如，谢尔盖·博洛廷（Sergei Bolotin）是一位优秀的科学家，他离开了乌克兰，现在在美国戈达德太空飞行中心（Goddard Space Flight Center）工作。又如迈克尔·米申科（M. Mishchenko），他曾在重点天文台工作，现在是纽约戈达德太空研究所（Goddard Institute for Space Studies）有名的大气科学专家。我以前的一些雇员在德国、甚至澳大利亚从事着激光测距工作。我以前的 15 名同事现在只剩下 3—5 名。而且留下来的同事都曾受邀去海外工作，但他们因为不愿离开家人等特殊原因留在了乌克兰。
>
> 政府必须意识到，现在最大的问题是，我们有很多才华横溢的年轻人，但他们却无法在乌克兰大展身手。他们为了实现自我

> 价值或养家糊口，被迫远走他乡。

关于那些移民的同事，亚茨基夫说：“一部分会回来拜访亲朋好友或者办理离婚，另一部分则再也没回来过。”[30]

根据亚茨基夫的叙述，我发现乌克兰的科学移民（包括移民国外和转换工作领域）与俄罗斯基本相同，只有一点除外：乌克兰政府似乎没有对此采取任何行动，而俄罗斯政府至少实施了部分改革措施，甚至启动了特殊的项目，其中一个项目由德米特里·齐明（Dmitriy Zimin）[31]私人资助，目的是吸引移民国外的俄罗斯科学家回国发展。没有任何迹象表明乌克兰政府会考虑实施科学改革，更不用说为其分配更多的资源了。

2015 年 12 月，乌克兰议会（the Ukrainian Rada）提出了一项关于科学改革的新综合性法案。其涉及资金战略的重大转变：80% 的政府研究资金将通过专门的同行评审机构进行竞争性分配。人们普遍认为，该法案会重蹈覆辙，被乌克兰总统彼得·波罗申科（Petro Poroshenko）否决。鲍里斯·莫夫坎是电子束技术国际中心的创始人，据说，他是巴顿的密友，我与莫夫坎谈到了改革的必要性和新法律的前景。他积极地认为，既然法国人为支持科学发展成功地改变了他们的政府结构，那乌克兰也有希望取得成功。

与此同时，莫夫坎也指出，关于国家的科学改革，人们通常关注于科学院造成的影响以及大学的地位等问题，却忽视了私营企业在支持科学研究方面的重要作用：

> 我从资料中了解到，私营小企业通常会有一些新的发现。然后，在政府和私人企业的资助下，这些新发现会走向市场。我认为这一模式非常适合我们国家，我完全同意你说的话，我们的科学发展体系存在巨大的问题。我们没有私人资金的注入，我们需要竞

争，需要独立，也需要私人资金。寡头们完全有能力投资科学研究，但他们把赚的钱都转移到了国外，我们需要他们参与进来。乌克兰现在的形势非常复杂，看看每天发生的事情，简直令人难以置信。也许我的观点过于尖锐，但我们的生活和科学体系确实令人担忧。因此，你所说的改革非常重要，一定会开始。[32]

从那两周我所听到的一切来看，莫夫坎的预测异常乐观，但话说回来，莫夫坎与巴顿是朋友，也许他知道一些别人不知道的内情。我跟他的对话发生在 12 月 17 日。一周后，波罗申科总统签署了科学改革法，许多人对此感到意外。[33]

2017—2018 年，乌克兰科学改革法实施得非常缓慢，但还是取得了一些成果。为了提高透明度，政府成立了多个监督和评估委员会，且所有决定都要经过总理的批准。一个由国际专家组成的委员会举行了多次会议，想要采用竞争的方式选出一个科学委员会（Science Committee），监督提案的评估。专家委员会（Expert Committee）主席塞尔吉·里亚布琴科（Sergiy Ryabchenko）博士是一位杰出的物理学家，曾任乌克兰政府首席科学负责人，他也是乌克兰国家科学院院士。[34]他象征着改革的希望。有两个关键点仍未可知：究竟有多少资金将投入其中？乌克兰国家科学院在其中会发挥什么作用、拥有什么地位？据我所知，在我写这本书的时候，这两个问题仍然悬而未决。

然而，除了官僚体制的影响，改革进展缓慢还有更深层次的原因。首先，乌克兰东部局势动荡。其次，根据里亚布琴科的说法，[35]政府应该首先告诉民众“为什么要加大科学投入？”，而不是直接“设立科学机构和委员会”，但“新法律里没有提及只言片语”。他补充说，我们现在需要的是，对科学和创新在乌克兰经济中所起的作用展开彻底地讨论。在欧盟研究和创新理事会（European Union’s Directorate for Research and

Innovation）的支持下，2016 年人们对乌克兰研究和创新系统（Ukrainian Research and Innovation System）进行了同行评审，其得出的结论是："乌克兰需要创新发展道路。政府各部门应该通力合作，为科技创新战略提供充分的人才、物质和财政等资源支持。乌克兰必须把研究和创新放上政策的优先议程，制定和实施科技创新战略，用科技创新促进经济增长、提高社会福祉。"[36] 虽然科学改革还有很长的一段路要走，但人们已经开始关注并想办法解决存在的问题。

综上所述，在科学改革中，格鲁吉亚将科学院的研究所移交给了大学管理，乌克兰保留了科学院的权力，而俄罗斯科学院庞大的研究所群则首次由政府部门直接管控。这三种改革模式未来会对科学生产力、创新和教育产生怎样不同的作用呢？其结果令人拭目以待。

注　释

[1] 格雷厄姆和德芝娜 2008，13。

[2] 萨格迪夫 1994，32。

[3] 同上，39-47。

[4] 2015 年 10 月 15 日，对亚历山大·维伦金的采访。

[5] 2015 年 10 月 6 日，对基普·索恩的采访。

[6] 2015年10月6日，我采访亚历山大·鲁兹迈金和琼·费曼（Joan Feynman）时，基普·索恩评论。

[7] 2016 年 1 月 13 日，对鲍里斯·什克洛夫斯基的采访。

[8] 2016 年 5 月 10 日，对玛乔丽·塞内查尔的采访。

[9] 2015 年 12 月 8 日，对雷瓦兹·所罗门尼亚的采访。

[10] 见第 6 章，"基普·索恩：引力波探测"那一节。

[11] 采访鲁兹迈金和费曼时，索恩与鲁兹迈金的对话。

[12] 鲁兹迈金，我对鲁兹迈金和费曼的采访。

[13] 见第 6 章。

[14] 鲁兹迈金，我对鲁兹迈金和费曼的采访。

[15] 2016 年 2 月 23 日，对彼得·雷文的采访。

[16] 萨格迪夫 1998。

[17] 同上。

[18] 热情让他们忽视了很多事情：大多数美国大学的技术转让办公室并没有因此盈利，只有少数取得了巨大的成功；以大学为基础的创新需要坚实的基础研究基地，但其在俄罗斯的大学中很少见；与私营企业建立伙伴关系需要很长时间，也需要创造性和进取心；不仅要有健全的知识产权法律基础，而且要有健全的法治基础和独立的司法系统；尤其重要的是，需要有兴旺繁荣的私人企业和对高科技产品的国内市场需求。

[19] 萨尔蒂科夫 1997。

[20] 关于俄罗斯基础研究基金会和以研究者为主导的竞争性研究资金，请参见第 4 章“新型项目的兴衰”和第 7 章“对科学基础建设的影响”。

[21] 2014 年，美国政府将福尔申科等 15 名与普京关系密切的俄罗斯政府官员列入制裁名单，以回应克里米亚事件。参见斯通《普京总统为俄罗斯科学院寻求新道路》(*Embattled President Seeks New Path for Russian Academy*) 2014。

[22] 这一事件过长，我无法在此详述，但读者可参见以“科学院的衰败”等为题的论文。关于俄罗斯的科学改革进展，有不少不错的报道，如：巴尔泽 2015，2018 年 5 月 25 日《俄罗斯的新科学部门》(*New Ministry for Russian Science*)，2013 年 7 月 4 日《俄罗斯轮盘赌》(*Russian Roulette*)，施梅尔 (Schiermeier) 2013，斯通 2013 和 2018。

[23] 福尔托夫 2017。这可能是俄罗斯科学院历史上第一份华丽的多页竞选文件。

[24] 德米那 (Demina) 和梅西阿茨 (Mesyats) 2017。根纳迪·梅西阿茨 (Gennadiy Mesyats) 是俄罗斯科学院的副院长，这增强了该文章的真实性。

[25]《西伯利亚金融奇才出任俄罗斯科学引路人》(*Siberian Financial Whizz-Kid Appointed to Lead Russian Science*) 2013。

[26] 对所罗门尼亚的采访。

[27] 2015 年 12 月 8 日，对祖拉布·贾瓦基什维利的采访。

[28] 2015 年 12 月 15 日，对康斯坦丁·尤申科的采访。该研究所的创始人 E.O. 巴顿是鲍里斯·巴顿的父亲。至 2019 年 3 月，巴顿已经超过了 100 岁。

[29] 2015 年 12 月 15 日，对雅罗斯拉夫·亚茨基夫的采访。

[30] 同上。

[31] 齐明的项目资金源自他的私人基金会“王朝”(Dynasty),这一项目会为杰出的年轻物理学家提供丰富的奖学金,也会为决定返回俄罗斯的科学家提供奖金。在普京政府反外资非政府组织事件中,他被迫关闭了“王朝”基金会并离开了俄罗斯。

[32] 2015年12月17日,对鲍里斯·莫夫坎的采访。俄罗斯政府称,由于齐明通过私人境外账户为“王朝”基金会提供资金,所以“王朝”基金会受到俄罗斯国外非政府组织法规限制,且其又没有按照规定注册,所以该基金会的运作是非法的。参见《某俄罗斯科学基金会因被贴上“外国代理”标签,无奈关闭》(*Russian Science Foundation Shuts Down after Being Branded 'Foreign Agent*)。我听说,真正的原因是,“王朝”基金会资助了一场研讨会,这场研讨会的某些发言人批评了普京政府施行的政策。

[33]《总统:乌克兰科学应该实现现代化、高效和创新》(*President: Ukrainian Science Should Become Modern, Efficient and Innovative*)。该法律条款记载于《关于科学和科学技术活动》(*On Scientific and Scientific-Technical Activity*)。

[34] 里亚布琴科是20世纪90年代早期后苏联时期乌克兰国家科学技术委员会的第一任主席。

[35] 塞尔吉·里亚布琴科在2017年4月23日和24日发送给我的私人电子邮件。

[36]《对乌克兰研究和创新体系的同行评审》(*Peer Review of the Ukrainian Research and Innovation System*)2016,8。

11

合作轶事

在研究和写这本书的过程中，我最喜欢的是受访者们讲述的故事。大部分这些故事因涉及特定的主题，已经在前面的章节中出现过。剩下的故事则不好分类。我没有对这些故事一一加以评论。我也分享几个自己的故事。

斯蒂芬·霍金到莫斯科（基普·索恩）

“1972年，我带着斯蒂芬·霍金一起去了莫斯科。俄罗斯人邀请了他，但霍金情况特殊，他们不知道怎么处理。因为我跟霍金是很好的朋友，俄罗斯人便邀请我陪同霍金与他的妻子一起前往莫斯科。我们与泽尔多维奇以及他的年轻合作人阿列克谢·斯塔罗宾斯基（Alexei Starobinsky）进行了大量的交流。彼时泽尔多维奇刚刚发现旋转黑洞应该会散发辐射。这是一个令人惊讶的巨大突破。霍金就此与斯塔罗宾斯基和泽尔多维奇进行了激烈的讨论，随后他返回了英国。他受到这次交流的启发，很快意识到所有的黑洞都会散发辐射，这种辐射现在称为霍金辐射[①]（Hawking radiation）。霍金辐射的灵感来自泽尔多维奇和斯塔罗宾斯基。

泽尔多维奇的物理直觉非常敏锐。他不懂黑洞的运算，也不是很了解相对论，但他敏锐地察觉到，任何旋转体都具有能量……粒子对在旋转黑洞附近产生，其中一个会坠入黑洞，另一个则会逃离，罗杰·彭罗斯（Roger Penrose）已经证明过这一点。逃离的粒子能量会增加，从虚粒子提升成实粒子。增加的能量来自旋转的黑洞。泽尔多维奇发现了这一点，但其他人没有。同时，美国科学家查理·米斯纳（Charlie Misner）发现，如果光波穿过旋转黑洞，光波会增强，出来时能量会增加。

泽尔多维奇凭直觉发现了这一点。他意识到这是旋转物体的共同属性。他发现，电磁波穿过一个由钢、铁或铜组成的旋转导电球体后能量就会增强。他通过简单的计算证明，增加的能量源自旋转的球体。但他没有止步于此，他对波和粒子之间的联系有着非常深刻的认识，真空中会产生虚粒子，虚粒子迅速产生后又迅速湮灭，其不会停止产生，但也不会自动成为实粒子。在真空中，虚粒子可以从旋转黑洞获得形成粒子的能量，成为实粒子。真空中的虚粒子不可避免，旋转黑洞会将一些虚粒子变成实粒子，从而形成热辐射。

泽尔多维奇的直觉发挥了主要作用。他可以对旋转的电金属物体做简单的计算，但他无法完成对黑洞的运算。幸运的是，斯塔罗宾斯基可以。当时，斯塔罗宾斯基还是一名研究生。泽尔多维奇告诉了斯塔罗宾斯基自己的想法，斯塔罗宾斯基进行了计算，证明了他的想法。然后，他们与我和霍金讨论了这个问题。泽尔多维奇之前已经私下跟我聊过，那时，他还没有让斯塔罗宾斯基进行计算，他的观点只是基于他的直觉。泽尔多维奇

---

① 霍金辐射（Hawking radiation）又称为黑洞辐射是以量子效应理论推测出的一种由黑洞散发出来的热辐射。此理论在 1974 年由物理学家斯蒂芬·霍金提出。有了霍金辐射的理论就能说明如何降低黑洞的质量而导致黑洞蒸散的现象。

已经告诉过我他的假设，但当时，他没有发表任何相关论文，我并不相信他的观点。我不认为旋转黑洞会辐射，所以我跟他打了个赌，这也是我人生第一个关于科学的赌注，我输给了他。

泽尔多维奇跟霍金讨论时，我也在场，霍金并不信他的直觉。因此，泽尔多维奇大概把计算过程演示了一遍，然后，霍金说：'我会回家认真思考。'霍金回到家，进行了深入的思考，他得出了层次更深、更令人震撼的结论，所有的黑洞都会辐射。没有旋转的黑洞也会辐射。虽然霍金想得比我们任何人都要深入，但他的灵感来自泽尔多维奇。美苏两国科学家有很多这样的交流，而霍金辐射是最大的成果之一。这些交流极大地促进了科学的进步，我为能在其中发挥重要的促进和催化作用而感到很荣幸。"[1]

历尽艰辛的考察 / 接触运动式的科学（朱莉·布里格姆 - 格雷特）

"2000 年，我们团队从安克雷奇（Anchorage）飞往马加丹（Magadan），然后，我的俄罗斯同事们找了一架货运飞机带我们去佩韦克机场（Pevek）。我不得不以现金的形式带上所有项目资金，事实上，我腰间绑着七万美元，飞到了俄罗斯。我拿出了大约 2.3 万美元换成卢布，支付到佩韦克的包机费用。因为每家银行每天只能给我们兑换限额的卢布，所以我们一周都在银行间往返。我跟兑换来的卢布拍了合影，照片上，我看起来像个银行劫匪。俄罗斯的同事一直在保护着我的安全。

我在等待来接我们的包机时，意识到可能会出事。机主开了一家空中救急公司，而这架飞机也主要用于此方面的工作。他拿走了我们的设备，还一直推迟我们的行程。如果我说，'我们启程吧，'他就会回答，'不，不，不。'事实证明，为了另一桩生意，他想要算计我们。他知道我们的设备数量。在精心地设计后，他把我们送到了马加丹机场，那里离小镇有 50 千米。

我们都准备好出发了，他却说：‘啊，我们不能把所有的东西都搬上飞机。’我们讥讽地回答：‘哦，对的，没错。’我们的东西在他那里保存了一周半的时间，他现在竟然说不能把所有的东西都搬到飞机上？

他说：‘我需要往返两次。’听起来似乎没什么问题，我们付款之后他送我们到佩韦克，一个月后再来佩韦克接我们回去，确实是往返两次。

反正，他将我们所有的人以及一半的设备送到了佩韦克，然后他说，‘好了，我明天会将剩下的东西运过来。’实际上，他用了五天时间才回来。他带着另一半的东西回来后，坐到了停机坪上。2000 年时，周围的燃料供应不足，而他经营的公司就是为其他飞机提供应急燃料。

所以他说道：‘如果你们想要另一半的设备，就把你们的飞机燃料给我。’大体上就是，我们购买了往返佩韦克与埃利格格特根湖的直升机燃料，他想要将其据为己有……

于是，我们坐了下来，用四种不同的语言与他大声对骂。我坐在机场经理的办公室里，试图说服他：‘朋友，你不能这么做！如果我们在美国，你早就进监狱了。’我们走到佩韦克机场的附近。然后，我拿出卫星电话，打给了国家科学基金会的西蒙·史蒂文森（Simon Stevenson）。德国的马丁·梅勒斯是我的搭档，他也在我旁边给德国相关机构打电话。我还记得西蒙说的话：‘这会是一次很好的尝试。我们会想办法帮助你的。’他为我们联系了民用科技研究与发展基金会，然后，民用科技研究与发展基金会的肖恩·惠勒（Shawn Wheeler）联系了我，在我们进行实地考察期间，他为我们找到了另一家俄罗斯航空公司并谈好了合同。

我记得，通过卫星电话，肖恩最后对我说：‘别担心，我们已经把问题解决了。’他说，‘你们准备从佩韦克返回马加丹时，就给这家公司打个电话。他们会来接你们的。’我对他说，‘等一下，驾驶员来接我们时，我是不是需要给他一个项目号或者发票号，让他确定我们的身份？’他回答，‘别担心，他们知道你们。’

考察结束后，我们从埃利格格特根湖返回佩韦克，却在直升机上遇到了其他的意外。直升机第一次接走了一半的人。但返回埃利格格特根湖时，直升机上坐了几个其他的人，那几个人一路上都在喝伏特加，导致直升机没有按时抵达埃利格格特根湖。到达埃利格格特根湖后，那几个人在湖边为了一个女人打了起来，我们上了直升机，迅速离开，摆脱了那些家伙。我们离开后，其中一个人用枪射击了我们的气象站，刚好打中了数据记录器，所有的测量都无法再继续进行。而我们为了测量那里的气象，投入了3万—4万美元的设备，这次考察简直糟糕透顶。

所以，后来，我在前往弗兰格尔岛（Wrangel Island）时，特意带着一箱设备去了一趟埃利格格特根湖，在那里待了一天，修理气象站。自从上次离开后，我再也没有回来过。我打开了气象站的匣子，果然，那个人不知怎的刚好射穿了开关，我需要将40—50根线重新接到一个全新的数据记录器上。幸运的是，尽管气象站的建造者身在阿拉斯加州的费尔班克斯（Fairbanks），但他通过卫星电话指导我操作，我告诉他发生了什么，他说，‘开始吧。’然后他告诉我如何将线重新连接起来。我以前从来没有维修过气象站。但我竟然把线都接好了，我相信这完全是神的旨意。然后他说，‘好了，现在你等着听咔嗒声。’我们都屏气凝神地坐在那里。咔嗒，咔嗒……气象站一直在运行，直到2009年我把它拆开了。

气象站遭到枪击是2000年。2001年，来自俄罗斯圣彼得堡的一位同事为我申请去弗兰格尔岛的许可证时，遇到了一些麻烦。因为射击事件，俄罗斯的情报部门认为我在湖边的气象站不合法，这太疯狂了！甚至，在2003年，我们回去进行更多的实地考察时，当地政府也问过我这个问题。尽管我们获得了前往气象站的许可，也有所有的相关证明，但当地人还是将我列为非法侵入者。他们不在意莫斯科的决定，认定我就是个闹事者。

但是，这一切都很值得。在2000年的考察之旅中，还发生了另外一件事，我们到马加丹提前支付包机的费用，我记得，过程十分有趣。我们带着钱走进了包机的商店，我告诉俄罗斯的同事帕维尔：‘帕维尔，你知道吗？在阿拉斯加，我们只会先付一半的钱，后面再付另一半的钱。’帕维尔回答，‘你放心，我认识这个人，不会有问题的。’商店很空，货架上什么都没有，像是被人遗弃了，后面有个房间，就如同侦探电影里的一样。我清楚地记得，后面的房间里，有三个穿西装打领带的男人，他们是公司的老板，角落里还有一个女人。她有一头长发，穿着超短裙、高筒靴，打扮得漂漂亮亮地坐在那里玩着她的头发。我感觉他们像是黑手党。看着他们，我自己像个女童子军。

我们把钱给了他们。其中一个人给我们开收据时，问道，‘我们给你开的是一张俄罗斯卢布的收据，可以吗？’我回答，‘没问题，我支付用的是卢布，所以收据上本来就应该是卢布。’然后他又问道，‘那收据上的金额需不需要写高一点？’什么？他们竟然问我要不要从收据中获取个人回扣？我回答：‘不用，金额如实写就行。’

还有几次，机场的老经理不让我们乘直升机从佩韦克飞到湖边，理由是湖边的天气很糟糕。他说：‘啊，对不起，那里的天气不好，所以直升机不能送你们去那里。’于是，我们每天都去机场。当时，我们和机场里的每个人都成了朋友。有一次，负责飞往气象站的飞行员对我们说，‘不是因为天气，天气完全没问题。’

我说，‘好吧，我们该怎么办？听着，我可以给那个老经理钱。”

然后，我找到老经理并问道：‘我可以给你 1000 美元，你今天能为我们安排两趟航班吗？’

‘没问题！’老经理说。

我站在楼梯上，把现金递给那个家伙，他把 1000 美元放进了他的外套里。突然天气变好了，我们坐上了前往湖边的直升机。”[2]

听完布里格姆 - 格雷特的故事，我揶揄道：“我想给你的故事起个名字——‘接触运动式科学’，”她说：“我也这么认为。”

招待会（莫西埃·卡加诺夫）

“在会议开幕的前一天，[3]加利亚（Galya）和我正在敲定一些最后的问题。突然，来了一群陌生人，他们不是学术界的。他们中的一些人穿着军装。其他人穿着便服，但我们敢肯定他们都是军方的人。我们立即意识到，我们没有选择：他们问的问题，我们必须回答。他们要求见这场会议的负责人伊利亚·米哈伊洛维奇·利夫希茨。加利亚解释说，我在负责行政问题。他们只想知道有哪些西方国家的人会参加会议。我回答说，来自不同国家的著名理论物理学家会参加这次会议，美国还派出了一个大型代表团。他们没有直接问，但我猜测他们想知道是否有核武器物理学家会参加这次会议。我不确定他们会从我的回答中得出什么结论。他们突然出现，又匆匆离开。

有一个人留了下来。与他的同事们不同，这个人自我介绍说，他是一名经过授权的克格勃特工，目前在俄罗斯科学院主席团工作。他给了我们他的电话号码，建议我们必要时打电话给他。他还问是否会为参会人员举行招待会。得知招待会将在国家酒店（Hotel National）的餐厅举行后，他为自己要了一张邀请函，同时，他也要求（‘建议’可能更准确）我们给几个科学院国际部的工作人员发送邀请函。我明白，他们跟他一样，都是克格勃的一员。他公开地说：‘你们还会参加其他会议，甚至可能会出国交流。他们可以决定很多事情。’

招待会上会来几名克格勃特工的事让我很苦恼。我很清楚，我方与外方很多科学家都很熟悉，所以，招待会上我没有提供酒精饮料，酒精会让人失去理智。如果喝了酒，谁知道他们会讨论些什么？让克格勃特工听到这些可不是什么好主意。我告诫了我的一些好朋友。在招待会上，我一直盯着那几个克格勃的人。很快我就不再担心了。很明显：他们只对美味的食物和好喝的饮料感兴趣。吃完食物、喝完饮料后，与会者们拿着咖啡继续交流，而那几个人都离开了招待会，因为他们对其他并不感兴趣。”[4]

她想摸一下我的手（莫西埃·卡加诺夫）

“很少有外国物理学家访问哈尔科夫。因此，两次的来访我都清楚记得。

第一次，来的是理查德·博佐思（Richard Bozorth）和戈德曼（Goldman）两位美国物理学家，他们想见理论物理学家利夫希茨和他的学生马克·亚·阿兹贝尔（Mark Ya. Azbel）还有我。当时，我们在金属和磁性电子理论领域的研究被广泛引用。因此，他们想见我们很正常。

我们非常了解理查德·博佐思，他是磁性物理学领域公认的权威。但我们并不熟悉戈德曼，我没有研究过他的领域（后来尝试过，但没有成功）。通过交谈，我们了解到戈德曼是福特公司研究实验室的首席研究员。戈德曼先生的妻子也来了，她是个典型的美国女人。

他们住在苏联国际旅行社（Intourist Hotel）。由于没有获得许可，他们不能访问哈尔科夫物理技术研究所，而我们也不能邀请他们到我们家里去做客。我们会在旅行社（我不记得具体是在房间还是大厅）、餐厅，以及散步的时候碰面交流。我们三个都来自苏联，当时，我和伊利亚·利夫希茨都不会说英语，我们通过马克与他们交流。马克不仅参与了交流，也承担了翻译工作。我们的领导大概是因为确信旅馆的窃听器没有问题，没有指派任何人来监视我们。我们处于无人监视状态。

我记得，我们大概谈了物理学，也谈了我们的成果和计划。我也记得，戈德曼先生和他的妻子试图改变话题，讨论犹太人在苏联的状况。他们可能不是很清楚在哪些地方可以聊哪些话题。

博佐思先生则更加谨慎。在一起散步时，他才聊起‘犹太科学家不能出国旅行’的事情。我们承认了这一点，但也解释道，有时可能存在其他原因，比如该科学家参与了机密工作。他理解地点点头。

我不喜欢戈德曼夫妇说的有些话。例如，戈德曼说，我们对美国人的印象肯定是抽着雪茄的大腹便便的资本家。我问他为什么会这么说，他回答说：

‘《鳄鱼》画报（Krokodil）中就是这么描绘我们的。’[5]

我争论道：‘但我不看《鳄鱼》画报。’

戈德曼的妻子说，在她看来，苏联犹太人生活中最糟糕的部分是犹太儿童不能上犹太儿童宗教学校。我回答说，其他很多事情比这糟糕多了，比如无法获得研究生学位，无法找到专业工作，等等。我们继续着这个话题，我又说道，‘如果没有犹太儿童宗教学校会严重影响到苏联犹太人，我肯定是最担心的那个人。’

‘为什么？’

‘因为我是拉比伊扎克·埃尔查南·斯佩克特（Rabbi Itzhak Elchanan Spector）的玄孙！’我说出了我曾曾祖父的全名。

她的反应让我大吃一惊，她问我能不能摸一下我的手，接着告诉我说，斯佩克特深受尊敬，尤其是在纽约的犹太人当中。她谈到了一些以斯佩克特名字命名的学校。后来，我在美国生活了二十年，但我没有研究过这件事，不过这些年来我确实了解到了一些相关的信息。毕竟就算我没有主动去探寻这些信息，信息也会找上门来。”[6]

国际妇女节（玛乔丽·塞内查尔）

“‘3 月 8 日是妇女节，是法定节日，’我从莫斯科写信给我的母亲。‘这张卡片很漂亮，上面布满了鲜花。我们在此祝您健康幸福，早春快乐！唉，莫斯科又是零下 30℃。’

1978—1979年，我在莫斯科的苏联科学院晶体学研究所工作。我与该研究所的一位科学家已经联系了好几年，因此，当我听说我们两国的科学院有交流项目时，我递交了申请。我的朋友们都吓坏了，当时，美苏冷战升级，阿富汗战争一触即发。但科学家们就像将军们一样能够彼此理解。10月初，我和家人一起飞往了莫斯科。在我们抵达的前一晚，莫斯科下雪了，几个戴着羊毛头巾的女工作人员正在用桦木扫帚清扫机场的跑道。

我们的俄语都不好，来到莫斯科有助于我们的沉浸式语言学习。我们住在一栋公寓大楼的第14层，这栋大楼归科学院所有，没有洗衣机，电梯也很老旧。气温骤降至零下40℃，即使以俄罗斯的标准来看，这个冬天也极为寒冷。工作日，我和女儿们需要在雪地里跋涉，走到宽阔的列宁斯基大道（Leninskiy Prospekt）。5层楼高的研究所位于近侧，而我的女儿们需要去对面的苏联公立学校上学，这所学校在一个大百货商店后面。我们会通过一条地下通道，这条地下通道成了一个热闹的非法买卖场所，退休人员在那里出售电话簿、蘑菇和二手玩具等稀有的东西。在学校附近，俄罗斯奶奶们注意到了我们，她们会训斥所有人。裹着头巾的俄罗斯奶奶不管是在购物、做饭，还是照顾小孩，会对见到的每一个人发号施令：戴上你的帽子！管好你的孩子！

在研究所，每天都有警卫盯着我前往我的办公室，但几个月后，警卫挥手示意让我进去。我绝对不会迷路，因为走廊两侧的门都总是关着。我是不能接触的政治犯吗？

所幸，我所在的办公室氛围很友好，办公室除了我之外还有3位晶体学家：瓦伦蒂娜、玛丽娜（Marina）以及与我合作的那位教授。我会帮助他们学习英语，他们会帮助我学习俄语，我们也会一起喝茶休息。同事们会顺路过来，有些是来聊天的，有些是为了理发（玛丽娜私下兼职做理发师）。科学家们能够相互理解。我的研究有了新的方向。

我还试着和莫斯科国立大学的一位教授合作。他在西方很受尊敬，我在申请时把他写为了我的联系人。但我始终无法理解他。我约他在研究所见面，他总是迟到，而且从不解释，更不会道歉。我很快就猜到，他只是在利用我为他写论文，并不想跟我合作。因为身处他国，对此我选择保持沉默，直到二月的一个下午，他又迟到了两个星期才出现在研究所。突然，俄罗斯奶奶的精神充斥了我的大脑。'你怎么这样！'我用俄语喊道。'滚出去，别再回来了！''吃几颗镇定药，'瓦伦蒂娜低声对我说。她是在哪儿找到的镇定药？但她肯定既为我感到骄傲又在替我担心。第二天早上，走廊的门都打开了，人们兴高采烈地跟我打招呼，'嗨！最近怎么样？'他们不再拒绝接触我。

国际妇女节因妇女选举权、妇女的劳动和俄国革命，于 1918 年成为俄罗斯的全国性节日，直到今天，3 月 7 日那天，我跟研究所科学家、实验室技术人员、图书管理员、办公室工作人员和保管人员等女性一起参加了一场宴会。我还留着那枚巨大的铜质勋章，尽管这枚勋章是在研究所的实验室里雕刻的，很不专业，但很有纪念价值。这枚勋章一面刻着'8 марта'（3 月 8 日），另一面刻着实验室的首字母缩写和年份。一条粉红色的丝带穿过勋章顶部的穿孔，现在这条丝带已经褪色了。也许参加宴会的所有女性都获得了勋章，但也有可能是因为我把那个教授赶出了研究所，所以我才获得了这枚勋章。"[7]

艾滋！艾滋！艾滋！（卡尔·韦斯特）

"艾滋病刚被发现的那段时期，东德和其他人都说艾滋病病毒是美国制造出来的一种生物武器，美国将这种病毒植入进了同性恋、少数民族等弱势群体，还将其传播到了撒哈拉以南的非洲和海地。当时，由美国疾病控制中心牵头，美苏双方计划举行一场医学会议，虽然疾病控制中心在亚特兰大（Atlanta），但因为国务院在华盛顿，所以该会议会在华盛顿举行。

苏联代表团的负责人是维克托·日达诺夫（Viktor Zhdanov），他是一位杰出的病毒学家，也是最早研究艾滋病毒的科学家之一。日达诺夫和他的代表团抵达后，因为苏联的态度，国务院指示我们双方不要讨论艾滋病。反正，因为外交因素，我们没有讨论艾滋病。我们可以讨论流感、肝炎、小儿麻痹症，但是不能讨论艾滋病。

日达诺夫是一个非常直率的人。他将他的豪华轿车停在31号楼前面，也就是美国国立卫生研究院福格蒂国际中心（Fogarty International Center）前面。他一下车就跟接待他的约翰·拉蒙塔尼博士（John LaMontagne）说：'我是个老人，我得去趟洗手间。'约翰·拉蒙塔尼博士在美国国立卫生研究院工作，后来成了我们的副主任。

所以，约翰带着他前往洗手间，我跟在他们后面，日达诺夫站在厕所里大声喊道：'艾滋！艾滋！艾滋！好了，我说出来了。现在我们可以聊艾滋病了。'然后，我们聊起了艾滋病。他返回苏联后，因为这件事遇到了很多麻烦，我觉得，他可能因此失去了实验室负责人的位置，或者被迫提前退休了。"[8]

我错过了与乔纳斯·索尔克共进晚餐（艾琳·马洛伊）

"我曾在莫斯科的美国大使馆担任领事，我其中的一项工作就是与所有被苏联拒签出境签证的美国公民配偶联络，帮助他们前往美国夫妻团聚。其中，有一位年轻的女士，她的出境签证被拒是因为她的父亲是一位物理学家。在当时，这个理由足以让她无法出国。她英语说得很好，我们相处得也很愉快，所以我们经常见面。有一天，她打电话给我说，'我需要你的帮助。我家的一个朋友要来看望我和我父母，我想请你开车把他从火车站送到我父母家。'她的父母住在市郊的一栋高层公寓里。她没告诉我来的人是谁……我答应了。我跟她到火车站后，发现要接的人是乔纳斯·索尔克

（Jonas Salk）和他的妻子弗朗索瓦丝·吉洛特（Françoise Gilot），吉洛特曾经是毕加索的情人。

当时是秋季。莫斯科的秋天不是阴雨连绵就是大雪纷飞，道路泥泞不堪。我们坐进我的车——一辆全新的沃尔沃汽车。在半路上，我的车坏了。在大使馆工作的我有机会与乔纳斯·索尔克共进晚餐，我感到无比激动，这太棒了！但我的车竟然坏了！我下了车，外面下着雨，满是雪泥，积雪高达30厘米，虽然我对车一无所知，但我还是打开了引擎盖，想弄清楚是哪里出了问题。

突然，有个男人站在我旁边说，'需要我帮忙吗？'我看向他，发现这个人是索尔克博士。我脑子里突然闪过一个可怕的念头，他会死于肺炎，而我将是罪魁祸首。

所以我赶紧说：'不用，不用，你应该待在车上，快回车上去。'

他上了车，然后那个俄罗斯女孩下了车，她说：'好吧，也许我们应该拦辆出租车。'随后，她招手拦了一辆出租车。

他们都上了出租车，走之前，她给了我地址。最终，我把车修好了。我到了那里，发现那里有很多公寓大楼，而且都没有标记，因此，我没找到她父母住的那栋楼，错过了与索尔克博士共进晚餐的机会。但让我印象深刻的是，他在莫斯科有关系，可以自由往来两国。他可以去拜访我不能拜访的人。

最终，在索尔克的帮助下，她获得了离开苏联的许可。索尔克解决了她的问题，到美国后，她前往了拉霍亚（La Jolla），在他的研究所为他工作。"[9]

虚构的奖项（艾琳·马洛伊）

"吉姆·柯林斯（Jim Collins）在莫斯科任美国驻苏大使馆大使时，迈克·乔伊斯（Mike Joyce）是副公使，但到了1982年，乔伊斯出任了科学部的科学顾问，我成了他的下属。

乔伊斯一直在寻找与苏联科学界交流的方法，当然，当时没有人干涉我们。有一天，他读了一份苏联的报纸，我不记得报纸的名称了，这份报纸的最后一页刊载了一篇小文章，这篇文章说一群苏联科学家获得了一项有名的美国科学奖项，还附有获奖科学家的名字。

他对我说：'我们必须为这些科学家举行一场招待会。'

我问，'我们应该怎么做？' 报纸上没有列出这些人的地址，甚至都没有列出他们住在哪个城市。

他回答：'联系一下苏联科学部（MinScience）。'[10]

所以，我联系了苏联科学部，告诉他们，我们想要联系这些科学家，因此，我们需要他们的帮助，但几个月来他们一直在敷衍我。他们不肯给我们这些科学家的联系方式，也不愿意帮我们转寄邀请函。迈克对我很失望。我感到很沮丧。所以最后我亲自去了苏联科学部，事实上，我认为我去的应该是苏联科学院。

这应该是1982年的事。我打了一辆出租车去科学院，外面下着倾盆大雨，不知出于什么原因，我带上了我的女儿，她当时才三岁，我不记得那天她为什么会出现在大使馆。我把她留在了出租车的后座上，正因为如此，出租车司机一直在等着我回来，否则他早开着车走了。

我跑进了科学院的大楼，然后说，'我需要知道到底出了什么问题。'

苏联科学院的工作人员看着我说，'你让我们进退两难。'

结果就是，报刊上的美国奖项根本不存在，获奖的苏联科学家也是虚构的，那是一篇假报道，科学院的工作人员认为我们想让他们难堪。这不过是苏联人的宣传手段，但我们从来没有想到过去确认这个奖项是否存在。我们在苏联的报纸上看到了这篇报道，试图向他们询问获奖科学家的联系方式，但这是他们编造出来的。

那个奖项不存在，也没有科学家获奖。而我们还打算为这些科学家举办一场招待会，并为此忙碌了几个月。科学院的工作人员很生气，他们认为我们想揭露这件事。我还记得科学院工作人员的表情，他们肯定极不情愿承认这件事。”[11]

我差点被俄罗斯驱逐出境（格尔森·S. 谢尔）

在 1995 年，应美国国家科学基金会负责人尼尔·莱恩（Neal Lane）的要求，我担任了美国民用科技研究与发展基金会的创会主席，紧接着，我面临一个新的问题。我的整个职业生涯都致力于促进美国和苏联（以及东欧）之间的民间基础研究合作。我没有处理国防研究的工作经验，更没有想过我会与国防研究产生瓜葛。但美国民用科技研究与发展基金会的使命跨越了两个领域，其既要促进美苏之间的总体科学合作，也要通过国际合作，将苏联研究大规模杀伤性武器的科学家重新定向到和平的民用研究领域。

为了实现第二个目标，将苏联武器研究科学家转移到民用领域工作，民用科技研究与发展基金会付出了巨大的努力。而我也因此有了一段惊险的故事，这也是我最喜欢的人生经历之一。1995 年秋天，我第一次以民用科技研究与发展基金会主席的身份访问俄罗斯，当时，我的主要任务是征得俄罗斯政府对“合作资助项目”（Cooperative Grant Program）的支持，该项目是民用科技研究与发展基金会的核心活动。我们仿照美国国家科学基金会的合作研究资助项目来规划合作资助项目。合作资助项目将包括一位美国首席研究员、一位俄罗斯（或其他苏联成员国）首席研究员、一份工作联合声明，以及一份概述每个国家所需成本的估算报告。此外，为了完成防扩散任务，我们想要确保俄方前大规模毁灭性武器科学家的参与。最后，很重要的一点是，我们要确保研究提案没有经过苏联的科学机构，直接来自科学家个人。

我们想了一个很好但也很天真的主意：俄罗斯前大规模杀伤性武器科学家可以在提案封面表明自己的身份，这样，我们就可以给他们更多的帮助。对我们来说，这是一种方便、透明的方法，能很好鉴别此类科学家的提案。为实现我们的第二个目标，我们可以给予他们一些特殊照顾。然而，这种做法存在一个问题：就俄罗斯法律而言，这种行为是违法的。

1995 年 11 月，我带着美国民用科技研究与发展基金会工作人员提供的一套详细材料来到莫斯科，与祖拉布 · 雅科巴什维利（Zurab Yakobashvili）协商这件事。雅科巴什维利是俄罗斯科技政策部国际司的负责人。我们之前已经见过面，而且相处得很愉快。俄罗斯联邦安全局（Federal Security Service）接手了克格勃的工作，根据以前在俄罗斯的经验，我很清楚雅科巴什维利要么在为联邦安全局工作，要么会向联邦安全局报告所有的情况。对此，我没有感到任何困扰，因为我非常熟悉情报部门的工作方式。作为一名管理人员，我非常欢迎科学院成员或者科技政策部员工的加入，就算他们同时在克格勃或联邦安全局任职也没关系，原因很简单：他们很熟悉这个领域，因此他们可以解决好各种问题，把事情完成好。

在该项目中，科学研究人员需要发起研究计划，然后接受竞争性评审。我从未与俄罗斯合作过此类特殊项目，因为我们以前从未遇到过这种情况。

祖拉布礼貌地听完了我的开场白和我对该项目的设想，然后他悄悄地把我带进了隔壁的一间私人办公室。接着，他礼貌而坚定地告诉我，如果我坚持该项目的那个特殊理念，他将不得不宣布俄罗斯不欢迎我，并会立即将我驱逐出境。我相信他没有任何敌意。我们对视了几秒钟，然后我才反应过来他为什么要给我下这个最后通牒。我真的是太蠢了！我们要求俄罗斯科学家透露他们曾从事大规模杀伤性武器的研究，这明显违反了俄罗斯国家保密法。我错得太明显，所以我没有再坚持这一点，我向祖拉布提议，他们与我一起想出一个合适且双方都能接受的合法鉴别方案。

解决方法并不难找。我们原先的预想是不接受俄罗斯科学机构以任何方式参与提案的提交，但现在我们不得不放宽要求。很明显，如果我们邀请武器研究科学家在提案主体部分申明自己的身份，且同意所有提案都需获得所在研究机构的批准，这样就不会违背俄罗斯的保密法。俄罗斯科研机构会负责确保所有雇员遵守保密规定，因此这个方法能同时满足双方的要求。

我回到美国后，向我的同事和国务院解释了我在莫斯科遇到的问题，并介绍了我与俄罗斯政府达成的解决方案。我很高兴雅科巴什维利指出了项目存在的过激行为，他可以帮助我的同事以及国务院明白情况的严重性，并理解为什么我们必须放宽基本要求。该项目取得了巨大的成功，而且全球民用研究和开发基金会一直将其作为实现主要使命、支持合作研究项目的核心途径。

假日酒店闹剧（格尔森・S. 谢尔）

1993 年 10 月的一天，我的好朋友玛丽安娜・沃沃德斯卡娅（Marianna Voevodskaya）一脸严肃地到我在乔治敦（Georgetown）的办公室找我。有 18 名俄罗斯博士科学家组成了一个团队，他们到华盛顿特区接受同行评审研究提案的深入培训，为国际科学基金会首届长期研究资助项目的竞争做准备，而她是这个团队的一员。她坐在对面，对我说："格尔森，我有件事要告诉你。"这是玛丽安娜第一次向我倾诉她的烦恼。

玛丽安娜态度严肃，我意识到问题很严重。"发生了什么事？"我问。

接着，玛丽安娜告诉了我发生的事情。代表团所有人都住在乔治城威斯康星大道（Wisconsin Avenue）的假日酒店（Holiday Inn），昨天晚上，谢尔盖・马什科（Sergey Mashko）的房间聚集了 16 个人。莫斯科办事处是我们的主要运营单位，马什科受命负责监督代表团的科学家。他来自生物制剂研究所（Biopreparat Institute），该研究所长期从事生物武器研究，是苏联主要的生物武器研究所。作为国际科学基金会的负责人，我身处华盛顿，我并不清楚发生了什么，但谢尔盖看起来确实能够胜任这份工作，而且也很适合。

代表团所有的男博士们挤在谢尔盖的房间，做着俄罗斯男性经常在酒店房间里做的事情，一起抽烟喝酒。他们喝了很多酒、抽了很多烟，最后，他们的香烟烟雾触发了房间的烟雾警报，天花板上的洒水器开始向床上和整个房间喷水。通过这件事我了解到，俄罗斯科学家，尤其是男性科学家，能够想出办法处理任何情况，谢尔盖勇敢地爬到床上，试图关闭洒水器。但是他败给了美国的技术。洒水器散架了，水开始从天花板的管子里喷涌而出。水淹没了整个房间，也淹没了整个大厅，玛丽安娜告诉我，整个地板上的积水达到了 0.6 厘米。玛丽安娜和我们共同的朋友娜娅·斯摩罗丁斯卡娅（Naya Smorodinskaya），也许还有一两个科学家们的妻子，她们拿着毛巾，跪在地板上，试图把水抹干。

玛丽安娜一脸严肃正经地跟我讲着这件事，而我则笑滚到地板上。当然，这是一件非常严重的事情，我担心酒店会向我们索要一大笔赔偿，甚至可能更糟，但所幸，我从未收到相关的信息，酒店管理层可能跟我一样被逗笑了。无论如何的是，我松了一口气，毕竟我不用向乔治·索罗斯解释为什么他要向假日酒店支付数千美元的赔偿金了。

我在本书的其他章节已经提到过“科学和文化”这一主题，如果说在 1993 年的时候，我没能将科学与文化联系在一起，那么乔治敦假日酒店发生的这件事让我有了更深的体会，对美苏科学合作有了进一步的认识。

注　释

[1] 2015 年 10 月 6 日，对基普·索恩的采访。

[2] 2015 年 12 月 2 日，对朱莉・布里格姆 - 格雷特的采访。

[3] 固态理论国际会议，卡加诺夫在第 9 章“情报收集与保密”一节中也讨论过。

[4] 2015 年 10 月 16 日，对莫西埃・卡加诺夫的采访。

[5]《鳄鱼》画报是苏联的一本幽默杂志。

[6] 对卡加诺夫的采访。

[7] 玛乔丽・塞内查尔,《1979 年 3 月 8 日：苏联的妇女节》，牛津大学出版社博客：牛津大学出版社对理性世界的学术思考，2016 年 6 月 16 日 http：//blog.oup.com/2014/03/international-womens-day-soviet-union/.

[8] 2016 年 5 月 3 日，对卡尔・韦斯特的采访。

[9] 2016 年 1 月 6 日，对艾琳・马洛伊的采访。

[10] 苏联没有设立科学部，这是美国外交官对苏联科学机构的简称。其指的可能是苏联科学院，也可能指的是苏联国家科学技术委员会，严格来说，苏联科学院是一个非政府机构，而苏联国家科学技术委员会则隶属于苏联部长理事会（USSR Council of Ministers）。在本节中，其指的更可能是苏联科学院，因为科学院更有声望、规模更大。

[11] 对马洛伊的采访。

第三部分

总　　结

12

如何看待这一切

付出是否值得?

你会怎么回答这个问题?在本书中,我共采访了 62 个人,有科学家、外交官、政府官员、项目经理、企业家,他们根据自己的亲身经历评估了最初目标的实现程度。让我震惊的是,虽然有些人没有直接回答这个问题,但没有人认为自己付出的努力、资金、时间没有任何意义。出乎意料的是,所有受访者中,诺贝尔奖得主罗尔德·霍夫曼(Roald Hoffmann)给出的回答最为消极。他告诉我,尽管他多次前往苏联、俄罗斯和乌克兰,尽管他在那里有许多朋友和支持者,尽管他从研究生时期到现在参与美苏合作已经大约有 60 年的时间,但美苏科学合作对他的研究工作没有实质的影响。他说他感兴趣的是苏联科学家,“他们很有意思。”这到底是积极的评价还是消极的评价呢?当然,霍夫曼多次访问和接触苏联科学家,使得他成了信息流通的非正式渠道,他传递的信息对苏联科学家来说很重要。此外,他还招揽了一些杰出的博士后研究人员。也许,一位诺贝尔奖得主经常往返于两国本身就是一种证明。

德怀特·戴维·艾森豪威尔总统想要通过科学合作实现相互理解，国务卿亨利·基辛格希望限制苏联的行为，乔治·索罗斯想要保护1991年后苏联的优秀科学研究，同时，美国也希望借此防止核战争、防止敌对国家和集团获得大规模杀伤性武器，改变苏联的制度，以及促进科学的进步。这些目标产生了哪些全球性影响呢?

洛伦·格雷厄姆深入思考了这些问题，他对我说:

> 我参加了很多美苏科学合作项目，我认为很值得。如果一个精明的人来研究这段历史，他肯定会对你我这样的人说:“你知道吗? 你太天真了。”
>
> 美国民用科技研究与发展基金会前理事会主席葛洛丽雅·达菲（Gloria Duffy）在2001年说:“历史上最大的科学援助项目正在美国和俄罗斯之间进行”[1]对此，一些参议员可能会说:“除了浪费了大量的资金之外，历史上最大的科学援助项目还取得了哪些成果?”我不认同这种观点，但公众可能会更支持这些参议员的看法。他们的观点确实有一定的道理，可我不这么认为。
>
> 曾经有段时间，存在一个可以反驳他们的有力论点:“苏联解体后，尽管过程有点曲折，但俄罗斯正在逐渐地融入西方世界。虽然俄罗斯有自己的文化和传统，永远不会变成美国、法国、德国或英国，但无论如何，俄罗斯将融入欧洲，民主和法治等将推广开来。而我们，作为科学家或科学界的一员应该为实现这一目标发挥我们的作用。”现在有些人会嘲笑说:“你们太天真了。”但我不这么认为，因为有一段时间，普京甚至说俄罗斯可能会加入北约。可能现在听起来难以置信，但他确实说过。[2]

读者对此肯定有自己的看法，因此我不加以置评。但不管美苏科学合作是不是对现实的准确映射，其确实代表了美国科学界甚至国际科学界的强烈愿望和期盼。尽管美苏科学合作可能并没有完全按照预期的方向发展，可能人们的期盼有时很天真，但这是否就意味着付出没有意义呢？其对国际科学合作意味着什么呢？我们必须永远是冷酷的现实主义者吗？还是我们也可能会因憧憬更美好的世界而努力？

接下来，我将从不同的角度总结本书中 60 年来美苏的科学合作成果，并以此为基础，为现在和以后的其他国际科学合作项目提供经验与教训。

其中，有两个关键问题长期备受争议。第一个问题是：谁赢了？苏联时期，西方决策者和分析家们对此进行了激烈的讨论。第二个问题：合作还是援助？1991 年后，这个问题成了焦点。

谁赢了？

平等、互惠、互利

1958 年，美苏双方签订了最早的总括性交流协议，其主要指导原则是平等、互惠、互利，这三个原则一直沿用至 1991 年。平等原则简单易懂，指的是：在交流协议中，两国具有平等的地位，享有平等的待遇，双方交流人员具有相同的身份，在活动中享有平等的待遇并受到同样的尊重。

在实践中，项目的最终实施可能主要得益于互惠原则。为科学家和学者签发特别签证是最重要的创新之一。根据 1958 年的《莱西 - 扎鲁宾协定》，交流访问学者能获得特别签证，签证上会说明活动主办方，访问者可以居住和旅行的地点以及访问者承担的经济义务。这一体制虽然过于正式、烦琐，但为交流人员提供了前所未有的保障。三年后，美国将该体制应用到与其他国家的科学交流中，增加了交流访问学者签证（“J-1” Exchange visitor visa），交流活动主办方需向美国国务院文化事务局（Bureau of Cultural Affairs at the State Department）提交签证申请并获得审批，以作为相应美国领事馆签发签证的依据。虽然我不确定这一特殊签证类型是否起源于美苏交流项目，但瑞奇蒙德证实，在此之前，从未有过如此重要的科学交流协议。

另一项创新是，双方负有相同的财政支持义务。费用原则上由双方共同承担。通常情况下，美苏双方各自承担本国内产生的费用以及前往另一方的差旅费（“接收方支付费用”），或者在某些情况下，双方各自承担本方参与人员的所有费用（“派出方支付费用”）。当然，因为两国货币无法自由兑换，也无法比较，因此，不能确定双方的资金支持是否相等。但实际上，是否相等并不重要。双方都承担了需要承担的费用。因为苏联卢布无法自由兑换成美元，其阻碍了真正意义上的成本均摊，所以，美苏双方在关系缓和时期，通常会采用上述方式承担交流费用。

迄今为止，互利原则最难实现，也最易引起争议。

美苏两国有着不同的政策侧重点和政治环境，因此，互利的实现不可避免地成为一项挑战。事实上，双方重视签署正式的外交协议，主要原因之一是，其可以证明自己从合作中获得了相应的回报。许多美国人简单地认为，苏联从合作中获得的利益高于美国。美苏关系处于低谷时，美国国内容易因互利问题引发政治纠纷。然而，利益的衡量其实十分复杂，使用的衡量标准在很大程度上决定了衡量结果。

简短地偏离一下正题。琼·费曼[3]虽然没有与苏联科学家进行过重大的合作，但她也对我说道，20 世纪 90 年代初，美国对俄罗斯科学尤其是空间科学，充满优越感。在加利福尼亚帕萨迪纳基普·索恩家中接受采访时，她看着她的丈夫亚历山大·鲁兹迈金说：“我想说，1991 年或 1992 年以及在此之前，美国人对俄罗斯科学家有着巨大的偏见，而对俄罗斯空间科学家的偏见尤其严重。因此，我的一些同事看到我跟亚历山大在一起时，他们会说，我不能嫁给一个俄罗斯人，我应该跟他分手，俄罗斯人都是骗子。但他们根本不了解我的丈夫，也不了解我。在他们的看来，俄罗斯人都是骗子。”[4]

很明显，关于互利，美国国家安全部门和国会的决策和观察人员普遍认为：在科学技术领域，苏联是赢家，因为他们的科技“落后于”我们。在人文学科的交流上，我们是主要受益者，因为正常情况下，苏联的历史和政治记录通常没有对外公开，而我们则没有对此进行保密。更糟糕的是，人们发现，军方是苏联最先进科技研究的支持人和受益者。20 世纪 80 年代，美国国防部每年或多或少都会在《苏联军事力量》（*Soviet Military Power*）上发表一系列浮夸的公共报告，说明苏联如何通过科学合作项目在一定程度上复制或窃取美国先进的军事技术。[5]

毫无疑问，此类案例肯定真实存在。但苏联也可能通过其他方式获取美国先进的军事技术：研读公开的美国科学文献，特别是一般领域的大学基础研究，这些研究或许得到了国防部的资助；科学会议上的非正式对话；或间谍活动。反之亦然，美国肯定也有类似行为。否则我们怎么能第一时间知道这些案例呢？众所周知，美国科学家从苏联交流回国后，情报部门会试图从他们身上获取情报。虽然有些人会像基普·索恩一样坚持自己的原则，拒绝情报部门的要求[6]，但也有很多人认为政府有权通过这一重要的信息来源收集情报。

如果关于互利的问题是，就知识的进步而言，哪一方取得了更多的成果，那么答案就更加微妙，取决于所讨论的特定科学领域。1977 年成立的美国国家科学院凯森专家小组（Kaysen Panel）做出如下结论：在理论物理和数学方面，[7] 苏联的研究水平不低于美国，甚至高于美国，因此，美国受益更多。而在其他依赖先进实验仪器的领域，由于苏联科学设备落后，苏联受益更多。可以肯定的是，由于李森科主义（Lysenkoism）对苏联遗传学和相关学科造成了巨大的破坏，美苏双方在这一领域的交流存在着严重的不平衡。另一方面，在地球和大气科学、植物学和动物学等“实地”科学领域，两国的研究人员都能通过交流接触到独特的地理环境，因此，美苏双方各有所得，而且，事实上，这些合作的大部分考察地点位于苏联境内。

此外，尽管人们普遍认为科学具有共同的语言与研究方法，但苏联的科学研究与美国甚至所有发达工业国家都存在着本质上的区别。而且，正如洛伦·格雷厄姆所言，从元层面来看，哲学世界观也产生了重要影响。在《苏联科学与哲学》[8]一书中，格雷厄姆提出了一个有趣的论点，即在某些情况下，特别是在早期苏联科学中，关于现实本质的全新观点导致了迄今为止未被主流科学方法所承认的全新而富有成果的科学范式，其可能来源于马克思主义思想传统本身，强调的是突然性的变化而不是逐渐的进化。例如，苏联早期的生物化学家亚历山大·奥帕林（Alexander Oparin）提出了与渐进式进化相反的观点，他认为，闪电等活动会突然向海洋中充满化学物质的原始汤①注入能量，而地球上的生命就是起源于这些剧烈的变化。奥帕林的观点成了主要的生命起源论之一。格雷厄姆认为，奥帕林的观点至少有一部分源自黑格尔－马克思主义辩证法。黑格尔－马克思主义辩证法强调质变而不是量变，偶然的巨变会扰乱缓慢的进化过程。[9]

我们在第 10 章中讨论过，苏联科学家之所以总能提出与西方同行不同的独特见解，还有着其他更为实际的原因。其中包括：俄罗斯具有基于德国模式的强大科学学派传统；俄罗斯有着独特的科学教育传统，他们从小就注重数学和理论物理教育；最后，俄罗斯缺少先进的现代科学仪器和计算机，因此，他们非常重视理论数学和计算数学。许多博学的科学家参观一个相对不错的苏联科学实验室时，都会称赞苏联科学家的独创力。苏联科学家能够利用自己制造的设备，加上已有的设备，进行复杂的实验。

在数学和理论物理学以外的领域，没有证据能够证明苏联科学达到了

① 20 世纪 20 年代，科学家提出一种理论，认为在 45 亿年前，在地球的海洋中就产生了存在有机分子的“原始汤”，这些有机分子是闪电等能源对原始大气中的甲烷、氨和氢等的化学作用而形成的，地球上的所有生物都源自同一种实体，一种 30 亿年或 40 亿年前漂浮在“原始汤”周围的原胞。

美国等西方国家的标准。因此，有人会说，总体上，科学合作处于不平衡的状态。但是，这样笼统的说法忽视了来自苏联的独特方法、成就以及杰出的机构和个体科学家，尤其是在地球科学、大气科学、海洋科学、植物学、动物学、环境科学等实地科学领域，这些才是吸引美国科学家的真正原因。在大多数情况下，只有逐一通过案例分析才能梳理得出此类结论。

换个角度，从科学的整体体系来看，利益的平衡又不一样了。这是因为，苏联是一个封闭的社会，而美国则相对非常开放。1957 年 10 月，苏联人造卫星的发射声响遍了全世界，这给西方敲响了警钟——他们忽视了苏联的科学技术，将自己置于危险之中。即使有“铁幕”的隔绝，苏联科学家也可以通过公开出版的科学文献来了解美国和世界的科学发展，但这也有一定难度，因为苏联“安全机构”严格管控着外国的科学期刊。然而，西方科学家只有通过接触苏联（和东欧）的科研人员，才能了解苏联（和东欧）的科学发展，实际上，他们更倾向于前往苏联并待上一段时间。他们的发现常常让他们感到惊讶，因此，他们与苏联科学家形成了长久的科学合作关系，并产生了丰富的研究成果。尽管西方国家也通过出口管制和其他手段阻止敏感“技术”流入苏联，但与苏联为了保密和安全做出的一切相比，不值一提。这很正常，因为美国属于“开放”社会，而苏联属于“封闭”社会，两国的社会模式截然相反。

这是对西方有利还是对苏联有利呢？不仅公众对此存在不同的看法，美国情报界内部也有着严重的分歧。[10] 两国的情报机构应该都从双方参与交流的人员那里获得了许多有价值的信息，但无疑也会获得许多毫无价值的信息。我猜测，苏联获得的无用信息更多，因为很多信息苏联都可以通过公开的科学文献获取，只是因为苏联对外国科学期刊进行了保密，导致苏联科学家不知道这些信息而已。

美国政府内部对此分歧严重，一部分人认为要全力保护“我们的秘密”，另一部分人提倡可以通过科学合作获取“苏联的秘密”，至少在 1991

年之前都是如此，特别是冷战时期，矛盾尤为激烈。我所在的机构要求我们不要参与这些讨论，作为一个民用科学部门的经理，我印象极深的是，反对科学合作的“黑暗势力”在联邦调查局、一些军事研究部门以及商务部和国务院负责出口和军需品管制的部门中占主导地位。另一方面，总的来说，情报收集机构、国务院负责外交事务的部门以及各种民用任务机构则支持科学合作。起初，我难以置信，情报收集机构竟然会支持自由的科学合作，虽然各方有着不同的目的，但我认为，整个国家从中受益。

回到冷战时期，可以说，公众的普遍看法是，在文化和学术交流中，美国受益更多，在科学技术交流中，苏联受益更多。理由是，通过交流，美国学者和艺术家可以“帮助”打开苏联“封闭”的体系，而苏联的科学家和工程师则可以借此通过仿造、逆向工程和公然抄袭来“追赶”西方科技。尽管这一概括有其合理的地方，但在细节的准确性上仍存在缺陷，特别是在科学技术领域，1977 年美国国家科学院凯森专家小组的报告说明了这一点。此外，凯森报告指出，交流带来的政治和文化利益对实际帮助不是很明显。洛伦·格雷厄姆是该报告的主要作者之一，1978 年，他在《科学》杂志上对该报告进行了总结和评论，他认为，事实上，这些好处非常明显：“对美国科学界来说，两国科学家之间的联系确实带来了一些实际的好处。举个例子，20 年前，如果莫斯科斯捷克洛夫数学研究所的一名数学研究员被捕，美国可能会在 6 个月或者一年后知道消息，也可能永远都不会知道。但现在，我们可以在几天内就了解到情况，而且很可能就有美国科学家认识这个人。”[11]

在公共领域，利益平衡是一个政治难题。对于谁是科学合作的最大受益方，国会议员并没有细致入微的认识，他们代表的普通民众更是如此。美国人民普遍认为，苏联人是狡猾且不诚实的赢家，而我们则是天真无知的输家。但讽刺之处在于，如果一位苏联或俄罗斯的历史学家打算写一部美苏科学合作史，她描写的情况肯定与之相反。毕竟每个国家都有着骄傲和偏执。

那么答案是什么呢？谁赢了？杰出的历史学家耶鲁·瑞奇蒙德研究了美国文化交流项目史，他给出了一个保守的答案：尽管在科技合作中苏联受益更多，但美国在文化和学术交流中的获利弥补了这一点，而且其也提高了苏联人民对美国生活和价值观的认识。好几年来，我一直和他持有相同的观点。然而，我最终得出了一个有些不同的结论：虽然科学技术合作中美国的损失没有被消除，也没有被逆转，但其可能比人们想象的要小得多。我有一个大胆的总体观点：当一个“开放社会”与一个“封闭”社会进行交流时，开放社会会成为赢家。

合作还是援助？出了什么问题？

正如第 4 章所述，1991 年苏联解体后，利益平衡发生了彻底的变化。几乎在一夜之间，苏联从一个力量强大、气势汹汹的全球威胁和战略（以及道德）竞争对手，解体为政治崩溃、经济疲软的多个国家，带来了新的更严重的安全威胁。人们也在担心，苏联科学家会涌向西方国家（人才流失），并无比忧心“疏于管理的核武器”和“未严加看管的裂变核材料”。1991 年之前，西方十分欢迎来自苏联的高素质人才，但 1991 年之后，无数苏联科学家失去经济来源，这些科学家如果涌入西方国家，会改变西方实验室和大学的现状，并对西方科学家的生计构成严重威胁。大量项目应运而生，反映了新的现实和观点。至此，双方科学合作进入“援助”时代。

对苏联科学界的援助有多种形式，这些援助形式本身也会随着时间的推移而演变。第一种形式是紧急财政援助，有两大组织都采用了这种形式。乔治·索罗斯成立的国际科学基金会基于竞争性资助原则，向大量苏联科学家提供了小额资金。其目标很简单，让最优秀的科学家继续留在科学领域，而不是放弃科学从事仓库看守或银行业等其他工作。国际科学技术中心向封闭城市和研究所内的科学家团队提供了大量资助。其有着明确的目标：将苏联科学家转移到民用研究领域工作。但他们也知道，短期内，最重要的事情是为苏联科学家提供足够的收入，以防止他们为“无赖国家”和恐怖组织工作。国际科学基金会和国际科学技术中心将很大一部分援助资金用于更换升级过时或功能故障的研究仪器。据我所知，国际科学基金会长期资助项目大约 50% 的资金都用于此目的。在接下来的几年里，如全球民用研究和开发基金会等资助的项目也稳定地维持了这一基准。

苏联解体后的最初几年里，这些组织提供的资助在苏联解体后形成的国家国内研究预算中占比很大。根据洛伦·格雷厄姆和伊琳娜·德芝娜所说，在 1994 年和 1995 年，仅国际科学基金会为俄罗斯提供的资助就大约占当时俄罗斯基础科学全部支出的 13%。他们估计，从 1993 年到 2008 年期间，“仅仅国际科学基金会、国际科学技术中心以及促进与苏联科学家合作国际协会这三个组织就为俄罗斯科技投入了超过 10 亿美元。”[12] 当然，国际科学基金会为其他苏联解体后形成的国家提供的资助所占研究支出比例甚至更高。因为军事研究预算没有对外公开，所以我不清楚国际科学技术中心的数据。无论如何，毋庸置疑的是，这段时期内，苏联大概有四分之一到三分之一的科学研究资金源自国外资助。

很明显，渡过早期的危机后，美国需要从中获取一些切实的利益。这些援助项目没有可持续性的资金来源。索罗斯逐步停止了他的私人资助，他认为，资助科学发展主要是政府的责任。双方政府应该确信，科学合作项目对双方都有切实的益处。

防扩散项目的作用是维护全球安全，对美国和世界来说，没有什么比安全更重要。在防核扩散项目中[13]，人们能够很好理解为什么要给研究所大门上锁、为什么要给警卫支付酬劳。然而，美国的任务执行机构需要证明，资助研究大规模杀伤性武器的科学家，帮助他们转向民用领域工作，能够阻止灾难发生。这无疑是一个极大的挑战。因此，他们使用了其他指标来证明这一点：如参与此项目的大规模杀伤性武器科学家人数，关闭的研究所和实验室数量，在民用领域创造的长期就业岗位，以及与项目相关的商业活动为两国创造的财富。

美国民用科技研究与发展基金会在危机初期之后开始提供援助项目，其从一开始就寻求建立互利关系。民用科技研究与发展基金会采用竞争性资助项目的形式资助美国和苏联科学家的共同研究项目、美国企业家和苏联科学家的共同研究项目。申请人必须在项目提案中说明互利性，并在项目报告中证明互利性。从资金的角度来看，利益分配并不十分平衡，大部分资金都流入到了苏联，用于支付个人津贴、差旅费，以及购买研究设备和仪器。美国参与者可以获得与项目相关的差旅费，但他们的其他费用（包括工资）必须通过其他方式获得，比如国际科学基金会或美国国立卫生研究院等组织提供的研究资助。这么做是有道理的。美国科学家通过竞争性同行评审制度，基于他们项目的科学价值获得核心研究资金，这有助于确保项目的质量以及美国科学家的科研水平。

综上所述，我认为，本节中讨论的所有 1991 年以后的项目，其本质是“援助”。国际科学基金会为经济崩溃的苏联国家提供的是紧急科学资助。国际科学技术中心也是如此，其在一开始是为了避免出现全球安全紧急事件，防止陷入绝望的苏联大规模杀伤性武器科学家为了生计与无赖国家或者恐怖组织交易。

然而，经济危机过去之后，人们发现真正的核心问题不是饥饿绝望的科学家，而是如下的这些长期问题：我们是否应该帮助俄罗斯等苏联国家重建和改善科学基础设施？怎么做才能符合美国的国家利益？共同促进知识进步是最重要的标准吗？如果不是，那是什么呢？

1992 年，美国国家科学院在给科学顾问 D. 艾伦・布罗姆利（D. Allan Bromley）的报告中提出了一个观点：想要在苏联国家发展民主和市场经济，科学的兴盛必不可少。但在这一点上，美国国内没有达成普遍共识。洛伦·格雷厄姆从科学史的角度提出疑问，科学和民主真的密不可分吗？[14]美国想要将民主、市场化引入俄罗斯等苏联解体后的独联体国家，尽管整个计划是出于好意，但这是否为一个好主意，目前还尚不清楚。而我则赞成斯蒂芬·F.科恩的看法，美国的这一尝试不仅失败了，而且还造成了严重的反效果。[15]那么，事实到底怎样呢？

也许我们能从美国民用科技研究与发展基金会的基础研究和高等教育计划中得出一些结论。虽然美国深入参与了基础研究和高等教育计划的实施和监督，但资金的受益者只有俄罗斯科学家和俄罗斯高等教育机构。基础研究和高等教育计划并没有包含任何大学校际间的双边交流项目，不过在其他的资助中有很多这样的项目。该计划的理念是升级俄罗斯各地的大学，将重心从著名的俄罗斯科学院转移到大学的建设上。出乎意料的是，最终，俄罗斯政府采用了这一理念，并将其作为现如今俄罗斯科学和教育政策的核心。因此，基础研究和高等教育计划取得了积极切实的成果。我为这个项目感到骄傲和欣喜。但互利体现在哪里呢？或者这又是一项“援助”或“义务性帮助”项目？

我经常会与规划并监督过基础研究和高等教育计划的美国同事讨论这个问题。这一计划没有基于科学研究项目，没有直接促进知识进步。这一项目也没有直接促进民主的进步，尽管，从某种意义上，人们可以说，同行评审比苏联时代自上而下按计划分配资源更“民主”。这一计划更没有促进市场经济的发展，尽管其确实试图通过“技术转让中心”来加强创新在大学研究中的重要性。我个人的结论是，对美国和全世界来说，俄罗斯重新将教育和研究统一起来，可以发展更开放的科学机构，这样可以确保俄罗斯科学家始终是国际科学界的一部分，同时，也可以减少俄罗斯科学再次与世界脱节的可能性，毕竟苏联科学界在第二次世界大战后基本处于相对独立的状态。

事态仍在发展中。最近，有证据表明，尽管俄罗斯政府愿意接受“国家研究型大学”的构想，但其强烈否认美国与此有关。实际上，俄罗人认为，美国的基金会资助俄罗斯大学是为了干涉俄罗斯内政。美俄基金会（US-Russia Foundation）试图在基础研究和高等教育计划成果的基础上，加强俄罗斯地区性大学的技术转让，并为在美国求学的俄罗斯年轻科学家提供奖学金。2016 年，尼古拉·塞沃斯蒂亚诺夫（Nikolay Sevostyanov）发表了一篇文章，他写道：“美俄基金会的目的是侵入俄罗斯大学……而各种包含政治反对派言论的讲座证明了这一点。”[16] 俄罗斯下诺夫哥罗德国立大学（Nizhniy Novgorod State University）的副校长，美国风险投资人肯德里克·怀特（Kendrick White）为该校提供了科技商业化建议，但该校解雇怀特，很可能就是受这一偏激想法的影响。[17] 20 世纪 90 年代末到 21 世纪初，下诺夫哥罗德国立大学作为基础研究和高等教育计划的试点，取得了巨大的成功。

这个例子说明了，美国基金会和政策制定者的援助思维模式存在严重的问题，即使是 1991 年后最优秀的项目也受到了致命影响。其中，防扩散项目受到的影响应该最为严重。即使已经过去了 20 年，防扩散项目的工作人员仍然认为，防扩散问题属于俄罗斯。他们也仍旧不理解，过去形成的惯例在现在已经过时了。即使是纳恩 - 卢格计划的制定者，萨姆·纳恩和理查德·卢格两位参议员，也开始意识到援助模式已经不再适用，但显然为时已晚。[18] 俄罗斯政府在 2011 年 7 月 13 日的外交照会上通知国际科学技术中心，俄罗斯打算在 2015 年年中脱离该中心。人们可以清楚地感受到形势正在恶化。[19] 2014 年 12 月，在两国政府的同意下，纳恩 - 卢格计划正式终止，即便如此，美方仍有言论称，这只是因为纳恩 - 卢格计划已经完成了它的使命。不管发生什么，我们会选择相信我们想相信的，或者为了公众的利益，我们不会说出事实。

防扩散项目真的有机会改变单方面的援助策略，采用更适合对等合作的管理理念吗？我认为，答案是肯定的。已经有项目对此提供了示范和经验，比如美国民用科技研究与发展基金会的合作研究项目。然而，不幸的是，防扩散项目疲于应对国会的指责，最后几年，他们能做的只有回答国会的问题、略微调整项目本身。因为没有国会的支持和信任，防扩散项目无法进行系统的重组。

合作项目的目标达成情况如何？

目标本身就非常复杂，想要仅凭经验明确判断美苏双边科学合作项目的目标实现情况难度极大。而且，由于苏联科学家很少发表国际科学文献，在使用定量分析法分析文献计量等数据时，往往会出现数据不足的情况。

但是，我仍将根据我的采访以及我在基础科学研究合作领域的工作经验，大胆得出一些结论。

在本书涵盖的70年中，艾森豪威尔总统提出的民间外交是科学合作最早的目标，贯穿至今。受访者们一致认为，该目标取得了巨大的成功。科学家们在长期的联系和接触中，始终尊重着彼此，他们了解到了其他国家的科学家和自己一样，都是有血有肉的人类。这是所有相互理解的基础：没有这一基础，文明就无法存在。

我认为，1991年苏联解体后，向苏联顶尖科学家提供紧急援助，取得的成功仅次于民间外交。国际科学基金会、科学中心、美国民用科技研究与发展基金会等支持的多个项目不仅使得许多科学家得以继续从事科学研究，而且还为他们提供了获得持续资金支持的方法。这些项目将价值评审引入到苏联，许多科学家学会了如何申请资助，成功通过各种项目，特别是欧盟的项目，竞争到了资金。

接下来我要提及的是，苏联解体后为防大规模杀伤性武器材料和技术扩散所做的工作。美国和苏联科学家们通过纯科学合作项目建立起了信任，这使得他们能够一起有效地处理成吨的核武器材料、销毁生物武器研究场所，并帮助苏联科学家们将其能力运用到和平的民用研究上。然而，在普京总统的领导下，俄罗斯政府增加了对国防研究的资助，科学家转向民用研究的工作能持续多久，目前还尚不清楚。而且，普京政府还限制外界进入关闭了的研究所，这些研究所是防扩散项目中的重要组成部分。

知识的进步情况怎么样呢？从受访者们的亲身经历来看，很显然，许多科学家通过科学合作在引力物理学、古气候学、数学、非线性动力学等领域取得了重大突破。然而，这一结论的准确性会受到两个因素的干扰。首先，苏联发表的国际文献长期缺乏可靠的科学计量数据，无法为任何循证分析提供真实可靠的基础；其次，大量优秀的科学合作研究没有通过正式的双边项目，但却从正式项目中获取了数额不一的资金，这在某种程度上削弱了这些项目的重要意义。

广泛的制度改革成果同样意义重大。从某种程度上来说，这一目标非常明确。如上文所述，这些项目将价值评审制度引入到了苏联，用以评议研究人员发起的项目提案。价值评审制度虽然为适应“当地习惯”产生了一些变化，但取得了巨大的成功，造成了持续的影响。虽然现在的普京政府并不承认，但在基础研究和高等教育计划的影响下，俄罗斯政府加强了对大学科学研究的支持，重新将研究与教育结合起来，成果显著。

在我看来，美苏双边科学合作项目对外交政策影响有待商榷。据我所知，没有证据可以表明这些项目的存在、中断或终止对苏联和后来俄罗斯的外交政策行为有丝毫影响，例如阿富汗、波兰或乌克兰的问题。美国外交人员将政府间的双边科学合作项目作为筹码，向苏联以及后来俄罗斯“传递信息”，他们的行为没有任何作用，更没有任何意义。亨利·基辛格公开表明将科学合作作为“制约因素”，不管这是不是他的真实想法，政府间的科学合作项目已经产生不了任何影响。

最后，通过指导和援助“促进民主”的目标彻底失败了。其纯粹是美国人的幻想。很显然，科学项目本身并不会直接涉及如法治、选举、政党、权力分立、司法等核心的民主问题。但美国确实将一些新的规则引入到了俄罗斯的科学管理中，比如竞争性价值评审。

然而，正如科恩所言，从 20 世纪 90 年代到 21 世纪初，美国政府资助科学合作项目主要是为了按照自己的想法重塑俄罗斯和其他苏联独联体国家。美国不仅抱有这种荒谬的追求，还不合理地坚持着为苏联独联体国家“提供义务援助”，而不是进行平等的合作，虽然其确实影响了俄罗斯科学界，但也导致了不满，最后，受到俄罗斯政府拒绝。正如乔治·索罗斯在 20 世纪 90 年代初所说[20]，要想在俄罗斯实现真正的变革，世界各国政府需要一起制定一个大规模的“马歇尔计划”。但这是不可能的。

十一条经验教训

最后，比起评价过去，更重要的是从中总结经验教训。很少有国家像美苏两国那样，拥有高水平的科学成就，庞大的科学家、工程师群体，以及全球首屈一指的核武器库，而苏联还有着与美国不同的政治体制，以及各类机密信息。此外，在往来自由、资源灵活分配的国家之间通常根本不需要正式的国际科学合作项目。因此，美苏 60 年来的科学合作情况很难重现。

然而，只要人类还在追求知识的进步、全球性问题的解决，只要还存在地缘政治的分歧和冲突，就会有科学家期望跨越国界，与其他国家的科学家进行合作。为此，我将本书中的经验教训总结成了 11 个要点：

（1）国际科学合作最重要的不是“国际”而是“合作”。

（2）科学存在边界，且因边界而更加丰富。不同的文化、语言、地理位置、民族、政治制度和学科既可以是干扰，也可以是机遇。其完全取决于你如何处理这些差异。

（3）要想更有效促进知识进步，国际科学合作的资金支持应基于其科学价值而不是其国际影响。

（4）国际科学合作特殊资助项目的价值在于创造传统方法无法提供的跨境合作机会，而不在于其提供的资金数额。

（5）国际科学合作项目需要共同构想、共同设计、共同管理、共同资助、共同实施，才能长久存在并发挥最大作用。

（6）如果为国外科学界提供的援助项目由双方共同构想、设计、管理、资助和实施，并且有着广泛的制度影响，援助项目在短期内可以非常有效。然而，长期的援助会引起受援方的愤恨和敌意，从而导致这些项目的失败，甚至损害双边关系。

（7）民间基金会和非政府组织在国际科学合作能发挥重要的作用。一些国家和地区因政治等因素，无法进行自由开放的科学交流，也没有足够的后勤支持，在这些国家和地区，民间基金会和非政府组织可以比任何政府机构都要灵活、有效地创造交流的机会和途径。

（8）如果国际科学合作项目经过精心规划且极具创新，民营企业会成为重要的参与者。如果民营企业能够通过国际科学合作获得利润，民营企业可以成为国际科学合作的盟友。

（9）“国际科技协议的政治意义在签署的那一刻就结束了。”[21]这就是说，此类协议下进行的活动必须具有科学价值。如果对科学有益，这些活动的存在时间甚至会超过协议的有效期。而如果任务执行机构没有为协议下的这些活动提供资源，这些协议就无法达成任何真正的目的。

（10）如果政府想要将正式的双边国际科学合作项目作为外交工具，他们必须明白，只有在极为必要的情况下才能使用这根“大棒”，否则，这些项目就会失去外交意义，并失去公众的支持。在非紧急情况下，过度使用这些项目“传递信息”，基本不会起到任何作用，且会给“信息接收方”的项目参与人员带来伤害。

（11）科学合作的重点不仅是了解世界，更是要改变世界。[22]

注　释

[1] 2001年10月，达菲就美国民用科技研究与发展基金会与苏联国家的十年科学合作史，在英国伦敦皇家学会的国际会议上发表了这篇演讲，此次会议由英国皇家学会和美国民用科技研究与发展基金会联合举办。

[2] 2015年10月19日，对洛伦·格雷厄姆的采访。

[3] 已故物理学家理查德·费曼的妹妹。

[4] 2015年10月6日，我采访亚历山大·鲁兹迈金和琼·费曼时，琼·费曼所言。

[5] 参见第5章“科学”中美国科学促进会执行董事威廉·凯里和国防部副部长弗兰克·卡卢奇进行的激烈讨论。

[6] 参见第9章。

[7]《美苏科学院的交流与关系报告》1977，90-92。

[8] 格雷厄姆1972。

[9] 同上，第257-96页。

[10] 参见麦格拉斯（1962），中央情报局对该问题进行了发人深省的内部讨论。

[11] 格雷厄姆1978，387。

[12] 格雷厄姆和德芝娜2008，95，89。

[13] 例如，美国国家核安全局的核材料保护控制审计项目（Material Protection，Control，and Accounting）。

[14] 格雷厄姆1998。

[15] 科恩2000。

[16] 塞沃斯蒂亚诺夫2016。

[17] 辛内斯奇科娃2015。

[18] 参见纳恩和卢格2015。

[19] 参见史怀哲2013，263。

[20] 参见索罗斯2000和第4章“新兴项目的兴衰”。

[21] 这句话出自美国国务院科学技术局首任局长赫尔曼·波拉克（Herman Pollack）之口，小亚瑟·E. 帕迪（Arthur E. Pardee Jr.）告诉了我波拉克的这句话。

[22] 来自马克思的名言：哲学家们只是以不同的方式解释世界，而问题在于改变世界。卡尔·马克思，《关于费尔巴哈的提纲》，塔克：1972，109。

附 录

采访名单

玛雅·阿尔卡哈西

格鲁吉亚，第比利斯

2015 年 12 月 7 日

伊利亚国立大学，植物学研究所（格鲁吉亚）

维克托·巴里亚塔

乌克兰，基辅

2015 年 12 月 10 日

乌克兰国家科学院副院长；乌克兰国家科学院磁性研究所

大卫·贝尔

明尼苏达州，明尼阿波利斯

2016 年 1 月 14 日

菲根涂层公司总裁；美国工业联盟董事会成员

朱莉·布里格姆－格雷特

华盛顿特区

2015 年 12 月 2 日

马萨诸塞大学阿默斯特分校，地球科学系（美国）

凯瑟琳·坎贝尔

弗吉尼亚州，阿灵顿

2015 年 9 月 16 日

全球民用研究和开发基金会总裁兼首席执行官*

丽塔·科尔韦尔

马里兰州，科利奇帕克

2016 年 6 月 9 日

马里兰大学帕克分校（美国）；美国国家科学基金会主任*

第 1 行为受访人员姓名，第 2 行为采访地点，第 3 行为采访时间，第 4 行为受访人员在合作期间所在单位或职务、职称等。

劳伦斯·克拉姆
华盛顿州，西雅图
2016 年 1 月 6 日
华盛顿大学，应用物理实验室（美国）

伊琳娜·德芝娜
华盛顿特区
2015 年 11 月 3 日
斯科尔科沃科学技术研究院（俄罗斯），科学与产业政策研究组组长

卡桑德拉·杜德卡
弗吉尼亚州，阿灵顿
2015 年 7 月 30 日
美国国家科学基金会，国际科学与工程办公室

弗拉基米尔·埃利萨什维利
格鲁吉亚，第比利斯
2015 年 12 月 7 日
格鲁吉亚农业大学，畜牧和饲料生产研究所所长

奥列格·费德罗夫
乌克兰，基辅
2015 年 12 月 16 日
乌克兰国家科学院空间研究所所长

琼·费曼
加利福尼亚州，帕萨迪纳
2015 年 10 月 6 日
喷气推进实验室（美国）*

玛格丽特·菲纳雷利
弗吉尼亚州，阿灵顿
2016 年 8 月 4 日
美国空间政策和国际关系副署长*

马克西姆·弗兰克–卡门斯基
马萨诸塞州，波士顿
2015 年 10 月 19 日
波士顿大学生物医学工程系（美国）

尤里·戈罗别茨
乌克兰，基辅
2015 年 12 月 10 日
乌克兰国家科学院磁性研究所所长；乌克兰教育部长*

罗斯·戈特莫勒
华盛顿特区
2016 年 4 月 21 日
美国国务院军备控制与国际安全事务副国务卿

洛伦·格雷厄姆
马萨诸塞州，波士顿
2015 年 10 月 19 日
麻省理工学院，科学史项目组（美国）*

伦道夫·古施尔
特拉华州，威尔明顿
2016 年 3 月 21 日
杜邦公司全球研发总监*

F. 格雷·汉德利
华盛顿特区

2016年4月20日
美国国家卫生院，美国国家过敏和传染病研究所国际事务处副主任

保罗·赫恩
华盛顿特区
2015年8月5日
美国地质调查局资深科学家*

西格弗里德·赫克尔
加利福尼亚州，帕洛阿尔托
2016年1月28日
洛斯阿拉莫斯国家实验室（美国）主任

罗尔德·霍夫曼**
马萨诸塞州，波士顿
2016年2月18日
康奈尔大学化学系（美国）

劳拉·霍尔盖特***
华盛顿特区
2015年10月13日
美国国家安全委员会大规模杀伤性武器、恐怖主义与减少威胁处高级主任*；美国驻国际原子能机构大使*

祖拉布·贾瓦基什维利
格鲁吉亚，第比利斯
2015年12月8日
伊利亚国立大学，地球科学研究所（格鲁吉亚）所长

莫伊塞·卡加诺夫
马萨诸塞州，波士顿
2015年10月16日
苏联科学院，物理问题研究所*

乔治·卡姆卡米泽
格鲁吉亚，第比利斯
2015年12月7日
国立医科大学Neolab诊所主任

拉玛兹·卡萨拉瓦
格鲁吉亚，第比利斯
2015年12月8日
格鲁吉亚农业大学，化学与分子工程主任

芭芭拉·基洛桑迪泽
格鲁吉亚，第比利斯
2015年12月8日
控制论研究所，全息记录与信息处理实验室（格鲁吉亚）主任

约翰·奇瑟
弗吉尼亚州，斯佩里维尔
2016年3月30日
作家；奇瑟研究公司董事长*

伊丽莎白·卡特
华盛顿州，奥林匹亚
2016年1月5日
长青州立大学生物学（美国）教授

约翰·劳格斯顿
华盛顿特区
2015年11月17日
乔治·华盛顿大学（美国）

特里·洛
科罗拉多州，戈尔登
2016 年 3 月 26 日
科罗拉多矿业学院冶金系；洛斯阿拉莫斯科学实验室（美国）冶金系主任 *

伊戈尔·列特维诺夫
乌克兰，基辅
2015 年 12 月 16 日
乌克兰科技中心副主任

艾琳·马洛伊 ***
华盛顿州，西雅图
2016 年 1 月 6 日
美国驻哈萨克斯坦大使 *；美国驻莫斯科大使馆 *

鲍里斯·莫夫坎
乌克兰，基辅
2015 年 12 月 17 日
电子束技术国际中心（乌克兰）主任

安东·纳莫维茨
乌克兰，基辅
2015 年 12 月 15 日
乌克兰国家科学院副院长；乌克兰国家科学院磁性研究所

诺曼·纽瑞特
弗吉尼亚州，阿灵顿
2016 年 1 月 12 日
美国科学促进会科学、技术和公共政策项目主任；国务卿科学顾问 *

托马斯·皮克林
华盛顿特区
2015 年 9 月 24 日
政治事务副国务卿 *；美国驻联合国大使 *；美国驻俄罗斯大使 *；波音公司国际事务副总裁 *

玛丽莲·皮弗
弗吉尼亚州，阿灵顿
2015 年 10 月 27 日
全球民用研究和开发基金会，能力建设主任

彼得·雷文
密苏里州，圣路易斯
2016 年 2 月 23 日
国家地理学会探测委员会主席；密苏里植物园园长 *；美国民用科技研究与发展基金会董事会主席

亚历山大·鲁兹迈金
加利福尼亚州，帕萨迪纳
2015 年 10 月 6 日
喷气推进实验室（美国）；苏联科学院应用物理研究所 *

塞尔吉·里亚布琴科
乌克兰，基辅
2015 年 12 月 14 日
乌克兰国家科学院物理研究所；乌克兰教育与科学部部长 *

叶卡捷林娜·萨纳亚
格鲁吉亚，第比利斯

2015年12月8日
苏呼米物理技术研究所副所长

格伦·史怀哲
华盛顿特区
2016年2月26日
美国国家科学院中欧和欧亚办事处处长

玛乔丽·塞内查尔
马萨诸塞州，斯托克布里奇
2016年5月10日
史密斯学院数学系*；基础研究和高等教育计划联席（美国）主席*

鲍里斯·什克洛夫斯基
明尼苏达州，明尼阿波利斯
2016年1月14日
明尼苏达大学（美国）；俄罗斯圣彼得堡苏联科学院约费物理技术研究所*

雷瓦兹·所罗门尼亚
格鲁吉亚，第比利斯
2015年12月8日
伊利亚国立大学化学生物学研究所（格鲁吉亚）所长

瓦列里·索弗
华盛顿特区
2015年10月29日
乔治梅森大学系统生物学研究院（美国）；索罗斯国际科学教育项目经理*

玛丽娜·泰迪亚什维利
格鲁吉亚，第比利斯
2015年12月8日
乔治·艾莱瓦噬菌体、微生物和病毒学研究所（格鲁吉亚）所长

詹姆斯·汤普森
密苏里州，哥伦比亚
2016年2月24日
密苏里大学工程学院；美国行业联盟董事会主席

基普·索恩**
加利福尼亚州，亚帕萨迪纳
2015年10月6日
加州理工学院物理系（美国）

腾吉兹·特兹瓦兹
格鲁吉亚，第比利斯
2015年12月7日
传染病、艾滋病及临床免疫学研究中心格鲁吉亚董事会主席；国家艾滋病协调员

亚历山大·维伦金
马萨诸塞州，梅德福德
2015年10月15日
塔夫茨大学（美国）宇宙学研究所所长

卡罗尔·维伯曼
华盛顿州，西雅图
2016年1月8日
俄美经济合作基金会董事长兼首席执行官*

加里·瓦克斯蒙斯基
华盛顿特区
2015 年 10 月 9 日
美国环境保护局国际事务办公室主任 *

安德鲁·韦伯
弗吉尼亚州，阿灵顿
2016 年 4 月 25 日
国防部核、化学、生物武器防御计划国防部助理部长 *

雅罗斯拉夫·亚茨基夫
乌克兰，基辅
2015 年 12 月 15 日
乌克兰国家科学院重点天文台台长 *；乌克兰国家科学院主席团

康斯坦丁·尤申科
乌克兰，基辅
2015 年 12 月 15 日
巴顿焊接研究所副所长

卡尔·韦斯特
马里兰州，罗克维尔
2016 年 7 月 15 日
美国国立卫生研究院国家过敏和传染病研究所高级国际科学顾问

黛博拉·文斯·史密斯
华盛顿特区
2016 年 7 月 11 日
美国竞争力委员会主席和首席执行官

米哈伊尔·兹古罗夫斯基
乌克兰，基辅
2015 年 12 月 14 日
基辅理工学院校长（乌克兰）

约翰·齐默曼
华盛顿特区
2015 年 9 月 30 日
美国驻莫斯科大使馆科学参赞（两次）*；美国国务院苏联事务局 *；海军研究处（美国）*

---

* 之前任职（采访时）
** 诺贝尔奖得主
*** 大使

索 引

D

E

F

G

H

J

K

L

M

N

P

Q

R

S

T

W

X

Y

Z

作者介绍

格尔森·S. 谢尔曾任美国公务人员和基金会管理人员，现已退休，他主要致力于与苏联的科学合作、国际事务和全球安全。

美国国家科学基金会是独立的联邦机构，谢尔在该基金会工作长达 20 年，是美国 - 苏联及东欧项目的协调员，他也参与了各种其他项目与工作，包括一项美国与印度发起的总统倡议、白宫科学交流和国家安全方面的政策工作。他还曾在美国国家科学院、乔治·索罗斯的国际科学基金会，以及美国民用科技研究与发展基金会（现为全球民用研究和开发基金会）等多个非营利组织工作，其中，他担任过国际科学基金会的首席运营长，也是民用科技研究与发展基金会的创始总裁。作为美国行业联盟的主席和执行副主席，他与美国的私营高科技公司广泛接触，促进这些公司与苏联大规模杀伤性武器科学家的合作，创造出互惠互利的民用科技。同时，他也是史汀生中心（一家独立的、非营利智库）的高级顾问，从事与全球核安全相关的项目。

1969 年，谢尔以优异的成绩获得耶鲁大学俄罗斯研究学士学位，1975 年获得普林斯顿大学政治学博士学位。他不仅写作了许多的书籍和文章，同时精通塞尔维亚 - 克罗地亚语，是一名译者。谢尔为促进美俄科学技术合作付出了巨大的努力，因此，2008 年 6 月，莫斯科工程物理研究所（现在的国立核能研究大学 - 莫斯科工程物理学院）授予他荣誉博士学位。

译者后记

科学无国界，来自不同国度的科学家们的共通语言就是科学，科技合作应成为人类文明交流互鉴的重要渠道。

当前，国际局势云谲波诡、动荡频仍。新冠疫情席卷全球，世界形势重新洗牌，如何在后疫情时代的时局下推动中美两国把握机遇，重新破冰，推动两国友好合作的进程，成了一个备受关注的问题。回溯 20 世纪，我们也许能从冷战时期至美苏再到美俄关系发展态势中吸取经验，以往鉴来，使得中美关系重回正轨。我有幸在这时代重要的转折关口，接到中国科学技术出版社对此书的翻译任务。我和我的团队历时半年多，在完成了这部《从帕格沃什会议到普京——美苏科研合作的重要历史》后，颇有感触，希望译介该书可以为各位读者提供观察上述问题的新的视角。

正如书中所述“美国和苏联之间的科研合作不仅充满了科学性，也富于戏剧性”。书中涵盖的细节之丰富、情节之曲折，不禁令人赞叹。整本书详略得当地描述了自 20 世纪 50 年代起至今美苏之间的科研合作项目、政府间协议、科学基金会等政治努力与尝试的兴起、发展甚至是衰亡进程，构建起宏大深远的历史框架；同时，作者作为这一历史进程的亲身见证者与重要参与者，采访了无数参与其中的当局政要、科研人员及相关工作者，在书中引用了大量采访的第一手资料，为我们荡开遮云蔽日的灰蒙尘埃，尽量还原出了历史原貌。

美苏冷战早已远去，在现代国际社会，人们已经对这段过往无比陌生，似乎我们只依稀记得，那是个对立冲突的年代，因为两次世界大战的阴霾，哑了国家间交战的枪炮，却没有阻遏此间暗涌的浪潮。这本书为我们开启了别样的视角，探索了美苏两国之间科研合作的非凡成就，具有重要的启迪意义。

在翻译过程中，译者深感本书所含内容之深广及翻译意义之重大。但由于本人知识水平有限，加之时间紧迫，译文必定存在许多不足之处，甚至疏漏与错误也在所难免，祈请专家学者和广大读者批评指正。

2021 年 10 月